大学生心理健康与咨询

姚 萍 编著

图书在版编目(CIP)数据

大学生心理健康与咨询/姚萍编著. —北京:北京大学出版社,2010.9
ISBN 978-7-301-15858-6

Ⅰ.大… Ⅱ.姚… Ⅲ.大学生-心理卫生-健康教育 Ⅳ.B844.2

中国版本图书馆CIP数据核字(2009)第171202号

书　　　　名：	大学生心理健康与咨询
著作责任者：	姚　萍　编著
责 任 编 辑：	陈小红
封 面 设 计：	林胜利
标 准 书 号：	ISBN 978-7-301-15858-6/B·0829
出 版 发 行：	北京大学出版社
地　　　　址：	北京市海淀区成府路205号　100871
网　　　　址：	http://www.pup.cn　电子邮箱:zpup@pup.pku.edu.cn
电　　　　话：	邮购部 62752015　发行部 62750672　编辑部 62752021　出版部 62754962
印　　　　刷　者：	北京大学印刷厂
经　　　　销　者：	新华书店
	787毫米×980毫米　16开本　16.5印张　350千字
	2010年9月第1版　2019年2月第2次印刷
定　　　　价：	38.00元

未经许可,不得以任何方式复制或抄袭本书之部分或全部内容。
版权所有,侵权必究
举报电话:010-62752024　电子邮箱:fd@pup.pku.edu.cn

前　言

大学生心理健康教育近十几年得到了很大发展,在各高校相继开设了相应的选修课程,也出版了一批关于大学生心理健康教育的教材。我仍有兴趣编写这样的教材,是因为最近十年大学生的心理状况有了很大变化,这与社会文化的发展、变迁有关,教材需要更新。另外,编写本教材对我的教学也有很好的帮助。我本人的研究方向是临床心理学,讲授"大学生心理健康"通选课已有好几年了,之前也曾做过几年大学生心理咨询和教育的专职工作。我看到了大学生的心理变化。现代的大学生拥有了更多的自由,也有了更多的压力。本书的写作希望能给大学生提供心理学的一些重要理论和知识,并结合当代大学生的实际情况,从心理学的角度引导他们分析解决常见的心理问题,学习易于操作的自我帮助、自我调适的心理保健方法。

维护心理健康的过程,也是学习为人处世的过程。我希望大学生能抱着这样的态度来学习这门课程。本书的内容涵盖大学生在成长过程中要面对的基本心理问题,如大学生的环境适应、人际交往、恋爱、自我意识、职业发展、情绪调节、压力应对等。本书结合心理学的理论和知识分析大学生常见的心理现象,帮助大学生学习如何维护自己的心理健康;运用案例分析、思考题、小练习等多种方式促进学生实际应用心理学知识的能力。本书运用通俗的语言,使用贴近大学生心理和生活的实例,让大学生掌握为人处世的基本技巧和心理健康有关的基本常识。

本书是基于我在北京大学给大学生开设的通选课"大学生心理健康"的讲课内容编写的。全书共分12章。第一章是心理健康概述,让大家学习恰当的心理健康观念。接下来的几章讨论了大学生在生活中要面对的问题,包括环境适应、学习、人际交往、恋爱、性心理、自我意识、职业发展这些主题,让大家学习如何处理可能遭遇的问题。再接下来探讨了情绪管理、压力应对、心理障碍、心理求助这几个与维护心理健康直接相关的主题。在教学安排中人际关系和心理障碍这两章可以各讲两次。

本书的参编人员都是北京大学心理学系临床心理学实验室的博士生。其中,黄峥(已博士毕业)编写了第二章,李松蔚编写了第八、九、十一章,高隽编写了第四、五、十章。高隽也是我这门课的助教,她给学生制作的课后PPT,以生动形象的方式总结了每一讲的内容,深得学生的好评。我本人编写其他五章,并进行了全书的统稿工作。本书还附加了一些插图,是北京大学心理学系学生林沐雨创作的。在此,对他们的辛勤工作表示深深的感谢。

编写教材的过程比我自己想象的更费功夫。这是我第一次编书,在编写此书的过程中我学到了很多的知识。本书在2007年获得了北京大学教材立项的支持。我要特别感谢编辑陈小红,是她鼓励和支持了这本书的写作,并对我的写作提出了很好的建议。我还要感谢我的学生们,他们对"大学生心理健康"这门课的支持,让我对编写这本书充满热情。最后,我要感谢我的家人对我的支持,特别是我的父母,他们一直以来对我的关心和信任,使得我有信心做自己想做的事情。

我希望本书能给大学生一些有益的启发,对心理健康教育者也能有一定的帮助。

姚 萍

2010年7月

于北京大学

目 录

1 心理健康概述 …………………………………………………………… (1)
 一、什么是心理健康 …………………………………………………… (2)
 二、什么是心理异常 …………………………………………………… (7)
 三、大学生常见的心理健康问题 …………………………………… (11)
 四、影响心理健康的因素 …………………………………………… (14)
 五、保持心理健康的方式 …………………………………………… (16)

2 适者生存——大学生的环境适应 …………………………………… (22)
 一、环境与适应 ……………………………………………………… (23)
 二、大学环境与角色变化 …………………………………………… (27)
 三、对新环境的适应策略 …………………………………………… (30)
 四、环境适应中的常见问题 ………………………………………… (36)

3 学业成就与心理健康 …………………………………………………… (42)
 一、大学生的学习与心理健康 ……………………………………… (43)
 二、学什么——学习的内容 ………………………………………… (44)
 三、怎么学——学习能力的培养 …………………………………… (50)
 四、为什么学——学习动机 ………………………………………… (54)
 五、学习的困惑——与学习有关的心理问题 …………………… (56)

4 每个人都是大陆的一片——大学生的人际关系与心理健康 …… (63)
 一、从"人生若只如初见"说起：人际关系及其影响因素 ……… (64)
 二、莘莘学子心，心有千千结：大学生人际交往的特点和常见困扰 … (70)
 三、相识易，相处难：人际冲突与人际沟通 ……………………… (74)
 四、见招拆招：建立良好人际关系的原则和技巧 ……………… (78)

5 执谁之手——大学生的恋爱心理 …………………………………… (85)
 一、什么是爱情，爱情是什么？——心理学视角下的爱情 …… (86)
 二、爱与愁——大学生恋爱中的常见困扰 ……………………… (91)
 三、提高自己的"爱商"——培养健康的恋爱心理 ……………… (100)

6 大学生的性心理健康 ………………………………………………… (105)
- 一、性是什么？ …………………………………………………… (106)
- 二、心理学视角中的性 …………………………………………… (111)
- 三、大学生常见的性心理困扰 …………………………………… (114)
- 四、性心理问题的处理原则 ……………………………………… (119)

7 认识你自己——大学生的自我意识与心理健康 …………………… (125)
- 一、大学生自我意识的发展 ……………………………………… (126)
- 二、大学生常见的与自我意识有关的心理问题 ………………… (134)
- 三、塑造健全的自我意识 ………………………………………… (140)

8 职业发展与规划 ……………………………………………………… (146)
- 一、大学生职业生涯规划 ………………………………………… (147)
- 二、大学生择业的心理问题 ……………………………………… (155)
- 三、大学生职业指导 ……………………………………………… (160)

9 情绪与心理健康 ……………………………………………………… (167)
- 一、情绪概述 ……………………………………………………… (168)
- 二、情绪的认知理论 ……………………………………………… (173)
- 三、大学生常见的情绪问题 ……………………………………… (178)
- 四、情绪的控制与调节 …………………………………………… (184)

10 与压力握手——压力与心理健康 ………………………………… (189)
- 一、撩开压力的"面纱"——压力概述 ………………………… (190)
- 二、遭遇压力之后：压力的反应 ………………………………… (193)
- 三、从"量变"到"质变"：压力与健康 ……………………… (197)
- 四、与压力握手——压力的自我管理和调适 …………………… (200)

11 心理障碍与防治 ……………………………………………………… (209)
- 一、心理障碍概述 ………………………………………………… (210)
- 二、心理障碍分类描述 …………………………………………… (212)
- 三、心理障碍的防治 ……………………………………………… (230)

12 走出困境——求助与心理咨询 …………………………………… (235)
- 一、大学生的求助心理 …………………………………………… (236)
- 二、专业帮助——心理咨询与心理治疗 ………………………… (241)

参考文献 ……………………………………………………………………… (254)

1

心理健康概述

> 一个人的成功只有 15% 是由于他的学识和专业技术,而 85% 是靠良好的心理素质和善于处理人际关系。
> ——戴尔·卡耐基

一位大学一年级男生,从北京考入南方一大学,大学在市郊,报到后感到大学环境较差,不像自己心目中的大学,而且生活不习惯,自己不善交往,远离家人朋友,倍感孤独,情绪很差,学习也有难度,一个学期没上完,不顾父母的反复劝说,坚决要求退学,最后退学回家。我们如何评价该学生的行为,他的心理状态是否健康?

大学时光对人一生的发展具有决定性的影响作用。进入大学之后,要面对学业成绩、人际关系、两性交往、情绪调节、自我认识、职业规划等人生课题。由于大学生心理发展还不够成熟,缺乏生活经验和应对问题的技巧,生活中会充满困惑和烦恼,会出现焦虑、压抑、紧张、抑郁等心理体验,如果不能很好地处理这些心理状况,会影响正常的学习和生活,甚至可能引起心理障碍。这就涉及保持和维护心理健康的课题。

一、什么是心理健康

(一)心理健康的概念

在学习如何保持心理健康之前,我们需要了解什么是心理健康。先看看关于健康的概念。世界卫生组织(WHO)对健康的定义是:"不但没有身体的缺陷和疾病,还要有生理、心理和社会适应能力的完满状态"。个体的健康不仅是指躯体生理上的正常,而且还包括正常的心理和健康的人格。从这个定义可以看到心理健康是健康的一个重要组成部分。

心理健康对人有着十分重大的意义,因为心理和生理是相互制约不可分割的,而且心理状态和社会适应能力也是分不开的。心理健康对身体健康有一定的制约作用。心理健康状况不良,会影响生理状况,对人的躯体健康造成危害,甚至可能导致疾病。高血压、冠心病、溃疡病等就是心理因素在发病过程中有很大作用的心身疾病。不良情绪可以使人的免疫力下降,使人易于生病,生活中我们会看到郁郁寡欢的人积郁成疾。研究和实践表明,当一个人经常产生焦虑、愤怒、忧伤等不良情绪,并过度地压抑这些不良情绪,使其不能得到合理的宣泄时,容易罹患癌症。

心理健康状况不佳,人的社会适应能力会受到很大影响。一般有心理障碍的人,最常见的问题就是人际关系困难,或者表现为过分退缩,不敢或不愿与人交往,或者是不善处理人际冲突或纠纷,他人也因为其表现不适宜而不愿过多与之交往。患有抑郁症或焦虑症等心理障碍,也会对学习或工作效率产生很大影响。有严重的心理障碍甚至无法进行正常的家庭生活和社会生活,不仅给个人和家庭带来痛苦和不幸,而且可能会给社会造成损害。社会上发生的恶性事件中,有不少与当事人的心理健康状况不良有关。

心理健康是幸福、快乐的源泉,是人生成败的关键。人的幸福快乐与否,并非取决于外在条件,如美貌、财富、处境等,而取决于你用何种心态去接受人生的考验。只有拥有良好的心理素质和健康的心态,面临困难和挫折时才能及时地调整自己,合理地看待困难和挫折,使自己保持乐观、自信的心态,并最终战胜困难和挫折,从而拥有成功的人生。有这样一个故事:有一个日本青年报考一家大公司,公布考试结果时他名落孙山。得知消息后,他在绝望之余产生了轻生的念头。当他正在医院被抢救时,突然传来消息,他被录用了。原来是计算机统计出了差错,他的考试成绩实际上是名列榜首。但很快又传来消息,他被解雇了。因为公司总裁听说他自杀的事情之后,认为他连如此小小的人生打击都承受不起,又怎能在今后艰难曲折的人生道路上建功立业呢?于是决定解雇他。这个故事告诉我们心理素质较差的人,即使学习优秀,也是难以有所作为的(江光荣,2004)。

现在请你思考一个问题:你的心理健康吗?你的身体健康吗?你会怎么回答呢?为什么?

大多数人的心理是健康的,但是可能不时有点小小问题,如同大多数人的身体是健康的,但不时可能有点小恙。心理健康到底是一种什么状态呢?心理健康指的是能够充分发挥个人的最大潜能,以及妥善地处理人与人之间、人与社会环境之间的相互关系。具体地说,包括两层含义:一是无心理疾病,二是具有一种积极发展的心理状态。

无心理疾病是心理健康的最基本条件。心理疾病包括所有心理及行为异常的情形。世界上不存在绝对的心理健康或心理不健康,心理健康和不健康是一个动态发展的连续谱。正常与异常之间也没有明确的界限。这里用灰色带理论来说明心理健康的程度。

```
白                                                    黑
←─────────────────────────────────────────────────→
纯白           浅灰           深灰           纯黑
```

纯白指的是完全健康、良好的心理状态,通俗的说法就是"自我感觉良好,他我感觉良好"。在这种状态下,人们处于非常阳光的感觉中,无忧无虑,对自己、对未来充满信心,别人对他的看法也是正面积极的。自我感觉良好,但他我感觉不好,这种状况是自恋;自我感觉不好,而他我感觉良好,这是自卑。自恋或自卑都不是心理健康良好的表现。

浅灰指的是由于生活压力、人际压力等现实生活的问题而产生的心理冲突和行为问题。个体基本能够承受,多为暂时性的状态,通过自己的努力或他人的帮助,可以得到改善,或者随着环境的自然变化而改善。这种状态类似身体方面的感冒之类的情形,并不影响基本的健康状况,但还是要积极认真地对待,以免发展为大病。处于这种状态时,为了减轻其影响或更快地解决问题,可以进行心理咨询。

深灰指的是一定程度的心理障碍或心理疾病,比如焦虑症、抑郁症、人格障碍等,对学习、工作和生活等社会适应功能有一定的不良影响。处于这一状态有些类似身体方面有某种慢性疾病,比如慢性胃病、心脏病、肝病等。在一般情况下,还能适应社会生活,但是,在各种应激状态下,可能症状加重,不能很好地完成学习、工作和生活等社会适应的要求。在这种状态中,更需要个人注意心理健康的维护。有心理障碍的人要进行治疗,一般以心理治疗为主,必要时辅以药物治疗。

纯黑指的是较为严重的精神病状态,比如精神分裂症,社会功能严重受损,类似于严重的躯体疾病,比如癌症等。这时需要及时进行治疗,以药物治疗为主,心理治疗为辅。要注意的是即使是精神病人,在疾病缓解期,经过积极努力,还是有一定的社会适应能力,能够完成一定的学习工作任务的。

一般所说的心理不健康是指有一定程度的心理障碍或精神病的情况。还有一种状态也许可以称之为心理的亚健康状态,即心理的脆弱性较高,容易在遇到困难或挫折时诱发心理障碍。心理健康状态是一个动态过程,通常,大多数人处于不同层次的灰白状态,有一定的生活压力,但能够进行自我调节与适应,属于正常的心理健康范畴。一般来说,在生命中 80% 的时间内,我们能具有一种基本良好的生活适应状态,那我们就是正常而且健康的。如果我们要求自己在 100% 的时间内都保持良好的生活适应状态,这既不现实,也不可能。我们在生活中总会遇到各种困难和挫折,这时出现短期的情绪波动都很自然,只要这些负性情绪的持续时间不过长,都可以算作正常范围。

心理健康还表示具有一种积极发展的心理状态,这是心理健康的更高层次的要求。心理健康与身体健康类似,不仅是没有疾病,而且要有良好的功能状态。心理功能充分发挥要达到的状态是身体、智力和情绪十分调和;适应环境,人际关系和谐;在工作中能充分发挥自己的能力,过着有效率的生活;有幸福感。

(二) 心理健康的标准

由于心理因素的复杂性,要看心理健康还是不健康,正常还是异常,有一定的困难,因为并没有一个公认的、一致的判断标准。不过,已有许多心理学家从不同的角度对这个问题进行了探索,提出了各种观点。下面简要介绍几种心理健康标准的观点供大家参考(王登峰,张伯源,1992;贾晓明,陶勒恒,2005)。

美国学者 A. W. Combs 认为一个心理健康的人具有 4 种特质。

(1) 积极的自我观念。能悦纳自己,也能为他人所悦纳;能体验到自己存在的价值,能面对并处理好日常生活中遇到的各种挑战;虽然有时也会觉得不如意,也并非总为他人所喜爱,但是积极的、肯定的自我观念总是占优势。

(2) 恰当地认同他人。能认可别人的存在和重要性,既能认同别人,又不过分依赖或强求别人,能体验自己在许多方面与大家是相同的、相通的;能和别人分享爱恨喜忧,并不会因此而失去自我。

(3) 面对和接受现实。即使现实不符合自己的希望与信念,也能设身处地、实事求是地去面对和接受现实的考验,并能多方寻求信息,听取不同的意见,把握事实真相,相信自己的力量,随时接受挑战。

(4) 主观经验丰富,可供取用。能对自己和周围的环境与事物有较清楚的知觉和认识,不会迷惑和徬徨。有较好的处事能力,在自己的主观经验世界里,存储着各种可用的信息、知识和技能,并能随时提取使用,以解决所遇到的问题。

美国著名心理学家 Maslow 和 Mittelman 提出心理健康的 10 条标准。

- 有充分的安全感；
- 对自己有充分的了解，并能对自己的能力作出恰当的评价；
- 自己的生活理想和目标能切合实际；
- 能与周围环境保持良好的接触；
- 能保持自身人格的完整与和谐；
- 具有从经验中学习的能力；
- 能保持适当和良好的人际关系；
- 能适度地表达和控制自己的情绪；
- 能在集体允许的前提下，有限度地发挥自己的个性；
- 能在社会规范的范围内，适度地满足个人的基本需求。

我们这里根据有关对心理健康的看法，提出心理健康的通俗标准，即爱自己，爱他人，爱工作，爱生活；更为直观的标准是：能吃饭，能睡觉，能干活，能玩乐。

"爱自己"是指在对自己有适当了解的基础上，能够以积极的态度看待自己，接纳自己。换言之，就是能够与自己友好相处。"爱自己"不是以自我为中心，不是盲目地自恋。"爱自己"在一定程度上是无条件的，即与自己是否十分优秀，是否得到别人的好评等外在条件无关。我们在日常生活中会看到，有的学生学习成绩很好，其他方面表现也不错，老师和同学对他的评价也很好，可是，他自己却认为自己这也不行，那也不好，这是不爱自己。也许有人会说，"我身上有很多缺点，我怎样才能爱自己呢？"这取决于我们用什么样的眼光和态度来看自己。我们可以全面地看，这方面不好那方面好，比如，我很丑，但我很温柔；我个矮，但我很灵活；我嘴笨，但我手很巧；我人穷，但我志不短。我们可以相对地看，不好中有好的成分，比如，我很胆小，但我谨慎；我很死板，但我认真。另外，我们还可以发展地看，现在不好将来好，比如，我不善交际，但我可以通过学习而进步；没有不散的阴云。这样我们就可以坦然地看待和接纳自己的优点和缺点。对于那些无法改变的不足，学会坦然地接纳，对于那些可以改变的不足，学会积极地想办法去改变，努力完善自己。"爱自己"还要求我们不苛求自己是个十全十美的人，不刻意地伪装自己以迎合别人的需要，不盲目地和别人比高低，不拿别人的标准来衡量自己，而是接受自己"独特的我"。

"爱他人"指的是乐于与人交往，认可别人存在的重要性和作用。换言之，就是能够与他人友好相处。在与人相处时，积极的态度（如信任、友善、尊敬、同情等）总是多于消极的态度（如猜疑、敌意、嫉妒、畏惧等）。"爱他人"并不要求你喜欢你遇到的每一个人，但是能与他人相互沟通和交往。爱自己的人才可能真正地爱他人。生活中我们常常会见到这样的人：他总觉得别人看不起他，因而总和别人处不来。事实上，问题不在于别人，而在于他自己。一个对自己友好的人通常都会很自然地与他人友好相处，而不能接纳自己的人通常也无法与他人友好相处，因为他不喜欢自己，就认为别人也不喜欢他，很自然地，他也就不可能去喜欢别人。"爱他人"还要求我们不苛求他人，能容忍别人的弱点、发掘长处,能和他人友好合作,共享生活,这不仅可以满足我们与人交往的社会需求,使自己多一份好心情,还有助于我们建立强大的社会支持系统。爱家人、爱友人、爱周围的人,这往往都是需要努力学习才能具备的能力。

心理健康的人是爱工作,爱生活的。爱工作,包括爱学习,他们在学习和工作中能够尽可能地发挥个人的个性和聪明才智,从中获得满足感,把学习和工作看做是乐趣而不是负担。有些人把几乎所有的时间都花在学习和工作上,从不参加校园内的丰富多彩的业余生活,这样他们没有机会放松自己,体验生活的乐趣,会感觉学习是一种沉重的负担,这样并不利于身心健康。爱生活指的是对生活充满热情,能享受生活的乐趣,关爱家人朋友,有让自己获得愉悦感的健康的休闲活动,学习工作和生活有一定的平衡。

心理健康的人通常身体健康状况也更为良好。吃饭睡觉是身体机能的最基本的表现,我们知道情绪状态不好的时候,比如抑郁和焦虑,最直接的反应可能就是食不知味、夜难成寐。心理健康状况不够好的时候,生活动力也受影响,基本表现就是无心思无动力完成必须的学习和工作要求,另外,我们也不能感受生活的乐趣,感觉不快乐。心理状态良好时,精神饱满,思维敏捷,能较好地完成学业要求和工作任务。生活很多时候是很辛苦的,我们要主动参与玩乐活动,给自己增加快乐感,所以恰当的吃喝玩乐是必需的。因此,从更为直观的角度看,心理健康的人"能吃饭能睡觉能干活能玩乐"。

一般说来,心理健康的人都能够善待自己,善待他人,适应环境,情绪正常。心理健康的人并非没有痛苦和烦恼,而是他们能适时地从痛苦和烦恼中解脱出来,积极地寻求改变不利现状的新途径。他们是那些能够自由地适度地表达和展现自己个性的人,并且能够与环境和谐地相处。他们善于不断地学习,利用各种资源,不断地充实自己。他们明白"知足常乐"的道理,也会享受美好人生。他们不会去钻牛角尖,而是善于从不同角度看待问题。总之,心理健康不是一种静态的平衡,不是永久性的无压力、无冲突、无痛苦,而是在平衡与不平衡的交错中,进行有效的自我调整,与现实环境保持动态的协调,进而追求成长与发展。

专栏1:如何认识心理健康

1. 评价心理健康是个动态过程

人的心理状态是不断发展变化的,不能通过某次、某时的行为和情绪反应作判断。一个人偶尔出现不健康的心理和行为,并不意味着心理不健康。反过来,心理不健康者也不是所有的心理活动都是不健康的,即使是严重的精神病患者,也会有正常的心理表现。另外,心理健康水平是可以发展和提高的。按照某一标准,一个人现在的心理状态是健康的,但是他还可以向更健康的方向发展,正如身体健康的人,通过体育锻炼可以更健康一样,通过一定的心理锻炼,一个人的心理健康水平也可以进一步提高。

2. 心理健康不是没有心理困扰或不良情绪

心理正常和异常之间没有明确的界限。心理正常是各种正性和负性情绪的适度表达,遇到问题能恰当解决。心理健康或心理正常并不表示只有正性的情绪,如快乐、愉悦,而是喜怒哀乐等各种情绪的表达是适度的,对各种刺激产生的情绪反应是恰当的。比如,考上大学很高兴,失恋了很痛苦,都是正常反应。

3. 心理健康具有协调性

心理健康的人内部心理活动是协调的,这包括个人价值观念与心理活动的协调,心理过程与个性特征的协调,个人能力与期望、理想之间的协调。心理健康的人心理活动与外界环境是协调的。一个心理健康的大学生知道外界环境对大学生的要求是什么,知道自己想做什么,应该做什么,并据此采取行动。

4. 心理健康的人既能满足个人的基本需要又能适应社会

心理健康的人能恰当地满足个人的基本需要,行为符合规范,人际关系和谐,社会适应良好。个人的基本需要包括尊重需要、交往需要等。在一个相对长的时间内,如果个人需要得不到满足(如,缺少爱,不被认可,自尊心受威胁等),或用不恰当的手段来满足个人需要,或需要结构本身不合理,都有可能引起心理困扰或心理障碍。心理健康的人能够清楚地了解社会对他的期望,满足社会对其角色的要求。心理健康的人在遵守社会规范的同时也能具有一定的个性,有自己的是非标准。

5. 心理健康实质上可以说是一种人生态度

一个心理健康的人是有着健康的人生态度的人。心理健康的人对生活抱开放态度,乐于吸取新经验,以积极的眼光看待周围事物。心理健康的人有现实的生活目标,能放弃做"完人"、"超人"的念头。心理健康的人有观念明确,能身体力行而又有一定弹性的道德准则。总之,心理健康的人在生活中多持有一种积极的、开放的、现实的、辩证的人生态度。

二、什么是心理异常

(一) 心理异常的界定标准

心理异常,简单地讲就是偏离正常的心理状态。由于人的复杂性,一个人心理是否正常健康一直是心理学、医学、社会学等学科领域不断探讨而没有绝对标准答案的问题。例如,同性恋是正常的还是异常的?这个问题交给不同的人回答,也许答案就完全不同。在不同的时期,不同的国家,不同文化下的人们对这种现象也有不同的看法。又比如,在2008年汶川发生大地震以后,一位幸存的妇女半夜醒来,声嘶力竭地大哭大喊,寻死觅活,情绪激烈,这一现象是正常还是异常,是否需要进行心理干预,也是一个难以回答的问题。

前面介绍了心理健康的标准,但是如何界定心理不健康/心理异常呢?人们通常运用以下的标准来评定心理是否异常:

1. 以主观经验为标准

主观经验包括两个方面,一个是本人的主观体验和感受,另一方面是他人的经验和感受。通常心理异常的个体会体验到焦虑、抑郁等痛苦和不适感,或者觉得自己无法控制自己的某些行为,无法摆脱困境,据此他们可能感觉自己心理状态有问题,需要寻求医生的帮助。但是仅靠个体的主观体验作为判断依据是不够的。当心理异常严重到一定程度时,患者本人难以对自己的心理状态做出符合实际的认识和评价,或者他们并不认为自己心理有异常,比如精神病患者、某些人格障碍患者。在判断一个人心理是否异常时,通常还要加上他人的观察和判断,包括家人、朋友、专业人员等,他们根据自己的经验来做出评定。一般说来,专业人员的经验判断可能准确性更高,因为他们受过专业的训练而且在心理工作方面有实践经验。当个人的心理状态超出了人们能够理解的范围时,就可能怀疑自己或他人的心理是否正常健康,但是,由于个人经验因人而异,这一判断标准是有局限性的。

2. 以社会常模和社会适应为标准

正常人的心理行为符合社会规范,能够遵循社会要求和文化风俗习惯来行事,即行为符合社会常态,是适应性行为。我们可以根据一个人的社会适应状况来判断心理是否异常,社会适应主要包括对人对己的态度、与他人交往的方式、生活自理能力、学习工作情况等。比如,偶尔上网玩游戏是正常的,如果上网玩游戏成瘾以致影响常规的学习和生活就是异常的。一般而言,心理异常的个体在社会适应功能的某个或某些方面会受到一定程度的损害。要注意的是社会功能受损或不符合社会规范不一定就是心理异常。由躯体疾病等造成社会功能受损,不认为是心理异常。受个人的价值观的影响,有些人过度追求个性,而在行为上与众不同,这也不能算心理异常。我们会觉得这个人比较怪,或有怪癖而已。某一行为是否算病态行为或心理异常,主要看这一行为是否对自己或对他人有损害。

3. 以统计学为标准

统计学标准源于对正常心理特征的测量。现在很多时候人们倾向通过心理测验来评估自己的心理健康状况。在普通人群中,心理测量的结果常常是呈正态分布的,大多数人心理活动的表现在正态分布曲线的中间部分,属于正常的心理范围,而"异常"是指远离中间大多数的两端,把异常看做是对常态的偏离。统计学标准的"正常"和"异常"之间的界限是人为划分的,偏离平均值的程度越高就越不正常。但是这种划分存在明显的缺陷。比如,智力超常的人在人群中是极少数,但不被认为是异常的。因此,我们不能仅依据心理测验得分而判断心理正常与否。

4. 以症状为标准

心理异常必然会有其外在表现,异常心理活动表现为各种心理和精神症状。有些心理症状与正常心理活动有着质的差别,比如幻觉、妄想等,我们较容易根据这些症状来判断心理是否异常。但是,有些心理症状与正常心理活动之间只有量的差别,比如,焦虑、抑郁等,判断起来就困难多了,必须结合具体的情境来分析。我们在考试前都会焦虑,遇到挫折和打击时都会抑郁,这属于正常的心理活动,如果这些状况持续的时间和严重程度与客观事件不相称,以致影响了个人的社会适应功能,就属于心理症状了。

以上的判断标准都有一定的局限性,我们通常是根据上述的几个标准结合起来进行分析并判断一个人的心理是否异常。在评定心理异常时要注意以下几个方面:

(1) 心理异常无法像医学一样通过各种仪器进行诊断。身体有病,我们可以通过各种医疗仪器进行检查诊断,但是心理状况常常无法运用仪器去检查而得出结论。现在比较流行用心理测验来帮助诊断,请记住心理测验只能作为辅助手段,在医生凭经验等无法确诊时才尝试运用。不能仅以心理测验结果来进行诊断。当然,我们可以用心理测验来帮助了解自己的心理状况,前提是使用有效的心理测验,而社会上流行的很多心理测验,也许其娱乐性远多于学术性。所以,在使用心理测验时要有自己的判断。

(2) 不能用伦理道德去衡量心理是否异常。在判断是否心理异常的时候,不能因为其行为不符合伦理道德而简单地认为心理异常。当然,许多心理异常的人,其行为是不符合伦理道德的,其行为会给他人带来伤害和痛苦。这也与现在网络上流行使用"变态"一词不同。当我们对某个人的思想或行为看不顺眼的时候就会说这个人"变态",这是对他人的一种攻击。我们可能会有不明智的决定和不恰当的行为,甚至有他人无法理解的想法和行为,但这不一定是心理不健康。

(3) 心理异常是相对的概念,要参照文化常模。不同地区、不同民族和不同的国家有不同的文化,在某种文化中能被接受的行为,在另一个文化中可能会被认为是异常的。比如关于同性恋,在西方的一些国家被认为是可以接受的行为,但是很多其他文化或亚团体不接受同性恋,而认为其是病态的行为。我们在判断一个人的心理是否异常时也要参照文化常模。

(二) 心理异常的分类

我们在大学生心理咨询的工作中发现,有些大学生长期以来受到某种心理障碍的折磨,十分痛苦,严重影响了他们的学习和生活,但遗憾的是他们不知道是怎么回事,不知道自己的心理已出了毛病,因而也不知道去寻求心理医生或精神科医生的帮助。例如,某一女同学特别怕脏,以致引起宿舍同学的反感,大家不愿与她打交道。另有一些大学生,从报刊或书本上读到有关心理异常的知识介绍,就与自己的情况联系起来,以致终日忧心忡忡、惶惶不安,唯恐自己精神不正常,由此也严重干扰了自己正常的学习和生活。

我们根据人们日常生活和活动所常见的心理行为异常的表现,把心理异常分为三种类型:心理问题,心理障碍,精神疾病。这里的分类不是严谨的学术性分类,而是从通俗的用法来说明,是为了便于大家对心理问题的严重程度有一定的区分。

1. 心理问题

心理问题指那些近期发生的,内容比较局限的,反应强度不甚剧烈的,由生活矛盾和社会适应问题而带来的心理不平衡与精神压抑,表现为持续时间较长的负性情绪。比如学习压力、人际关系不和、情绪困扰、失恋等。大学生常见的心理健康问题大多数属于一般的心理问题。心理问题有时也称为心理困扰。从严格意义上来说,心理问题不属于心理异常的范畴,但是如果不及时进行处理,有些可能进一步发展,或者由于不良状况的累积效应,而可能引发心理障碍的产生。心理问题是心理咨询工作中最常见的。

2. 心理障碍

心理障碍,也称心理疾病,是指心理功能紊乱,影响个体的社会功能或使自我感到痛苦的心理异常状态,其突出表现是各种神经症和人格障碍等心理障碍。(注:现在在专业领域较少使用神经症这一术语,但我们用这一术语以与精神病区别。神经症是指没有明显生理基础,由心理原因所致的认知、情绪、行为方面的偏离。到目前为止,对神经症的治疗以心理治疗为主。精神病是有一定的生理基础的,心理机能严重受损,目前以药物治疗为主,心理治疗为辅。)神经症患者有基本正常的社会功能,也就是外表看来挺正常,能工作,能与人交往,也能有家庭生活,但是他们的内心却比常人有更多的情绪困扰,主要症状为持续的焦虑、抑郁、紧张、担心、害怕、不安等。神经症障碍包括:神经衰弱症、焦虑症、恐怖症、抑郁症、疑病症以及强迫症等。在心理症状严重的时候,个体的学习、工作和社会活动等功能会受到一定的影响。

3. 精神疾病

精神疾病,也称精神障碍,指的是较为严重的心理功能受损,受生物因素的影响更大,其典型表现是精神病。精神病是指人的心理整体机能的瓦解,是严重的心理异常,表现为对客观现实的反映是歪曲的,社会功能严重受损,不能应对日常生活(个人生活,学习工作,人际关系等)的要求,对自己的处境丧失自知力,不能理解和认识自身的现状。精神分裂症、重症抑郁症、躁郁症等是常见的精神病。(注:心理障碍/心理疾病和精神障碍/精神疾病在广义上的概念是相似的,是各种心理、情绪、行为失常的统称。心理障碍侧重从心理学的角度,从心理因素方面来探讨心理行为的异常,而精神障碍侧重从医学角度,从生物因素方面来探讨。)

我们根据心理健康和心理异常的判断标准来分析一下前面提到的大学生退学的案例。这是典型的大学生环境适应问题。不少大学生可能都有过类似的入学感受,少数也可能有过退学的想法。在这个案例中,退学是解决问题的一种方式,该男生做出退学的决定可能不够明智,但并没有心理障碍。有些在退学之后选择了其他的生活道路,有些退学后重新再参加高考,他们的心理是健康的。然而,有些人却可能就因此退回家里,一蹶不振,这就是心理不健康了。比如有一男生因为不适应大学环境,在入学一年后退学,基本呆在家里,看看电视上上网,不再参加其他社会活动,好几年都不与外界打交道。心理素质差的人,在遇到环境不适应等应激的情况下,如果处理不好,可能诱发心理疾病。

三、大学生常见的心理健康问题

大学生无论在生理上还是心理上都处于一个迅速变化的过程中,各方面都发生着巨大的变化。大学生虽然生理上逐渐成熟,但是由于阅历浅,社会经验不足,独立生活能力不够强,对自己缺乏正确而全面的认识,而且又容易受到社会上各种思潮的冲击和影响,因此很容易产生各种各样的心理困惑和冲突。这些问题如果解决不好,不仅会影响其学业,还可能会影响他们走上社会以后的适应。在大学生中,主要存在以下几个方面的心理健康问题。请注意,这些问题是可能会对其心理健康产生影响的问题,并不说明心理健康有问题。

1. 环境适应问题

来到大学以后,由于在很多方面发生了较大的变化,有一部分学生不能很快很好地适应大学的学习和生活环境。对于大部分新生来说,面临的是陌生的校园,生疏的班集体。多数学生首次远离家门,离开长期依赖的父母家人、熟悉的朋友和熟悉的环境,开始独立生活,对众多的问题要自己拿主意,自己动手解决,所以这些都会给大学生带来不同程度的适应问题。

有些大学生对于入学后学习成绩的重新排序而产生的变化不适应。许多大学生在入学前是当地的学习尖子,老师和家长对其宠爱备至,在同学中也备受尊重,自我感觉良好,信心十足,但是在新的班集体中,由于集中了各地的学习优等生,他们学习上可能不再是优等生,也可能不再是校园的宠儿,从而丧失了以往的优越感。如果对这个现实不能恰当地接受和对待,就会造成心理问题,表现为自信心降低,强烈的自卑感,甚至可能出现强烈的嫉妒心理和攻击行为。

另外,生活习惯的变化也可能给一部分学生带来适应问题。许多学生从住家里到住宿舍需要适应,尤其是现在的独生子女,更需要学习适应集体生活。在与室友相处时,会引起不少的矛盾和冲突,如果处理得不好,会影响情绪。大家来自不同的家庭和成长背景,在生活中,无形中可能会进行攀比,比如穿着打扮、娱乐消费等,对于某些经济能力有限而又爱面子、讲虚荣的学生可能会引起一些心理问题,比如严重的自卑、忧虑、紧张等精神压力。

2. 学习问题

学习是学生的首要任务,学习成绩的好坏对个人的前途会有重要的影响。有些大学生不适应大学的学习方法而倍感压力。大学的教学内容更多更深更广,教学进度更快,这就要求大学生更多的靠自学靠自己钻研来掌握教学内容。如果有些学生在中学时比较依赖老师的讲解和指导,靠死记硬背,靠重复练习而取得好成绩,那么在大学可能会感到学习有一定的困难,感到学习压力很大。他们可能在学习问题上疲于被动应付,可能会出现紧张焦虑等情绪反应,这些情绪反应反过来会严重影响其自信心,带来苦恼及自我否定等心理问题。

有些学生在中学时过于紧张,入大学后产生松懈心理,没有及时立新的学习目标而对学习的动力不足,甚至有厌学的情绪。另有一些学生却可能学习负担过重,为了增加在社会上的竞争力,除了完成必修学业之外,还参加各种形式的等级考试和资格考试,长期超负荷的运转可能使部分学生身心疲惫,而表现焦虑、抑郁、悲观等情绪反应。还有些学生为自己所学的专业不是自己喜欢的专业而苦恼。

3. 人际关系问题

良好的人际关系状况是一个人心理正常发展和生活具有幸福感的重要条件之一。在中学阶段,人际交往的重要性不如学习那么突出,但是到大学以后,情况发生了变化。在大学阶段,大学生开始尝试更广泛的人际交往,并尝试发展这方面的能力,为将来进入成人社会做准备。由于个人的经验、认识等的限制,在实际交往中,可能出现不同程度的问题。

有些大学生对交往的重要性认识不清,很少交往和与人沟通,或者,虽然渴望交往,但由于缺乏交往技巧而不敢去交往,产生强烈的孤独感。有些学生担心在交往中受到攻击或伤害而回避交往,或者由于担心别人的审视或评价而在别人面前显得不自在,在交往中过分不安和焦虑。有些学生在与同学和朋友交往中,对人际关系中产生的冲突和矛盾不能妥善处理,而心情压抑苦恼。还有些大学生能够与他人交往,但总感到与人相处的质量不高,没有关系比较密切的朋友,多数为"点头之交",难以保持和发展良好的人际关系,经常感到空虚或迷茫。这些都属于一般性的人际交往问题。

另外,还有一些大学生因为个人的不良心理状态而影响了人际交往。有些在交往中因为有自卑感,总认为自己比别人差,怕别人看不起自己,而不主动交往,交往圈子比较局限;有些学生过高地估计自己,自命不凡,在交往中不重视他人,而只能孤芳自赏;有些学生对他人的言行过分敏感、多疑,在交往时常容易陷入痛苦和焦虑中。在现在的网络时代,还有一些学生沉湎于网上交往,而忽略了在现实生活中真实的人际互动,在需要面对面交往的时候他们可能不会恰当地与人交流。

4. 与自我有关的问题

大学生正处于自我意识发展的重要时期,由于大学生本身的特点,他们面临许多与自我有关的不适应。

大学生作为同辈人中的佼佼者,进入大学后就在脑海中设计出自我的完美未来。然而,当他们按照心中的想法去付诸行动追求自我的美好理想时,却发现现实社会中的种种客观障碍会阻碍他们理想自我的实现。理想自我与现实自我的矛盾会严重影响他们的心理状态。大部分学生能够把理想与现实结合起来,重新树立自己的人生目标,但是也有部分学生企图逃避与现实的矛盾冲突,而陷入消极颓废、苦闷、不求上进、沉溺于玩乐中,或者他们可能对现实的自我感到不满,甚至怀疑自己,陷入自卑。

与自我有关的不适应还表现在自尊心与自卑感的矛盾。大学生的自尊心较强,通常在入学时对自己的能力和未来充满了自信,但是一段时间之后,他们突然发现周围有许多比自己强的人。有的由于学习成绩不能保持前几名,有的由于在文体和社团活动中缺乏才华表现平平而轻视自己,产生自卑感。他们放大了自己的"劣势"而忽略了自己的优势,由于害怕暴露自己的弱点而采取某种防御性和压抑性的心态,较少与周围同学和师长交流,常常独处,不信任他人,产生严重的烦恼和恐惧不安。

努力形成和确立自我同一性是青年期的重要课题之一。在自我同一性的形成和确立过程中,部分学生会陷入混乱,产生心理问题。他们在多种多样的价值体系中很难找到自己的目标和人生观,即所谓的失去了自我,失去了生命的存在感,不知道自己究竟是什么,自己想成为怎样的人,结果使他们陷于苦闷、绝望的境遇中。

5. 与性和恋爱有关的问题

青年大学生,生理发育基本成熟,但由于种种原因,部分学生的性知识了解得不多,或者性心理的成熟还没有达到与其年龄相适应的程度,因此,常常会出现性方面的问题。

大学生基本上都受到来自性意识的困扰,比如,被异性吸引,性幻想,性梦,常想到性问题等,这种困扰只带来一般程度的不安和躁动,但程度严重时会产生心理问题,影响学习、生活和休闲各方面。伴随性意识的是性行为。在未婚的大学生中,性行为大多是不涉及性交的行为水平,如手淫、触摸爱抚等,也有一些在谈恋爱时发生性交方面的性行为(狭义的性行为指性交)。现代社会对性方面的开放程度增高,性行为在大学生中的接受度增高,但是,由于性心理的发展成熟度不够,有些学生发生性行为后可能会引起一定的心理问题。比如,女学生可能担心怀孕、被遗弃,男学生也可能担心性行为所造成的后果,如性病等。关于性方面的问题在目前还不是能随意公开谈论的话题。有些学生可能由于性知识的缺乏,或者对性有不正确的认识和理解,而造成许多心理压力和烦恼。

另外,大学生恋爱现象非常普遍,但由于经验有限而不能妥善处理与恋爱有关的问题而常造成一定的心理困扰。有些学生不能正确对待恋爱,可能因为恋爱而影响了学业;有些学生不善处理恋爱中的冲突而引起强烈的情绪波动,从而影响正常的学习生活;有些学生在失恋后不能自拔,使自身的学习、生活、心理健康等方面受到不同程度的打击,由此造成许多心理问题。

6. 其他方面的心理问题

有些家庭经济困难的学生由于承受着巨大的经济压力和沉重的心理压力而产生强烈的自卑感。他们通常不想让别人知道自己的困难情况,经济困难使他们不愿意参加集体活动,往往自我封闭,交往面狭窄,对人际关系敏感。长期的自卑、压抑会使一些家庭经济困难的大学生的内心非常脆弱,在遇到挫折和打击的时候,容易引发心理危机。

有些学生在早年的生活环境中曾经经历过不幸的事件和境遇(如父母离异或家庭严重不和睦,父母教养态度严重偏离,被遗弃,被虐待等),造成了严重的心理伤害性体验,他们的生活态度、思想情感和行为特点因此而受到一定的不良影响。进入大学后,他们可能不善于与人相处,自卑,思想偏极端。

其他方面的心理问题是少数学生可能患有神经症、精神病等心理障碍和精神疾病。这些心理和精神障碍在一般人群中有一定的发病率,而青少年和青年早期由于各方面的应激增多,处理问题的能力有限,因而是发病的高峰时期。

这里对大学生常见的心理问题进行了描述,目的是让大家有个基本了解,知道这些情况在大学生中是很常见的情况。如果你遇到其中的某种情况,不必过分担心,其实这是大学生的常态。虽然是常态的问题,如果处理得不好,对心理健康和学习生活会产生不利的影响。在本书的有关章节会具体谈论有关问题,期望大家通过学习能够增进为人处世的能力,保持心理健康。

四、影响心理健康的因素

人的心理健康是一个极为复杂的动态过程,因此影响心理健康的因素也是复杂多样的,既有个体自身的心理特质的影响,也有外界环境因素的影响。归纳起来是生物、心理和社会三方面因素综合起作用的结果。

(一) 生物因素

一般来说,人的心理活动是不能遗传的,但心理活动的生理基础是受个人遗传因素制约的。一个人的体形、气质、神经结构、能力与性格的某些成分受遗传因素的明显影响。统计调查和临床观察都表明,在精神疾病患者的家族中,其他的成员患有精神疾病或某些异常的心理行为表现的概率显著高于无家族史的人。

其次,脑外伤、中毒或病毒感染等都可能造成脑损伤而导致器质性心理障碍或精神失常。比如,脑额叶受损伤可能造成患者人格改变,智能降低,行为退化等。酒精中毒,煤气中毒,某些药物中毒可以对中枢神经系统造成伤害,出现心理障碍。

此外,严重的躯体疾病或生理机能障碍也可能成为心理障碍的一个原因。比如,甲状腺机能低下可出现感觉迟钝、思维迟滞、情绪低落等心理异常表现。

(二) 心理因素

影响心理健康的心理因素很多也很复杂,其中影响较大的因素有人格特点、情绪和认知因素、心理冲突等。

1. 人格特点

每个人都有自己独特的人格特征,它对人的心理健康有非常明显的影响。人们总是根据自己的人格特点对致病因素作出反应,因此,特殊的人格特点常常成为导致某种心理障碍的内在因素之一。同样的致病因素作用于不同人格特征的人,可以出现非常不同的结果。研究表明,各种心理障碍往往都有相应的特殊人格特征为其发病的基础。比如,精神分裂症被认为与孤僻离群、敏感多疑、情感内向、好幻想等人格特征密切相关,特质焦虑水平高的个体在应激时容易表现焦虑方面的问题。

2. 情绪和认知因素

情绪是一个人机体生存和社会适应的内在动力,是维持身心健康的重要因素。一般地讲,稳定而积极的正性情绪状态,使人心境愉快、安定、精力充沛、身体舒适;相反,经常波动而消极的负性情绪状态,则往往使人心境压抑、焦虑、精力涣散、身体衰弱。例如,无助和失望的情绪会降低一个人的免疫力。情绪异常往往是心理疾病和精神病的先兆。认知因素中对心理健康的影响在很大意义上是一个人的信念或思维方式。不合理的信念或错误的思维方式,可能导致错误的决定和行为,还可能导致不良的情绪反应。比如,有些人以悲观的角度来看待世界,在遇到困难和挫折时,解决问题的方式是被动消极的,常不能有效地解决问题,因而加重自己的心理负担。

3. 心理冲突

心理冲突是人们面对难以抉择的处境而产生的心理矛盾状态。例如,一个人对某人很不满,但又不想得罪对方,不能表达自己的情绪,这时就处于一种心理冲突状态。心理冲突带来的是一种心理压力,这种压力往往会增大个体适应环境的困难,因而,在多数情况下都会对个体的身心健康和生活工作产生不良的影响。如果冲突长期得不到缓解,便会产生紧张和焦虑的情绪,严重的还可能导致心理疾病。虽然心理冲突并不一定全是坏事,但剧烈而持久的心理冲突会有损于身心健康。

(三)社会因素

1. 早期教育和家庭环境

早期教育和家庭环境是影响心理健康的重要因素之一,如儿童与父母的关系,父母的教养态度,父母本身的心理行为,家庭氛围等都会对个体的心理健康产生影响。早期与父母建立和保持良好关系,得到父母充分的爱,受到支持、鼓励的儿童,容易获得安全感和信任感,并对成年后的人格良好发展、人际交往、社会适应等方面有着积极的促进作用。早期父母照顾不够而缺乏信任感和安全感的儿童会形成孤独无助的性格,难以与人相处,因而容易产生心理异常,出现人际交往方面的障碍。在父母对子女的教育态度方面,对子女的过分保护或过分严厉,会影响他们的独立性和自信心的发展,在成年后会增加他们的适应压力,对心理健康产生不良的影响。

2. 生活事件与环境变迁

生活中遇到的各种各样的变化尤其是一些突然变化的事件,常常是导致心理失常或精神疾病的原因,比如家人亡故、失恋、疾病等。由于个体每经历一次生活事件,都会给其带来压力,都要付出精力去调整、适应,因此,如果在一段时间内发生的不幸事件太多或事件较严重、突然,个体的身心健康就很容易受到影响。巨大的环境变迁也会使个体产生心理应激,很多刚入学的大学生,尤其是来自农村和边远地区的学生,由于入学前后生活和学习环境的巨大变化,在适应新环境时容易出现各种困难。

3. 社会环境因素

社会因素主要包括政治、经济、文化教育、社会关系等,这些因素对一个人的生存和发展起着决定作用。其中社会生活中的种种不健康的思想、情感和行为,会严重地影响着大学生的心理健康。特别在当前,人与人之间的交往日益广泛,各种社会传媒的作用越来越大,生活紧张事件增多,矛盾、冲突、竞争加剧,所有这些现象都会加重学生的心理负担和内心矛盾,影响身心健康。

五、保持心理健康的方式

影响人们心理健康的因素十分复杂,正值青春期和青年早期的大学生,在复杂的社会生活中难免会出现心理失衡,产生各种心理问题,因此,如何保持和维护心理健康,学会有效地解决可能遇到的各种心理问题,对每一个大学生都是一件十分重要的事情。

我们认为心理保健的主要途径包括以下三个方面:正确掌握心理健康知识,积极进行自我调节和求助心理咨询。

(一)正确掌握心理健康知识

心理健康水平一般的人,尽管没有任何心理障碍,也能够适应日常生活的各种要求,并满足自己的基本需要,但是这些人仍然常会感到生活无聊、厌烦。比如,许多大学生能顺利完成学业,也能逐渐适应大学生活,但仍感到大学生活枯燥无味,这是为什么呢?因为他们没有高度振奋的体验,还有许多潜能没有得到发挥,他们还没有达到自己能够达到的水平和生活状况。因此,我们追求的是提高心理健康水平。心理健康水平直接影响心理能量发挥的程度,影响着身体健康,生活状况。要提高心理健康水平需要认真学习有关的心理健康知识,并能正确掌握学习到的心理健康知识。

现在在大学设有不少与心理学相关的普及教育课程和讲座。大学生可以参加有关心理学课程的学习,听有关心理健康的讲座,阅读有关心理学的书籍。这里特别要提醒的是现代社会流行在互联网上查找收集信息,但是网上的一些信息很可能是个人的一家之言,没有经过严格的学术考证,也可能是过时的概念,因此,大家要注意选择科学性更高的知识和信息。

在具备了一定的心理健康知识之后,还有一个如何消化、吸收、掌握这些知识的问题。要正确掌握心理健康知识,首先要避免盲目对号入座。不少学生看到书上提到的一些心理症状就和自己联系起来,怀疑自己心理有问题,而过分紧张担心,造成不必要的心理困扰。我们可能有这样或那样的单个的症状,比如有一些强迫症的倾向,但不是很严重,对生活没有产生影响,我们就不必担心。其次,掌握心理健康知识重在行动。大学生中存在的问题是思想多于行动。他们也许能够认识自身存在的问题,但是缺乏改变的勇气。要真正掌握那些心理健康知识,要根据书中提出的原则,学习改变自己那些习以为常的观念、想法、情感、行为等是不容易的,也必然伴随着痛苦。要走向健康,就必须不断完善自己,只有把所学的知识运用于实践,付诸行动,才可能有所成效。

(二)积极进行自我调节

1. 建立积极的自我概念

拥有积极的自我概念是心理健康的核心特质。我们要学会正确地认识自己并悦纳自己。形成积极的自我概念的一个重要条件是体验成功,成功可以提高人的自信心。对于大学生来说,都有基本的自信心,要维持自信心,在于对自己不过分苛求,所设奋斗目标力所能及。

一个人的能力是由先天遗传素质和后天发展共同决定的,都有优势和劣势两方面。只有当你充分了解自己的能力和特点时才能制订适合自己的恰当的追求目标,并能通过艰苦努力最终实现这一预定目标。在获得成功的过程中,个人的价值得到体现,对自己的信心得到巩固和提高,同时,个人的能力也得到了锻炼和培养,为追求下一个奋斗目标打下了坚实的基础。相反,如果不能客观地评估自己的能力,仅凭良好的愿望和热情盲目地制订宏伟目标,结果往往是目标落空,产生不必要的挫折体验,并且会影响自己的自信心和心境。

2. 学会情绪的自我调控

稳定而良好的情绪状态使人心情开朗、精力充沛,对生活充满乐趣与信心。如果一个人情绪常波动不稳,患得患失,处于不良的情绪状态中而自己又不善于调节和控制,就会导致心理失衡和心理危机。

对于青年学生,要特别注意避免愤怒情绪。在现实生活中,大学生因为小事愤怒而大动干戈的事件屡见不鲜。强烈的愤怒会降低人的理智水平,一旦发生过激的冲动行为,可能会带来许多难以弥补的不良后果,所以我们要避免愤怒情绪的爆发。如果产生了愤怒情绪,可以试着及时告诫和提醒自己制怒,及时脱离现场,接受他人的劝解,让自己试着换个角度思考。

3. 自我娱乐,防止心境压抑

一个人如果能够注意培养和发展自己的业余爱好,进行多方面的自我娱乐活动,就可以在寂寞孤独或烦闷抑郁时,通过自我娱乐而振奋精神,以防止心境的过分压抑,使身心获得有益的休整和放松。每个学生在大学阶段都有必要根据自己的性格特点和自身的条件,注意培养和发展一些有益的业余兴趣和爱好,学会自我娱乐,这对维护自己的心理健康是有益的。

4. 掌握简单的心理调适技能

大学生在身心发展过程中,有意识地掌握一些常用的自我心理调适方法,对于消除心理压力是非常有帮助的。这里简单介绍两种方法。

(1) 多找朋友倾诉,疏泄积郁情绪。生活中难免会遇到不愉快和烦恼的事情,若能找机会与师长、同学、朋友、亲友等交流,将自己的苦闷心情倾吐出来,使不良情绪得以发泄,压抑的心境就可能得到缓解或减轻。在倾诉过程中,还可能获得更多的情感支持和理解,获得认识和解决问题的新思路,增强克服困难的信心。

(2) 进行积极的自我暗示。自我暗示是靠思想、语词等,对自己施加影响以改变自己的认知、行为和情绪。积极的自我暗示是一种自我激励。通过自我暗示,可以调节自己的情绪,缓解压力。比如,在遭遇挫折时,安慰自己"要看到光明,要提高勇气"等等。不要总是给自己贴上"这不行那不行"的失败"标签"。总之,坚定的信念会对行为产生影响,自我暗示就是自己不断地给自己增强这种信念。

专栏 2：自我放松技术

现代社会竞争激烈，精神紧张，要学会心理调节，提高自我的心理应对能力。下面介绍一种"三三自我放松术"。

1. 学做三件事

(1) 学会过好今天：不要为昨天的事情烦恼，不要为明天的事情忧愁，要紧的是做好今天的事情。每一个今天过得好，就是一辈子过得好。

(2) 学会计算：学会计算自己的幸福，计算自己做对的事情。计算幸福会使自己发现幸福越来越多，计算做对的事情会使自己对自己越有信心。

(3) 学会放弃：世界上的事情总是有"舍"才有"得"，而"一点都不肯舍"或"样样都想得到"必将事与愿违。

2. 学说三句话

(1) "算了！"。对于一个无法改变的事实的最好办法就是接受这个事实。

(2) "不要紧！"。不管发生什么事情，哪怕是天大的事情，也要对自己说"不要紧"，积极乐观的态度是解决任何问题和战胜任何困难的第一步。

(3) "会过去的！"。天不会总是阴的，阳光总在风雨后。自然界是这样，生活也是这样。别烦恼，别忧愁，事情再糟糕也会过去的。

3. 学会"三乐"

(1) 助人为乐：在自己过得好的时候要多助人为乐。

(2) 知足常乐：在自己过得一般的时候要知足常乐。

(3) 自得其乐：当自己处于逆境中时要学会自得其乐。

(三) 求助心理咨询

求助心理咨询是保持和维护心理健康的一项非常重要的措施。提及心理咨询,大学生对其理解可能存在一定的差异性。有的可能认为它只不过是类似朋友之间的聊天,有的可能觉得它是一种变形的思想政治工作,还有的可能认为只有有"病"的人才去咨询。其实,心理咨询是由受过专门训练的专业人员向来访者提供心理学帮助的过程。每一个正常人都有可能遇到困难,产生苦闷或烦恼。当他们感到仅仅依靠自己的力量不能摆脱心理困境的时候,想去寻求帮助是很自然的。心理咨询提供了一种专业的帮助。接受心理咨询的过程是一个学习和发展的过程。心理咨询可以纠正人们的某些错误观念;可以帮助人们更加全面客观地认识自己和外部世界,并采取积极有效的方式去解决所面对的问题;可以帮助人们深化对自身的认识,引导他们发现真实的自我并相应地生活,增加人们的心理自由度。我们很多人至少在一个相当重要的方面缺乏心理自由,比如,有些人从不敢承认自己有过失或缺点,有些人不愿让别人失望,有些人不能容忍自己存在互相矛盾的情感。

心理咨询的目的是让求询者"学会聪明地做出决定,而不是做出聪明的决定",也就是,不只是学会解决眼前的问题,还学习到一些解决问题的方法,在以后遇到烦恼和问题时能够更有效地解决问题。心理咨询不是一次两次就能有效,更多应该看做是一次学习机会。进行心理咨询要有充分的心理准备去接受挑战改变自己。关于心理咨询的更具体的一些问题,请参阅"求助与心理咨询"一章。

总之,在维护心理健康方面最重要的是自我调节,在个人的力量不够时,恰当地寻求外界的帮助,如寻求专业人士的帮助。

小结

大学生正处于逐渐走向成熟、走向独立的重要历程之中,在完成学业的同时,还要经历一次重大的心灵的成长或生命的成长,要处理人际关系、自我认识等各种复杂的心理与行为适应的课题。这些课题都涉及心理健康这一主题。在大学期间,学习心理健康知识,增进自我调节能力,提高心理健康水平,将为未来人生的成功打下坚实的基础。本章主要论述了心理健康的标准,心理异常的界定标准,介绍了大学生常见的心理健康问题,探讨了如何判断心理是否健康,以及保持和维护心理健康的途径。希望大家能通过学习,增进为人处世的能力,提高情商,提高心理免疫力,从而提高自己的心理健康水平。

本章要点

(1) 心理健康是一个动态发展的连续谱,心理健康与不健康之间没有明确的界限。

(2) 心理健康的通俗标准是爱自己,爱他人,爱工作,爱生活。

(3) 心理健康的影响因素是生物、心理和社会因素三方面综合作用的结果。

(4) 心理保健的主要途径包括正确掌握心理健康知识,积极进行自我调整,以及求助心理咨询。

小练习

两人或三人一组,互相交流分享一周以来你认为最高兴的一件事情。

思考题

从心理健康的角度看,你希望自己在哪些方面有进步?

推荐读物

戴尔·卡耐基著,袁玲译.《人性的弱点全集》,北京:中国发展出版社,2002

2

适者生存——大学生的环境适应

> 重要的不是环境,而是对环境做出的反应。
>
> ——鲍勃·康克林

一位来自农村的女大学生,入学后发现同宿舍中只有她来自农村,觉得自己跟别人很不一样,不知怎么办。周末活动,如跳舞,自己不想参加,但不参加又怕破坏气氛;如果参加,又觉得对不起家人,家人辛辛苦苦劳动供自己上大学,自己却在跳舞。在大学她很难进入别的同学的圈子,其他同学干什么事都一块去,她有些格格不入,有受冷落之感,于是她常去找老乡。尽管很想与别人交往,但不知如何开始。她希望有一个明确的目标,但不知道自己的目标该是什么。她从小学到中学成绩都特别好,又是班干部,上大学后成绩相对差一些。一学期下来,心情不好时总想过去不愉快的事情,懒得理别人。在农村时一心抓学习,没有参加过其他活动,上大学后发现自己很不适应大学生活,而且对学习也逐渐失去兴趣,觉得即使学得好了,也不一定能找到好工作。

有这样一个寓言故事。住在奇妙迷宫里的四个小家伙——小老鼠嗅嗅、匆匆以及小矮人哼哼、唧唧——一直以黄澄澄、香喷喷的奶酪为食。在找到一个库存丰厚的奶酪C站之后,小老鼠和小矮人们都开始了一段丰裕安逸的幸福时光。然而,某一天,由于奶酪不经意的消失,使故事的主人公们失去了生存的来源。在现实面前,他们各自做出了不同的反应:小老鼠嗅嗅和匆匆立即采取行动,适应变化,寻找新的奶酪资源,最终发现了比C站更庞大、更新鲜的奶酪N站;小矮人唧唧刚开始还不能适应变化,后来经过一番思想斗争,也加入了寻找奶酪的行列中;而哼哼呢?它的思维始终定格在原来的状态,始终不能接受变化的现实。结果,适应变化的嗅嗅、匆匆、唧唧都如愿地找到了自己所需的奶酪,而不能接受现实、拒绝变化的哼哼则停留在时间的原点,与自己的"奶酪"——即既定的目标渐行渐远。(故事来源:《谁动了我的奶酪》,斯宾塞·约翰逊)

现实中,每个人都有自己希望寻找的"奶酪"。对于高中生来说,这个奶酪可能是考上理想的大学。能够实现这一目标的同学们,可以说在高中的环境中都达到了基本适应。而进入大学之后,在新的环境中,你的奶酪发生了怎样的变化呢?你是否乐于面对现实,积极采取行动,适应环境变化,在人生的新阶段中继续寻找和发现自己的奶酪?还是将思维停留在对往昔的留恋中,不愿面对现实,拒绝发生变化,变成故步自封难以适应的小矮人呢?诚然,变化常常使人不安,但如果能够积极适应变化,会让人寻找到新的快乐。在这一章中,让我们一起来走近和了解大学环境的变化,并共同分享寻找新的奶酪和新的快乐的方法。

一、环境与适应

良好的社会适应是心理健康的重要特征之一。适应大学生活,是大学生步入社会之前的必要准备阶段,将为未来适应社会打下良好的基础。大学生离开家庭进入集体生活,其生活、学习和人际环境都发生重大变化,这一方面为其适应大学生活造成了一定困难,甚至可能引发种种心理问题和障碍,但另一方面也为促进其人格发展与成熟、增进心理健康水平提供了契机。本章将与大学生,特别是新生朋友,共同探讨关于适应大学生活的种种课题。

(一)新环境中的个体——适应与应激

人的一生都不能脱离其生活环境。达尔文说,适者生存。唯有对自身所处的环境能够有所认识,并能积极主动适应环境,才能够保持身心的健康状态,并获得成长与成就。著名发展心理学家皮亚杰认为,智慧的本质就是对环境的适应能力。由此可见,环境适应对人具有多么重要的意义。

什么是适应?适应是源于生物学的一个词,用来表示能增加有机体生存机会的那些身体上和行为上的改变。心理学中用来表示对环境变化做出的反应。心理学家认为,适应就是个体对自然环境和社会环境的顺应,根据环境条件改变自身,调节自身与环境的关系。换句话说,适应是人与环境的一种平衡状态,是个体的心理和行为面对环境的变化做出相应的变化的能力。人们生活的环境(自然、心理和社会环境)处于不断的变化中,因此每个人都存在适应问题,都会产生不断适应新环境的需求。正如心理家杰尼特(P. Janet)认为,人的整个一生是一系列的适应阶段,而每一阶段都会对个人的长期调节产生影响。适应是人的一种基本需要,适应能力是个体生存与发展的必备能力。心理适应是一个重建平衡的动态变化过程。适应的主要任务就是使个体与环境之间的不平衡状态重新恢复平衡。从个体发展全程来看,平衡是暂时的、相对的,不平衡是经常的、绝对的,因此适应的直接目标是建立平衡,其根本目标是个体自身的发展。心理适应实际上是一个自我调节的过程,其中自我意识的发展水平、应对技巧对适应起着决定性的作用。

良好的适应意味着个体有效追求并达到目的而不违反社会规范,不侵犯人际关系。良好的适应促进心理健康,失败的适应则会导致心理障碍。适应是心理健康的重要标志之一。对于大学生来说,要适应大学生活,就需要积极提高自身的心理适应能力,改变心态与行为,保持与大学环境之间的良好平衡状态。然而,对新环境的适应不是一蹴而就的,而是需要一个过程。在适应的过程中,人们的生理和心理状态可能出现一系列的变化,心理学家将其称为应激反应。所谓应激,是指在外界环境的变化刺激下,引起个体生理、心理和行为的心身紧张状态,伴有身体机能与心理活动的改变。应激反应可能包括食欲下降、体力减退、体重减轻(或增长)等,还包括紧张感与压力感等心理体验。这些心身反应是一种正常现象,是适应中的一环,个体正是通过这种应激反应来最终达到心理平衡和行为适应。能够引起应激状态的环境变化不仅仅局限于物理环境的变化,还包括心理与社会环境的变化。

离开家上大学,对于年轻的大一新生来说,无疑是其人生中一个重要的新阶段。这在某种程度上意味着个体将进入成年,开始一种独立自主的生活。同时,对于绝大部分大学新生来说,上大学也是其人生中第一次离开家庭、离开父母,面对一种崭新的环境。对于那些到外地上大学的新生来说,更是要远离家乡,来到一个全新的城市,面对新的社会和文化。如何调整自己的行为习惯和心态,积极适应新的环境,是每一个新生在进入大学时要面临的第一个重要课题。能够迅速适应大学环境、做出积极调整的新生,将在学业、人际和生活等多方面都打开良好的局面,取得满意的成绩和效果,并获得内心的充实和满意感。而另外一些大学生可能经过了两三个学期还未能够完全适应新的生活,出现种种困难和障碍,不仅内心感到压抑沮丧,还耽误了学习知识技能和奠定基础的重要时光,很可能导致在未来走出校门、步入社会的时候遭遇更严重的适应不良。

(二) 适应与发展

适应与发展是同一过程的两个方面,发展是积极的适应。在现实生活中,人们对环境的适应包括两种:消极的适应和积极的适应(樊富珉,王建中,2006)。消极的适应是在适应过程中,个体认同、顺应了环境中的消极因素,压抑了自身的积极因素及自身的潜能。其作用只是获得一时的心理平衡,其结果是环境改造了个体,而个体未能发挥自己对于环境的能动作用。例如,有的学生在大学里因为几次考试成绩不理想,就悲观失望,以致不思进取,这种对环境的适应就是消极的适应。积极的适应是个体在客观环境中积极主动地调整自己与环境不相适应的行为,增强个体在环境中的主动性、积极性,使自身得到发展。任何环境中都存在自身发展的有利因素和不利因素,积极适应就是要正确分析自身特点及环境的特点,从两者的关系中找到自己成长的生长点。例如,有些大学生从偏僻的乡村来到大学学习,克服自卑心态,发扬自己在艰苦生活中的经验,充分利用大学丰富的资源,勤奋好学,成为深受同学尊重和老师赞赏的优秀学生。

根据联合国教科文组织提出的关于现代教育的四大培养目标,即学会生存、学会求知、学会做事和学会共处,我国学者结合我国的实际情况,提出了大学生适应与发展的任务和要求是"四会":学会做人、学会做事、学会与人相处和学会学习(樊富珉,王建中,2006)。

(1)学会做人。大学生首先要学会做人,做个有修养、有教养的人。一个人学业上的缺陷并不一定会影响他的一生,而人格、道德、做人上的缺陷却可能贻害他的终身。大学生要学习和形成恰当的世界观、人生观、价值观,拥有明确的伦理道德观念和是非观念,学会待人接物之道。

(2)学会做事。大学生要有解决实际问题的能力。这包括独立的生活管理能力,独立进行选择、决断并处理问题的能力,应对各种情况和各种环境的工作能力。大学生要多实践,多锻炼自己,培养自己的基本技能和实践能力,不断积累相关的做事经验,使工作富有成效。

(3)学会与人相处。在现代社会中,与人和谐相处,是人生成功的一种人际资源。大学生应当对他人有尊重、真诚的态度,能够接纳他人的长处与不足,能够与他人进行良好的沟通,在沟通中建立亲密的合作关系,在相互交流与分享中促进自我和他人的成长与发展。

(4)学会学习。学习是一个终身的任务。大学生要热爱学习,不断用新的知识充实自己,不仅要学好本专业知识,而且要学习与之相关的各种人文和自然科学知识。掌握良好的学习方法,培养自学能力。学会学习,不仅仅是为了获得知识本身,更重要的是获得一种认识世界的手段和能力。

(三)适应不良与适应障碍

心理适应不良是指个体在成长和发展过程中,对于环境变化以及成长发展中所遇到的新的人生课题表现出的种种不适和不良的身心反应(黄希庭,郑涌,2007)。大学新生不仅要面对巨大的环境变化,同时还处于自身心理发展的关键阶段,正在完成从青春期晚期向成年早期的过渡。这一心理发展的关键时期要求大学生了解"我是谁"这个关键的人生命题,并建立亲密关系。这些外在和内在的心理要求都可能造成新生的适应困难。本章开篇的案例就是大学生适应不良的一个典型案例。该案例中的女大学生面对的适应问题包括这几方面:生活方式的差距带来的适应问题,与性格行为各异的人建立协调人际关系的问题,环境变化后如何确立自尊自信的问题,以及在新环境中重新确立自己的理想和奋斗目标的问题。

  大一年级的新生普遍处于对环境的适应期。在这一阶段,大学新生以"胜利者"的喜悦走进大学,但除却考取大学的喜悦之外,紧接着就需要面对的是如何适应大学学习和生活,如何建立起新的人际关系。此时的大学生为几种主要心理矛盾所环绕,包括:自豪感与自卑感的矛盾,新鲜感和恋旧感的矛盾,轻松感与紧张感的矛盾以及奋发感与被动感的矛盾。适应困难的新生可能在认知、情绪和行为方面都表现出适应不良的反应。在认知方面,大学生本是高考的胜出者,但进入大学之后,却可能感到"无法跟上新的学习节奏"、"不知从何入手"、"我变笨了,不再是学习的料了"、"学习上力不从心,不如别人",进而,一些新生还会产生一些怀旧的情绪,觉得"还是过去好"、"大学里的同学不真诚",等等。在情绪方面,可能出现焦虑、恐惧、自卑、嫉妒等不良情绪状态,并容易在人际方面表现出拒绝、愤怒,进而产生孤独感。在行为方面,有些同学表现出退缩和过分保护自己的倾向,因害怕他人拒绝而不主动与人交往,不参加班级和学校的活动,表现得孤僻冷傲,反而让别人有被拒绝的感觉;另外一些同学则恰恰相反,因为急于表现自己的能力,让别人感到自己很优秀,所以表现得过于积极,参加了很多学生会和社团活动,时间分配不合理,每天都忙得团团转,但又似乎什么事情也没做好,特别是学习方面受到了很大的影响。

  对于初期的适应不良,如果新生能够给予充分的重视,及时调整和解决,将较顺利地完成这一过渡。然而,有些同学没能及时做出调整,可能出现一些适应障碍。适应障碍是指个体因遭受日常生活的不良刺激,且由于具有易感个性,加之适应能力差,导致出现以情绪障碍为主、伴有适应不良的行为或生理功能的障碍,进而影响个体的社会适应能力,使其学习、工作、生活及人际交往等受到一定程度的损害。

  对于大学生来说,适应障碍主要表现为几种形式:① 以情绪障碍为突出表现的适应障碍:常见的情况是以抑郁情绪为主,表现为情绪低落、沮丧、绝望、对一切失去兴趣;也有以焦虑情绪为主,表现为紧张不安、心烦意乱、心悸、呼吸不畅等。② 以躯体不适为突出表现的适应障碍:表现为各种疼痛(如头痛、腰背痛或其他部位疼痛)、胃肠道症状(恶心、呕吐、腹泻或便秘等),以及其他形式的躯体症状,如失眠或食欲的突然变化。③ 以不适应行为为突出表现的适应障碍,可能表现为工作能力下降、学习困难,或不愿出门、不愿与人主动交往、不愿参加集体活动等社会性退缩行为,还可能表现为旷课、酗酒、网络和电脑游戏成瘾等逃避行为。

  适应不良与适应障碍将对大学生产生消极的影响和后果,不仅使原本阳光灿烂的青春年华蒙上阴影,还可能错过了人格与心理进一步完善的大好时机。逆水行舟,不进则退。大学阶段正是这样充满机遇也充满挑战的时光。能够把握好这段成长机遇的人,将充实而满意地度过大学,顺利地进入人生的新阶段;而不能好好把握的人,在今后的生活中将付出更大的代价。作为大学新生,要提高自己的心理适应能力,就需要主动了解客观环境的要求,积极采取对策,调整自己的理想与预期,使之能与现实生活和谐相处。在本章接下来的部分,我们将与大学生朋友一起探讨环境的变化及大学环境和社会对大学生提出的要求。

二、大学环境与角色变化

(一)生活环境的变化

大学生要面临多种环境改变,其中最明显、最直接的变化就是生活环境的变化。

从物理环境上来讲,大多数大学生在上学以前一直住在家里。对于在学校住宿的中学生来说,往往离家也并不是很远,通常可以在周末回家。在家庭中,很多人拥有相对独立的生活空间,读书、娱乐和休息都不会受到其他人的干扰。而到了大学,绝大多数同学都要在集体宿舍中与他人共度集体生活。这一方面增加了同龄人相处的时间,可能会带来很多乐趣,并建立亲密的友谊关系,但另一方面,生活空间的相对狭小也不可避免地给每位同学的生活作息带来一定的影响,而同寝室成员所共同承担的一些责任,如扫地打水、整理内务等,也需要彼此能够相互协调、宽容和谅解。

从生活自理方面来讲,大多数父母对子女的照料无微不至,不仅洗衣做饭,甚至连早上叫起、打扫房间等事情都一概包办打理。到了大学之后,离开了父母长辈的悉心照料,这一方面使很多大学生感到摆脱了束缚,感到自由、解放,并且从自己对自己的照顾中感到成就感,但另一方面,也带来了一些困难和不便。例如,以往由家长代为包办的一些事务,如洗衣、购物、去银行、去邮局、办理各种手续等,此时都需要大学生独立完成。这些生活技能看似平凡琐碎,但确实会让很多新生感到困难和无助。以收支管理为例,一些新生一次性地从父母那里拿到一学期的生活费用之后,不善于规划管理,在生活中大手大脚,不到半个学期就所剩无几,只好向父母再次伸手。更有甚者不得不让父母每周转汇相应的生活费,以便控制自己的花销。这些现象都表明了一些新生在生活方面的依赖性。

从生活范围上来讲,大学的生活范围相比于中学时代将发生进一步拓展。在中学时候,大多数同学的生活范围以学校和家庭为主,过的是两点一线的简单生活。到了大学之后,生活范围将拓展到社会,进入更广阔的空间。一些同学会以勤工俭学、社会兼职和实践等方式,进一步加强自己与社会的接触,丰富自己的社会角色和体验。

(二) 学习环境的变化

大学时期,学生们最重要的任务仍然是学习。学习成绩对于毕业后的继续深造或就业都具有一定的影响;而大学阶段所学习的知识技能和思维方式,也是高等教育的重要内容,将为日后的学习和工作打下良好基础。但与中学相比,大学的学习生活发生了诸多实质性的改变,在学习要求、教学方式和考核方法上都发生了很多变化,因此也要求大学生在学习方式和习惯上进行调整,适应大学的学习环境。

从学习任务上来讲,在我国当前的教育体制下,中学阶段的学习任务主要以掌握既有的知识和技能为主。而对于大学生来说,除需掌握更多的知识与技能之外,还要学习新的思维方式,发展出自己的见解与创新性。在大学的课堂和教科书里,对于一种自然现象或社会现象往往不是只有一种"正确"的理论,而是有多种理论与观点对此进行阐释。大学生需要在这种百家争鸣的状态中进行学习与判断,建立科学哲学与逻辑学的思维方式,逐渐产生自己的观点与见解。

从教学方式上来讲,中学阶段时,老师与学生在一起的时间通常很多。对于知识要点和解题技巧,老师不但会在课堂上详细讲解和演示,在自修的时间内也会经常为学生答疑。但大学老师的授课方式往往是提纲挈领式的。在大学短短的四年中,大学生要学习四五十门课程,通常每一门课程的学时都不多,而每门课程都是一个非常庞大的体系。老师通常只能在课堂上进行一种简单的引导和综述,并给出参考书目,大量阅读需要在课外完成。从考核方式来看,中学阶段往往比较注重知识点的理解、掌握、记忆和应用能力,通常以闭卷考试的形式进行衡量,分数高低对于中学生来说也非常重要,中学老师可能教导学生说,"一分之差,人生不同",鼓励学生每分必争。而在大学,对分数的看重大大减弱,成绩大多以等级或绩点来衡量,并且考核的方式也从基本单一的闭卷考试,变为日常作业、论文综述、实验操作、课堂报告等多种形式的综合。

从学习时间上来讲,大学与中学的时间结构也发生了很大调整。中学的作息时间是相对固定统一的。中学生在学校规定的时间到校上早自习或晨练,之后严格按照课程表上课、自习、晚自修等。而在大学期间,除了部分公共必修课之外,学生在选择其他选修课程时通常有很大的自由度,并且正规课时也较中学时减少了很多。这意味着,在校大学生有大量的时间可以自由支配。这同时也就对大学生们在时间管理方面提出了更高的要求。这要求大学生们能够根据学习任务与兴趣爱好合理规划、分配、管理自己的时间,在没有人指导和监督的情况下安排好个人的学业、学生与社团工作、人际交往、体育锻炼、休闲娱乐、个人自理等多种时间模块,做到合理、高效、井井有条。

(三) 人际环境的变化

绝大多数大学生都过着在学校寄宿的生活,校园也就是我们的家,是我们生活的小社会。在这个小社会中,大学生往往也比过去遭遇了更多类型的人际关系和接触。这种人际环境的变化同样也是大学生要适应的重要课题之一。

在大学校园里,最常见的人际关系类型包括同学关系和师生关系,而在同学关系中,同寝室的同学关系又是极为特殊的一种形式。大学生的人际关系是大学生活的基本背景,大学生的日常学习、工作、生活和娱乐的质量,都会受到这一基本背景的影响。过去,中学同学大多来自同一地域,在成长环境、生活习惯、语言特点等方面都有很多相似之处;到了大学之后,集体宿舍里的同学往往来自不同的地域,各自家庭的背景以及经济状况往往也有很大差异。每个同学都带着各自的生活风格和习惯,要在同一个屋檐下共同生活,就必须协调与他人的习惯和关系。因为现在的大学生大多是独生子女,是家庭中唯一的孩子,没机会学习与兄弟姊妹相处、协调各自的需要。大学的寝室生活,是很多人第一次要学习如何处理自己的需求和别人的需求之间的矛盾,并在矛盾中寻求解决和平衡的地方。良好的解决不仅有助于大学阶段的快乐生活和友谊,对大学生们日后的人生旅途也具有重要意义。

同学关系的另外几种重要形式还包括学业型人际关系和业余型人际关系。学业型人际关系是指,大学生在学业生活中所形成的同班级人际关系、同专业人际关系及相关专业人际关系。这些通过学习交流建立起的人际关系在专业方面有很多共同交流的话题,常常可以对学业和工作发展都有所促进,并可能打破年龄与年级界限,在未来形成正式或非正式的学术交往。业余型人际关系是指大学生在学习之外的业余生活中建立的人际关系,如以地域为基础构成的老乡型人际关系,以兴趣爱好为基础构成的社团关系等。对于新生来说,由于对新环境还很陌生,与同学之间也还未建立起很密切的关系,老乡关系能够有效缩短心理距离,为交往提供条件。而当新生开始逐渐融入大学生活之后,以共同兴趣和爱好为基础的人际交往将得到拓展,在丰富人际交往的同时也能够切磋技艺,发展特长。

除室友关系和同学关系之外,与异性的交往环境也与中学时有所不同。在我国的教育环境下,对于大多数中学生来说,学校和家长通常都不鼓励甚至反对与异性的密切交往和恋爱。而上了大学之后,家长们对此的态度往往默默地发生转变,不再过多干涉;学校和老师也对此保持中立或积极的态度,还可能通过讲座和私人交流的形式与学生讨论异性交往和恋爱问题。这些环境的变化,加上大学生的自身成长也使他们不再像中学时代那样对异性交往存在矛盾心理,都使得他们更加关注与异性的交往。同时,像任何其他重要人生命题一样,异性交往与恋爱方面的新问题也为一些同学带来了困惑。

大学老师与学生的关系也与中学时有很大不同。中学老师相对来说更像是一个教导者。学生往往需要完全服从老师的要求。老师相对来说是一个权威,是规则的制定者。如果学生不能完成老师的要求,老师还有可能找来家长,共同教育和管理不守纪律的学生。但在大学中,在老师和学生之间往往不存在"家长"这样一个第三方或媒介。学生与老师之间的关系变得更为平等,交流更为直接,甚至可能在某个课题或论文方面变为合作关系。同时,大学老师倾向于不再把学生视为需要管理和控制的孩子,而是将其视为独立自主的年轻人,提供更多的是培养和引导。大学生也需要更积极主动地与老师联系,才能获得更多的教导与机遇。

社会环境也对大学生形成了崭新的局面。李开复曾经说过,"大学要为社会培养人才,因此也要了解社会的需求"。大学生总要步入社会,大学是大学生了解社会的重要机会。社会对大学生提出了更高的要求。在人际交往与对象上,中学阶段的交往面大多较为单纯,集中在同一社区、同一地域的有限人群,如父母亲戚、同窗好友、老师长辈等,这些人都来自于相对单一的地理区域,语言和生活习惯较为接近。但在大学阶段,大学生接触的人群变得更为广泛,在语言习惯、生活习惯等方面都大大不同,形成了比较复杂的群体关系。由于地域跨度大、文化背景不同,可交换的信息也大幅提高,形成新型的人际关系。总而言之,大学中新的生活环境要求大学生更独立和主动地与他人进行交往,社会也要求大学生掌握更多的人际交往技能,建立良好的人际关系网络。

三、对新环境的适应策略

在人的一生中,遭遇外界刺激或环境改变是不可避免的事情,而不同个体对新环境的适应能力也有所不同。对于大学这一同样的新环境刺激,有的同学能够迅速适应、打开局面,并进一步挖掘自己的潜力,而另外一些同学则可能遭遇持久的适应困难。通常,适应能力取决于人对环境刺激的认知评价以及相应的行为调整策略。本章接下来的部分将与大学生共同探讨如何在生活、学习和人际多方面做出有效的认知调整与行为改善,使大学生朋友能够尽快适应新的生活。

(一) 一般适应策略

人的一生中要经历很多生活事件和环境变化,其中,有些是"坏事",比如生病、失恋、失业、失去亲人等,而有些则是"好事",如结婚、生子、乔迁等,还有一些是较为中性的事件,如进入新的学校、来到新的城市等。无论事件本身的"好"或"坏",都会因为环境变化以及压力增加而给当事人带来应激。因此,每个人都需要发展出减少应激、尽快适应的策略,来应对生活中不期而至的种种变化。

有效而普适的适应策略通常有如下一些方法,这些方法同样适用于大学新生(桑志芹,2007)。

1. 减少负性刺激

虽然新环境往往会导致人的应激反应,但不同环境情境引发的应激反应程度不同。一般来说,如果情境中的正性刺激大于负性刺激,其引发的应激水平就会较低,个体也就更易于达到适应。例如,对于新生来说,如果在大学的学习中能够取得较好的成绩,感到能够胜任学业任务,则是增加了新环境中的正性刺激;而如果学业不良或失败,则是增加了负性刺激。作为学生,我们都清楚不努力学习、过于放纵自己玩乐很可能会导致学业失败。为了避免学业失败为大学生活造成更多的负性刺激与压力,进而增加适应的困难,新生应该从进入大学后就端正学习心态,踏实努力,而不该抱有"进入大学可以松一口气","轻轻松松玩一年再说"的心态。

2. 增强合理认知与心态

对新环境是否产生过度的应激反应,是否能够较快地适应新环境,还取决于个体对环境与刺激的认知评价。以大学生在生活消费方面为例,小萍和小茜同是来自于农村的大一新生,相对于来自大城市的另外两位室友来说,她们的家庭条件与经济状况要比室友们差很多。辅导员了解到同学们的家庭状况之后,认为小萍和小茜都符合申请助学金的条件,以帮助她们顺利完成学业。然而小萍拒绝申请助学金,她觉得接受助学金,就是给自己扣上了"贫困生"的帽子,这是一件很没面子的事情,大家都可能瞧不起自己,无法与同学们平等交往。为了不让别人"瞧不起",小萍把很多钱都花在衣服和化妆品上,努力让自己不显得寒酸、土气,而另一方面,她极力避免跟室友们一起去食堂吃饭,因为她每餐都只偷偷地吃白粥、馒头和咸菜。长此以往,小萍的身体状况变得很差,学习也很吃力,而室友们也感到她很虚荣、敏感,不太愿意与她交往。小茜则与小萍很不同,她心态平和,不卑不亢,正视自己经济条件困难的现状,乐于接受学校的资助。在学习生活中,她保持勤奋简朴的本色,以真实的态度与另外两位室友交往,大家相处得很愉快。她们一起吃饭、上自习、打球、聊天,但当室友们去进行一些消费较高的娱乐项目,比如K歌、去高档商场购物或外出吃饭时,小茜就坦然地谢绝,自己去图书馆看书学习;室友过生日时,其他同学花钱买一些礼物、鲜花赠送,小茜也并不与他人攀比,而是送给室友自己亲手缝制的手机套等小物件,接受礼物的室友既喜欢又感动。一年后,小茜的综合成绩名列前茅,得到了奖学金,也赢得了同学们的尊重和喜爱。

不同的认知和心态导致完全不同的人生结局,而良好的心态不是凭空而来的,它根植于人格深处。善良、宽容、淡泊等人格中美好的品质,会使一个人在与人交往和与己独处时都保持一种积极和平和的心态,帮助人们适应任何环境。

3. 增强身体适应能力

应激反应通常会通过躯体的形式表现出来,如食欲不振、睡眠不良、体力减退、免疫力下降等,有时还会表现为躯体化的紧张(呼吸、血压、脉搏等变化)与各种疼痛。改善这种状况的有效方式之一是通过加强体育锻炼与学习放松技巧来提高身体适应能力。

首先,良好的作息与运动习惯能够帮助个体保持较好的健康状态,减少因应激而带来的身体不适和疾病,增强身体对环境的适应性。体育锻炼还能够促使人们获得沉浸体验和成就感,使人感到对自己的生活有掌控力。坚持进行适度锻炼的人,其生活满意度和幸福指数都高于从不进行体育运动的人。因此,体育锻炼是新生在新环境中保持良好状态、快速适应新生活的一种便捷方式。

其次,学习和掌握一定的放松技巧也将有助于从身体方面缓解环境压力下的应激反应。本书在压力调适一章中详细介绍了几种放松技巧,可供大学生朋友参考和学习。

(二)大学新生适应策略

除上述一般适应策略之外,大学新生还须根据高校环境的特点来发展特定而有效的适应策略,以尽快适应大学生活,满足自己发展的需要以及新身份对自身的要求。

下面,我们将从生活、学习和人际几个方面对新生适应策略进行一一阐述,以供新生朋友们参考。

1. 生活方面的适应

生活适应是新生进入大学后面临的最首要的方面,也是正常学习、娱乐和人际交往的基础。大学新生应对生活环境的种种变化做出积极反应,培养自己良好的生活习惯。生活习惯代表个人的生活方式,并在很大程度上决定了一个人在人生中能够达到的发展与成就。大学阶段往往是独立生活、自主安排个人生活的开始,同时也正是汲取知识与技能的大好时机。所谓"种瓜得瓜,种豆得豆",在大学生活中最终能够收获什么,取决于大学生自身如何生活、如何处事。注重培养良好的习惯,迅速适应大学生活,将有助于大学新生展开充实而收获丰厚的大学生活。

要养成良好的生活习惯,首先要合理地安排作息时间。大学的时间结构相对松散,要有良好的作息习惯通常需要个人严格要求自己。以早上起床为例,意志较坚强的同学往往多年坚持早起,在晚间也按照较为固定的时间入睡,而意志相对薄弱的同学则可能迁就自己的兴趣,碰到自己喜欢的电影、游戏或书籍,就可能看到很晚才入睡,而早上如果没有课,又会随心所欲睡到"自然醒",甚至有时候因为过于困倦干脆连课也不去上了。此外,还有一些同学因为第一次进入集体生活,感到十分新鲜有趣,同寝室的同学动辄召开"夜聊会",一聊聊到后半夜,影响睡眠时间和白天听课学习的效率。如此往复循环,形成十分不良的作息习惯,也影响了同寝室其他同学的休息,还可能引发失眠和神经衰弱。对于诸如此类的种种情况,大学生要充分意识到其危害性,努力做出调整。研究表明,大学生的睡眠时间一般每天不得少于7小时。如果条件允许,可在中午增加一小段午睡,但最好不要超过40分钟。

其次,大学生要进行适度的文体活动。"一张一弛,文武之道。"进入大学之后,我们不仅应该学会高效率的学习和工作,同时还要学会培养自己多方面的兴趣爱好,以文体活动丰富自己的课余生活,增加修养,陶冶情操,还可以成为良好人际关系和友谊的媒介。大学的校园环境为学生们提供了多种文体活动设施和场所,操场、运动场、游泳馆、多种球类活动场地往往一应俱全,同时,学生中还建立了各种音乐、绘画、书法和其他艺术社团,BBS上往往有基于各种兴趣爱好所组成的版面。大学生可充分利用学校的便利条件,丰富自己的课余生活,增进交友的范围和机会。适度的文娱活动和体育锻炼,不仅不会影响学业,反而会通过放松心情,缓解压力,锻炼体能,进而提高学习效率。效率专家提倡"7+1>8",意即7小时学习加上1小时的文体活动,其学习效果往往优于8小时全部读书。

第三,大学生还要养成良好的饮食习惯、个人卫生习惯以及生活自理能力。在饮食方面,大学生中常见的不良习惯包括饮食不规律、不吃早饭、偏食挑食、暴饮暴食或过度节食。这些习惯都对身体有极大危害,而且还会影响学习效率和心理状态。学生主要在食堂就餐,应从入学起养成按时就餐的习惯,并注重营养的均衡。在个人卫生方面,新生也需要学会自己整理床铺,收拾房间,自己洗衣服、简单缝补等。其他需要发展的生活自理能力还包括对个人财物的管理。大学新生大多没有多少"理财"的经验,生活费和学习费用也都来源于父母。在中学里,父母常常是通过控制零用钱的数量来制约孩子的消费。进入大学后,大多数父母一次性给予一个月或几个月的生活费,如何合理地进行分配和消费,就成为了新生要学习的重要任务之一。良好的理财习惯不仅是一种能力的体现,也是大学生日后走向成人生活的重要一环。新生应学习对收支进行合理计划,根据父母的经济能力和自己勤工俭学的情况来制定合理的消费计划,克服攀比和炫耀的虚荣心态,避免盲目消费,对于赶时髦、讲排场等社会风气保持冷静态度,做一个理性的消费者。一些有一定经济能力的同学还可能在大学期间学习和实践投资,这也是增长社会经验、锻炼理财能力的一种途径。不过大学生投资应以学习和体验为重,不宜数额过高,或投入过多精力而将学业本末倒置。

2. 学习方面的适应

新生进入大学后,由于学业环境的变化,需要积极主动地进行调节适应,以完成从中学到大学的良好过渡。此阶段需要完成的适应任务主要有两个方面:第一,对学习目标和动机的调整;第二,对学习方法的调整。

首先,对于学习目标和动因方面,中学阶段,以高考为首要目标的学习动力,在进入大学之后已宣告无效。部分大学生出现了"松了一口气"、"可以好好玩一阵"的心态,学习积极性下降。大学生需要很快建立起新的学习目标,才能够有的放矢,在新的环境中更好地学习。当然,建立新的目标需要一个过程,在这个过程中也可能会因为对所学专业不了解,或感到大学现状与过去美好憧憬有差距,而导致困惑和失望,这是人们进入新环境时的正常现象。新生应该在此时多与本系的学长们进行交流、请教,了解专业的学习特点和发展前景,掌握更多的信息,帮助自己更快地建立起合理的学习和发展目标。在这个过程中,新生切不可过于盲目。要做到既掌握信息,又有自己的判断,当然师长们的参考意见也很重要。

其次,在建立长远的学习目标之后,新生还要逐步完成学习方法上的改变和完善。能够在高考中获得成功、进入大学的新生,在自身以往的学习经历中,其学习方法都取得了相应的成效,因此往往也会沿用自己业已形成的学习方法和习惯。但大学的学习特点较中学有很大不同。大量的信息和知识点需要在短时间内得以掌握,而老师的指导相对于中学时代又少了很多。这就要求学生们必须善于主动学习、自主学习。新生可以尝试从以下几点做起:

(1) 定时定量学习。即每天保证一定的学习时间,完成一定量的学习任务。学习任务安排应合理。举例来说,某同学给自己规定的每天工作量是除正常课程和作业之外,背100个新单词,阅读一份英文报纸,完成一套四级模拟测验。这样的工作量安排不合理不均衡,不仅不能得到有效地完成,还可能影响正常的基础和专业课程学习,并引发强烈的挫败感,打消学习的积极性。学习的定时与定量要求时与量的合理。在语文课堂上背英语单词,虽然学习的积极性挺高,但就没有做到"顺时性"。合理的方法是指,在顺应和完成正常课程所要求的学时与学业任务之外,再适度地为自己增加额外的学习时间和任务,循序渐进,在能保证较高效地完成之后,再逐步增加任务量。

(2) 精读与泛读结合。大学的规定课时比中学时要少很多,但所学课程和内容却远远大于中学时的教学大纲含量。大学老师通常在课堂上提纲挈领地讲解,并提供很多参考书目。通常,这些书籍和资料需要学生利用课外时间进行阅读,撰写报告或课堂讨论。对于大量的书籍,如果全部采用精读和背诵记忆的方式,不仅事倍功半,而且很可能无法完成或顾此失彼,影响了其他科目的学习。对于大学生来说,学会精读与泛读相结合,将大大提高学习效率和效果。所谓精读,是指对于指定教材、该领域经典书籍或经典论文,进行认真的学习和研究,甚至需要反复阅读和记忆以求达到深入理解。而所谓泛读,是指对于一般著作、论文、最新进展以及相关领域资料,要进行广泛的阅读和涉猎,以拓展视野和开阔思路为主,并不需要全部背诵或记忆。老师课堂的讲解和精读的内容如同骨骼,帮助同学建立起该学科的知识构架和体系,而大量的泛读材料如同血肉,帮助我们进一步丰富和拓展该领域的知识内容。精读与泛读的合理结合,将使大学生在短短四年中高效率地掌握数十门学科的知识和体系。

（3）合理分配时间。时间结构的灵活性和自主性是大学学习生活的重要特点之一。很多同学在学习之余，还担任学生干部、社团负责人、BBS版主或参加其他社会实践活动。这些学生工作和社会实践确实能够锻炼个人的领导才能和协调能力，丰富社会经验。但大学生必须了解自己的学生身份和角色要求。作为学生，最主要的任务仍是学习。学习中获得的思维方式与专业知识和技能，是大学生日后走向社会谋取职业的基础，因此，新生在学业与学生及社团工作、社会实践、勤工俭学等活动之间，要分清主次，做好选择，合理分配时间，在胜任学习任务之余再拓展自己其他方面的能力。

专栏1：时间分配

我们每个人在生活中都要扮演不同的角色，完成不同的任务，满足内心的多种需求。所以我们的时间，也被分配在多种活动上。下面表格列出了我们日常活动的主要类型：

活动类型	内容说明
（1）生理需要时间	人是一种生物有机体。为了保证机体正常运转，人必须要通过饮食、睡眠等补充能量。为满足生理需求所花费的时间属于此类。
（2）工作与学习时间	工作是人谋生的手段，而学习则是在谋生前的准备或是工作过程中的进修。在当前的时代里，社会和工作内容都在不断发生日新月异的变化，我们不仅需要在做学生的时候学习，还需要毕生学习，"活到老、学到老"，紧跟时代变化。
（3）休闲与娱乐时间	为了能够保持健康的身体、愉悦的心境，我们还需要休闲娱乐和放松。从事个人喜好的活动、进行体育锻炼、阅读书籍、听听音乐或看场电影，都属于这一类型。这些活动的目标并不是取得什么成果，而是为了兴趣与享受。
（4）人际与社交时间	我们每个人都生活在社会环境中，与不同的人交往，扮演不同的角色。我们彼此需要。所以，我们需要花时间与家人聊天、看电视，与朋友打球、爬山、聚会，与喜欢的人打电话、发短信、听音乐会。社交时间有时候可能与其他时间重叠，只要我们和别人一起共度。
（5）个人独处时间	无论我们与他人的联系多么紧密，感情多么深厚，我们每个人还是需要一定的个人独处时间。在独处的时间里，我们完全脱离了社会角色的束缚，更放松、更自由、更具有灵感，可以对个人和未来进行一番思考，或是任由思绪天马行空。

想一想，你在不同活动上分配的时间是多少？这种分配合理吗？

3. 人际方面的适应

与中学相比,大学的人际环境也发生了更为复杂的变化。和谐的人际关系不仅是个体心理健康水平和社会适应能力的体现,也是幸福感和社会支持的重要来源。大学生应从如下几个方面提高自己在人际方面的适应能力。

首先,大学生在与人交往的过程中要保持积极主动、与人为善的态度。大学时期的交往范围将比中学时期大得多,而大学生应使自己保持开放的态度,避免狭隘的地方主义或宗派作风,使自己能够打开交往局面,诚恳待人,泰然自处,建立和谐的人际关系网络。

其次,要建立良好的人际关系,需要大学生做到正确认识自己。过度自大或过度自卑的人,在人际关系中都容易碰到问题。前者由于不能客观评价自己,容易妄自尊大,轻视他人,态度傲慢,让人感到不受尊重。后者可能由于过度低估自己,而在交往中拘泥畏缩,压抑和掩饰自己,不敢表达自己的观点与情绪,只知一味附和他人,令别人觉得不真实、不自然。这些情况都是由于一些同学不能够正确而客观地评价自己和他人,为人际交往带来了困难。事实上,每个人都有优点长处,也都有缺点不足,在交往中悦纳自己和他人,才能够获得亲密的人际关系和交往的乐趣,并从关系中取长补短。

第三,大学生应积极学习交往技巧。人际交往是一门艺术,它既包括娴熟的技能,也带有艺术般的真诚与创造力。和谐美好的人际关系,会给人带来艺术般的享受和快乐。在交往中,亲切的微笑、真诚的尊重、友善的关怀、恰当的言语和姿态,等等,都会给人带来温馨的感受和体验,而这些好的感觉又会引起对方的积极反应,同样将美好的体验反馈到给予者身上。在这样的互动中,人与人之间就建立起良好的联系和互动,并可能发展出更深入的交往和友谊。因此,学习和体验人际交往的技能,对大学生来说也是一个重要课题。

第四,对于与异性的交往,大学生应持平和、理性、坦然的态度。关注异性、产生好感是大学男女生的正常身心发展现象,很多美好纯洁的爱情故事也都发生于大学校园。然而大学生在进入恋爱季节前,要认真思考几个方面的问题,为美好而无悔的感情做好准备。这些问题包括:我是真的喜欢上了他/她,还是因为别人都有男女朋友才想谈恋爱?我是因为寂寞才想找个人陪吗?我能区分这是爱情还是友情吗?我是否给别人传递了暧昧不清的信息,致使他人误会?我了解性方面的知识吗?我将怎样处理恋爱与性的关系?这些问题也许并不存在标准答案,但每个人都需要寻找到令自己接受、能指引自己行为的解答。如果你在这个方面还有困惑,可以与知心的朋友、可信赖的师长聊一聊,听听他们的看法。

四、环境适应中的常见问题

以上我们探讨的是大学新生在进入新校园之后,在生活、学业和人际方面普遍面临的环境变化,以及应对种种变化的参考策略。除上述方面之外,一些新生朋友还碰到了一些特殊的困惑。我们接下来就几种常见的问题与大家进行探讨。

(一) 学习成绩相对下降的问题

首先,能够顺利考取理想高校的大学生,往往都在学业生涯方面一帆风顺,甚至在中学里出类拔萃,备受瞩目。然而进入大学之后,新同学们也都是高考的胜利者,是同龄人中的佼佼者。原有的学习优势在新的集体中很难显现出来,很多同学虽然很努力,但仍然面对学习成绩或排名相对下降的问题,这也是一部分新生同学的困扰。

对于学习成绩相对下降的问题,新生首先要增强合理的认知与心态,正确评价自己和环境。山外有山,天外有天,正是因为新生进入了高校这样一个层次更高的学习环境,才会遭遇到"强中更有强中手"的局面。成绩的相对下降,让许多大学生不再是昔日受老师、同学关注的中心人物,而变为大学中普通平常的一员。但他们并不是不再优秀。打一个不够恰当的比喻,在以前的学校你也许是"鹤立鸡群",但现在是"鹤立鹤群",你也许不是那么突出,但你还是鹤,你依然是优秀的。另外,在大学,学习成绩已不再是衡量一个人优势的唯一标准。虽然学习成绩仍是重要的,但学习成绩又不那么重要。你无需每门课都学得同样好,无需每分必争,但要达到中等水平,这是你力所能及的,反映你的学习能力。在大学中,要重新找到自己学习的特长。你可以努力在学习的某一方面达到较高的水平,在某一些课程中有突出表现,这就是你的特长所在。换句话说,你可以争取发展某一方面的学习优势,为将来工作或继续深造打下坚实的基础。比如,在招研究生时,导师不是那么在乎你的总成绩,而是选择性地看与该研究方向相关的学科成绩表现。

其次，新生在学习目标上要向大学学习要求转型。在中学里，学习是竞争性的，取得相对好的排名意味着更可能在高考中战胜他人，获取进入理想大学的机会。然而，在大学及日后的学习工作中，学习往往是合作性的，团队间的合作与进步能够促成每个个体获得最大的利益，这是个体单独学习和工作所不能达到的效果。因此，新生应学会端正心态，不把学习目标聚焦于与他人的比较和竞争上，而是放在促使自己发挥最高潜能、获得最大的进步方面。

（二）文体、艺术才能以及知识面的差异

在大学里，衡量个人价值和能力的标准与中学发生了一定变化。我国当前的中学教育仍以应试教育为主，学业成绩是衡量中学生的主要标准；而大学中除了仍重视学业成绩之外，个人的文体、艺术才能以及广泛的知识面等通常受到关注与欣赏。而一些来自较偏远贫困地区的新生，以及一些一直"两耳不闻窗外事，一心只读圣贤书"的学生，在进入大学之后很可能因为自己在这些方面的不足而产生自卑心理。

在文体艺术方面和知识面方面的差异是可以通过学习来得到改善的。以前由于种种原因，你也许对文体艺术方面的能力不重视，只关注课本知识，未能广泛学习其他知识，现在学习还来得及。大学校园为学生发展各种兴趣爱好提供了充分而便利的条件，新生可以根据自己的喜好进行选择，善用资源。只要勇于尝试，乐于学习，你在文体艺术方面的才能会得到很大提高的，你的知识面会扩展很多，甚至你会发掘出自己不曾了解的潜能。不必因暂时的差异而自卑，这正是你挖掘自己潜能的契机。

对于自己不擅长的方面，同学们要做到客观评价，坦然面对，虚心请教。对于自己有特长或见多识广的领域，也不该恃才傲物，鄙视他人。事实上，绝大多数人所拥有的文体与艺术的才能都不是为了参与比赛和竞争，而是作为娱己娱人、修身养性的方式，朋友之间共有的兴趣爱好也为彼此增进了交流的机会。如果本着娱乐、增进修养和促进交往的目的，大学生就大可不必凡事都与他人比较，不必因有过人之处而沾沾自喜，也不必因技不如人而妄自菲薄。能够做到欣赏他人也欣赏自己本身就是一种难能可贵的修养。

（三）友谊与人际交往方面的困惑

大学新生还常常为缺少友谊而感到烦恼。一些新生朋友说，"高中以后就没有真正的友谊了"，"大学里人与人之间的关系变得功利性很强"，等等。特别是在出现一些矛盾或困难时，恋家和怀旧的情绪更是油然而生。

事实上，所有类型的人际交往中都包含有"情感"和"交换"两种因素，人们既在人际关系中分享情感上的相互依存，同时也以各种方式进行物质与信息的社会交换。在不同类型的人际交往中，情感与交换所各自占据的比例有所不同。例如，在亲密的友谊中，好友间的关系以情感为主，社会交换为辅；而在一般的熟人圈子中，社会交换可能占

据主导地位。中学时期的人际关系相对简单,同学和朋友之间的关系以情感为主;而进入大学之后,人际关系变得更广泛和复杂,社交范围也大大开阔,大学生更需要面对不同类型的人际关系。社会交换并不是"功利",而是人类作为一种社会性动物生存的社会基础。此外,因情感而维系的人际关系,也就是我们所说的友谊或知己,需要大量而持续的情感投入,因此个体在同一时期所拥有的亲密朋友或知己数量往往只有三五个,至多也不会超过二十个。过度的恋旧情绪也会使新生将情感全部投注在旧有的关系中,难以与新同学建立深厚的友谊。所以,新生应该改变对友谊和人际交往的认知局限,打开新的人际交往局面,一方面在大学中建立新的的亲密关系和友谊,另一方面也开拓广泛的人际交往范围,为进一步适应社会生活做好准备。

小结

本章介绍了适应与应激的概念,了解了适应不良与适应障碍的种种表现,强调大学新生要有意识地积极主动了解和适应新环境。接下来,我们从生活、学业和人际几个方面比较了大学生活与中学时代的差异,提醒新生朋友在进入高校后环境可能发生哪些变化,并进而就每一方面讨论应对策略。最后我们还就一些常见问题和困扰提出了针对性建议。大学是人生新阶段的开始,在这个特殊时期培养自己适应环境的能力,不仅有助于度过满意而富有收获的大学生活,还对毕业后进一步适应社会意义重大。总体说来,大学新生应按照以下几个方面做出积极反应,努力在短时间内达到适应:(1)了解大学环境的特点,以及大学生这一身份对自身的要求和期待;(2)客观地认识自己,正视自己的优势和不足;(3)结合环境要求与自身特点,将理想的目标建立在现实的基础之上;(4)脚踏实地做出行动,将理想付诸在实践之上,收获自己的人生。希望新生朋友能够以上述几点要求和勉励自己,开始美好而有意义的大学时光!

本章要点

(1)适应就是个体对自然环境和社会环境的顺应,根据环境条件改变自身,调节自身与环境的关系。

(2)大学生适应与发展的任务和要求是"四会":学会做人、学会做事、学会与人相处和学会学习。

(3)常用的一般适应策略包括减少负性刺激,增强合理认知与心态,增强身体适应能力。

(4)大学生要在生活方面、学习方面和人际方面根据自身的情况做出相应的调整以适应大学生活,促进个人的成长和发展。

小练习

学习时间管理。每天只有24小时,其中还要有三分之一时间用来睡觉。如果在余下的时间里设定太多的目标和任务,就会导致有限的精力分散,一事无成。面对众多目标,要学会分清主次和迫切程度,安排优先级。当代时间管理策略将事情按照重要程度和紧迫性分成了 ABCD 四类,下图列出了它们之间的关系:

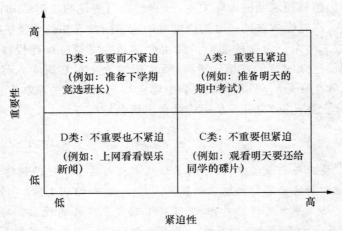

(来源:黄天中,《生涯规划——理论与实践》,高等教育出版社)

进行优先级规划之后,能使核心目标更加明确,按照先做 A、后做 B、少做 C、不做 D 的原则,有利于最有效的管理和节约时间。现在,来按照这种方式规划一下你当前的时间吧:

B类:重要而不紧迫	A类:重要且紧迫
D类:不重要也不紧迫	C类:不重要但紧迫

思考题

你在进入大学之后,体会到在生活、学业和人际环境中发生了哪些变化?面对这些环境变化,你使用了哪些策略来积极适应?

推荐资料

〔美〕斯宾塞·约翰逊著,魏平译.《谁动了我的奶酪》,北京:中信出版社,2007

3

学业成就与心理健康

> 学习和钻研,要注意两个不良,一个是"营养不良",没有一定的文史基础,没有科学理论上的准备,没有第一手资料的收集,搞出来的东西,不是面黄肌瘦,就是畸形发展;二是"消化不良",对于书本知识,无论古人今人或某个权威的学说,要深入钻研,过细咀嚼,独立思考,切忌囫囵吞枣,人云亦云,随波逐流,粗枝大叶,浅尝辄止。
>
> ——马寅初

小林是个很勤奋的学生,每天都按时上课,从不缺课、逃课,她把所有的业余时间都用在了学习上,可是成绩总是不尽如人意。同宿舍的小王每天花在学习上的时间比自己少多了,经常去跳健美操,和同学出去玩,可是成绩却很好。小林心理很不平衡,不明白为什么自己比小王多花那么多时间在学习上,可成绩却不如她好。

大学的生活围绕学习而展开，学习是大学生的主要任务和主要活动方式。大学生都有明确的专业，有上课、做作业、考试等具体的学习要求，课堂上的学习和专业性的学习是大学生必须完成的学习任务。我国高等学校教育心理工作者通过大量调查分析表明，大学一年级新生存在一定的学习方面的问题，主要表现为对大学的教学方法和学习方法感到茫然，甚至无所适从；因就读的专业不是自己的志愿而缺乏学习热情和兴趣，学习态度消极。有的大学生在大学要学什么、怎么学、为什么学等问题上，对心理健康带来不同性质、不同程度的影响。

一、大学生的学习与心理健康

学习是一种非常复杂的心理过程，需要智力因素和各种非智力因素的积极参与。大学生的学习与其心理健康的关系是相互影响、相互制约的。一方面，大学生在学习过程中的有关因素会直接或间接地影响大学生的心理健康；另一方面，大学生的心理健康状况也会对大学生的学习产生直接的影响。

（一）大学生学习对心理健康的影响

就学习本身而言，学习是现代人赖以生存的必要条件，学习能促进人的全面发展，对心理健康产生积极的促进作用。

首先，学习能发展智力，开发潜能。心理学家认为，一定的智力水平是心理健康的基础，潜能开发的状况在一定程度上反映了心理健康的状况。每个人都有与生俱来的智力和潜能，这些智能只有通过学习才能得到开发和利用。

其次，学习能带来满足感，创造愉快。心理学家指出，投身于某些引人入胜的工作，是实现心理健康的基本条件。乐于工作的人常常能从工作中找到乐趣，每当完成一项任务，取得一些成绩后，就会发现自己的价值和尊严，就会有一份喜悦和满足。在遇到不如意时，如果能埋头工作，可能冲淡或忘掉烦恼，并从工作成绩中得到安慰。大学生的工作就是学习，因此，努力学习，以学习为乐，有助于促进心理健康。

此外，大学生的学习活动有助于纠正错误的认知观念，发展正确的认知方式。恰当的认知观念，对于调节情绪和行为有重要作用，这也是维护心理健康很重要的一个环节。

另一方面，由于大学生的学习是一项艰苦的脑力劳动，需要消耗大量的生理、心理能量，会带来紧张和疲劳，这些情况有可能伴随学习中的一些不利因素，给大学生的心理健康带来消极的影响。

如果学习的内容不健康，就会严重污染大学生的心理，使得一些辨别能力差、抵抗力弱的大学生受害；如果学习的内容难度过大，也容易使大学生产生畏难情绪，甚至失去学习的信心；如果学习的量没有把握好，学习负担过重，那会使大学生的身心压力过大而引起身心不适应;如果学习方式不当,则会事倍功半,很努力地学习却总也不见成效,影响学习积极性,甚至产生自卑心理;如果学习过程中劳逸结合不当,忽视了必要的休息、娱乐,则会损害身心健康。

(二)心理健康对大学生学习的影响

影响学习好坏的主要因素可以分为智力因素和非智力因素。按照常规入学的大学生,在智力因素方面的差距应该不是太大,对学习影响更多的是非智力因素。影响学习的非智力因素包括学习动机、态度、情绪情感、意志、个性等因素。如果一个学生智商很高,却有厌学情绪,是很难把学习搞好的。或者,一个学生网络成瘾,也会耽误学业,甚至要退学。心理健康状况良好的学生,拥有积极的学习动机,良好的情绪情感,意志坚定,这些都会对学习产生促进作用。反之,如果心理健康状况不够良好,甚至有心理疾病,则会不同程度地影响非智力因素,妨碍大学生学习,阻碍大学生潜能的发挥。在大学,每年都有少数学生因为心理健康问题而休学或退学。因此,学习一些与心理健康有关的知识,注意维护自己的心理健康对于大学生顺利完成学业是有帮助的。

二、学什么——学习的内容

(一)大学生要学习什么

大学生是经过千辛万苦才考上大学的,对于学习一定是再熟悉不过的事了,上了大学还要继续学习,但是你对学习有充分的理解吗?中学的学习与大学有什么不同吗?让我们先看看学习是什么。

学习是指基于经验而导致行为或行为潜能发生相对持久变化的过程。这是心理学对学习的定义。通过学习,我们会产生行为、态度、思想等方面的变化。学习最基本的目的是为了满足各种需要,也就是能有一定的作用,这包括解决实际的工作生活问题,满足社会交往需要,或者是带来愉快,满足好奇心等。

进入大学,丰富多彩的大学生活让不少学生对大学要学习什么可能会有点困惑。高中时的学习就是为了高考,把书本知识学好就够了。作为大学生,我们要学什么呢?这取决于大学生的需要。一般说来,大学生处于从依赖走向独立生活的过渡阶段,要为自己的社会生存能力做准备。所以,从广义上讲,对于大学生的学习,可以理解为"学习如何生存"。首先,要有谋生的手段,这就是我们所说的工作。大学的学习要为将来的职业生涯做准备。相比社会上的同龄的一些其他人群,大学生是幸运的,可以进行系统化的学习,学到一定的专业知识,更容易在社会上谋职,而且能够受人尊敬,社会地位更高。其次,在社会中生存离不开与他人打交道,社会交往技能是必须学习的,这也是生存中必要的。再次,要获得满意的生活,还可以学习一些与兴趣、爱好相关的,或能发挥自己的个性的一些技能,提高个人修养。与高中相比,大学的学习任务有所不同了,学习的内容扩展了很多,而且许多是隐性的要求。具体地说,大学生要关注这几个方面的学习:

1. 学习专业知识

大学生的学习,主要是学习专业知识和专业技能,为将来的学习和工作打下坚实的基础。大学教育其本质是专业教育。与高中相似,仍然要学好书本知识,这里的书本知识是更为专业的知识,不同学生的专业有很大的不同。高中的学习是为了高考,所以分数很重要,但是大学分数的重要性不那么突出了。大家可以根据自己的兴趣和将来的职业目标来决定每门课程要学到什么程度。当然,最基本是要保证达到学校的最基本要求,否则不能获得毕业文凭。大学的学习成绩也有一定的意义,它能反应一个人的基本学习能力,在今后求职时有一定作用。

有些学生可能重视应用课程的学习,而忽视基础课程的学习,我们要注意纠正这一倾向。应用课程看上去更实用、更有趣,而基础课程更为枯燥乏味。但是,后期的专业知识的应用受前期的基础知识的影响,基础知识掌握得越好,越能促进理解应用。有些学生觉得书本知识不一定有用,因此不好好学习。书本知识也许不能直接有用,但是在这个过程中学到的一种系统的思考方式和一些理论,会对职业能力产生重要影响,理论知识指导实践思路。在实践中发现,受过系统的专业训练,再学习相关或类似的知识和技能,学习速度会更快,掌握与应用更好。也许最终的职业不是你现在所学的专业,但是在大学受到的基本训练为进入其他领域也有一定的帮助。比如,著名的人格理论家雷蒙德·卡特尔在大学学的是化学,后来学习心理学,他把研究化学元素的思路用于人格研究中,利用因素分析方法,进行人格特质的分析和研究,获得很好的成就。

2. 培养基本能力

大学生在校学习期间很重要的一个方面是培养各种能力。能力是指直接影响活动效率,使活动顺利完成的个性心理特征。能力和活动相联系,只有在活动中才能发展人的能力和了解人的能力。大学生的能力主要表现在学习、科研、实习以及文艺、体育等各种活动中。在大学里主要培养的应是学业方面的能力。与学业相关的能力中,大学生要特别注意培养表达能力、操作能力和组织管理能力。表达能力包括口头表达能力和文字写作能力。口头表达能力可以在课堂发言,课堂报告等时候得到锻炼。作业、实验报告、小论文等都能锻炼文字写作能力。操作能力是指实际的动手能力,要能把理论用于实践中。实验实习等过程会锻炼操作能力。组织管理能力也是大学生要培养的能力。即使不做领导,我们常常会有与人合作的时候,较好的组织管理能力有利于在团体中协调完成任务。以发展的眼光看,有不少大学生将来会成为某专业领域内的管理者或领导人。锻炼组织管理能力不一定要做大的事情,参与为班级、宿舍同学组织一些小小的活动就能得到很好的锻炼。

关于知识与能力的关系,大学生要注意纠正认识中可能存在的一些误区。有些学生认为大学时只要把自己的功课(书本知识)学好就够了,能力锻炼到工作岗位上去进行。如果只强调知识积累,这样可能把自己变成"书呆子",在求职时可能受限制。有些学生认为能力培养比知识积累更重要,而可能忽视广泛而扎实地吸收知识。其实重视能力并不是不要读书,否则缺乏"指导方向"。有些学生对培养什么能力可能认识不清。有些学生把能力理解为善于投机钻营,结果是没有把时间和精力放在学习基础知识和专业技能上。有些学生以培养社交能力为名,大部分时间花在学跳舞、打牌、打网球等业余活动上,专业书却没有看。知识积累和能力培养是成才的两个方面。广博的知识是培养和发挥能力的基础,能力的培养能够激发求知的欲望,又会促进知识的积累。

在大学还要有意识地培养自己的学习能力,即学会学习。学会学习就是学会掌握认知的手段,使人具有不断学习、获取知识的能力。大学的学习与中学的学习存在本质的差别,大学生要转变学习模式,从被动学习转变为主动学习。在大学所学习的知识还是很有限的,更多的知识需要在将来的工作中边工作边学习,因此,掌握一定的学习方法更为重要。要知道自己想要学什么,可以通过什么途径和方法去学习,要分清学习中的重点和非重点,什么情况下自己钻研,什么时候向他人请教。学会学习不是容易的事,会学习的人,效率高,学习效果好。

3. 学习为人处世

大学的学习是为将来走向社会做准备的,而为人处世是适应社会的根本。这是对大学生的隐性要求。为人处世简单地说就是与自己相处,与他人相处,处理和应对自己在学习工作和生活中要面对的各种问题,适应社会环境的要求。在上大学之前,我们的主要精力花在培养智力,学习文化知识上面,很多事情都由家长帮着解决了,为人处世这方面能力的高低对你的生活没有太大的影响。但在大学对为人处世的要求更高,因为大学生已逐渐走向独立,社会对我们的要求也更多,需要我们独立面对和处理的事情也多了。为人处世的能力是我们在环境适应中立足的根本,也是我们快乐和成功的必需。善于为人处世也是维护心理健康的基本。

为人处世包括为人和处事两方面。大学生要知道自己要做个什么样的人,怎么处理人与人之间的关系,还要善于应对自己所遇到的各种事情。这是一个人综合素质的体现。为人处世是在日常生活中不知不觉地习得的。大学生可以从生活经验中学习为人处世,我们在处理宿舍人际关系时就是练习为人处世,可以对生活中发生的事进行观察和思考。我们也可以从书本和课堂积极地学习为人处世的原则和技巧并加以实践。"大学生心理健康"之类的课程和思想品德修养类的课程就是学习为人处世的课程。我们提到的人际交往能力就是为人处世的一个很重要的方面。

4. 培养兴趣爱好

培养兴趣爱好是为了让自己的生活更愉快,学习与生活有个很好的平衡。这也是对学习和工作压力的一个很好的调节。大学有很好的资源,比如各种社团活动和兴趣爱好小组,也有足够的自由安排自己的课余时间。通过参加这些活动,不仅能发挥自己的专长,获得乐趣,人际交往等方面的能力也能得到一定的锻炼。

总之,大学教育不仅是让你学到某一具体专业的学科知识和基本技能,而更重要的是教给你受益终生的一般技能,如阅读能力、写作能力、独立思考的能力、终生学习的能力等。美国某教育顾问曾提出,要想最大限度地把握大学教育的机会,学生们应该专注于广泛吸取各个领域的知识,同时累积成为某个领域的专家的资本和在真实的世界立足的资本。学生们应该踊跃参与社团活动,锻炼社交和组织能力,并利用大学的四年时光来发展自我,即学会独立生活,扩展兴趣爱好,通过结识不同背景的人而逐渐成熟,并最终确立自己作为一个成人的核心价值和世界观。

(三) 大学学习的特点

前面从广义上探讨了大学学习的内容,下面所谈及的与学习有关的主题,更多还是指狭义上的学习,即书本知识的学习。一般来说,大学是青年人进入社会前学校学习生涯的终结,所以大学生应该尽可能多地根据社会的需要进行学习。了解大学生的学习特点,有助于大学生调整自己的学习态度和学习方法,从而适应大学的学习。大学生的学习有以下几个特点:

1. 学习的专业性

大学教育在很大程度上是一种职业教育,因此大学生的学习活动是有一定的专业方向性的。各专业之间在课程设置、教学内容、教学安排以及培养目标上有很大的差异。在我国现行的教育制度下,大学入学后一般没有重选专业的灵活性,大学生必须学习本专业的基础课、专业基础课和专业课,包括实验、实习、实践等,在完成学习任务后,方可毕业。

大学生学习的内容虽然受到本专业的一定限制,但是大学生对自己的学习还是有一定的自由度的。大学生可以根据自己的兴趣、爱好和理想而有选择性和侧重性。对选修课可以根据自己的兴趣和各种社会因素进行选择,可以选修某些课程或不选修某些课程。在必修课程中也可以有一般掌握和深入学习之分。此外,大学还设有双学位、辅修等,为学生提供了一些学习选择的机会。

2. 学习的自主性

自主性是指学生在学习过程中主观能动作用的发挥。自觉主动地学习是大学学习活动的核心。大学的教学活动与中学有很大不同。在中学时,教师对一个问题反复讲解,对每部分内容都面面俱到地讲授,而在大学的课堂上,教师主要讲授重点和难点,更重要的是向学生传授学习的方法,引导学生去自学。因而,大学生的学习不能完全依赖教师的计划和安排,不能单纯地接受课堂上的内容,必须充分发挥主观能动性。有不少大一新生,对大学的学习感到难以适应,其中一个很重要的原因在于失去了对教师和书本的依赖,又尚未形成自主学习的习惯。培养和提高自学能力,是大学学习必须完成的一个重要任务。

大学学习的自主性要求大学生对大学四年的学习要有一定的规划,搞清楚学校对必修课选修课的要求,适当安排四年的学习活动。

3. 学习的广泛性

学习的广泛性反映了大学学习的多层面、多角度的特点。大学生的学习内容是广泛的,获取知识的途径和渠道是多样的。大学生要学习各方面的知识,大学生除了学习书本知识,还要广泛地从社会这个大课堂中学习很多书本上所没有的知识,比如,实践知识、社交知识等。大学生在学习活动中可以发展自己的兴趣,可以按照自己的兴趣和意愿有选择地学习一些知识。大学生还要注意全面发展,学文科的要懂一点科学知识,学理科的要懂一点文史知识,不管学什么专业的都要有一些文化艺术方面的爱好和修养,这是现代社会的需要。

大学的学习渠道是广泛的。课堂教学是大学生获取知识的重要途径,但更多的是学生自学。例如,听各种学术报告和知识讲座,参加专题讨论、课外兴趣小组、社会调查、社会实践,查询图书资料等。大学生要学会利用大学提供的各种学习资源。

4. 学习的探索性

学习的探索性首先表现在探索自己在学业方面的兴趣。很少有学生早早就知道他们真正感兴趣的科目是什么。在大学,可以选修几门不同领域的课程,这样可以更清楚自己的兴趣所在。即使不能换专业,也可以在以后的选课和择业中向自己喜欢的领域靠近,或选择所学专业与兴趣的交叉领域。即使早就知道自己未来方向的学生,也可以尝试选修一些不同种类的课程,以开拓自己的视野。

探索性还体现在大学生尝试把所学的知识应用于实践中。探索性要求大学生的学习要善于灵活运用。著名学者谢觉哉曾说到,"学和行本来是有机联着的,学了必须要想,想通了就要行,要在行的当中才能看出自己是否真正学到了手。否则读书虽多,只是成为一座死书库。"大学生的学习是要学以致用的。大学生发展探索精神的一个重要活动就是参与科学研究。比如,很多本科生在二、三年级就进入自己感兴趣的实验室参与实验研究。在参与的过程中,可以更深入地理解书本上的某些知识,对专业领域的应用也有更好的认识,还能体验发现问题、解决问题的乐趣。

专栏1:怎样开始你的大学学习

一、知道为什么要学习——学习的动机

大学时代,学习仍然是你的天职,你的第一重要事情。要知道你的学习会为你带来什么,给自己找一个学习的理由,然后将之当做你的学习目标,用具体计划来执行。请思考一下你的学习理由是什么:不辜负父母的期望? 实现理想的一个途径? 改变你目前的生活状况?

二、知道向谁学习——学习的范围

学习无所不在,与你接触的所有人都是你的学习对象,至于学习什么,就要看你的鉴别能力与判断能力了。

(1)授课老师:别看他的级别,只要他今天能给你讲课,就有你学习的地方,或学术,或为人,择其优点去学习。

(2)师兄师姐:一个先你经历的群体,提前了解些经验和技巧会让你少走些弯路。

(3)室友:朝夕相处后,你们就会发现彼此可以互相学习的地方。

(4)朋友:既然你们之间能成为朋友,除了志同道合之外,一定会有其独到的地方,多多注意吸收。

三、知道从哪里学习——学习的途径

(1)图书馆:学校里最大的免费资源,只要充分利用,四年后,一定会收获颇丰。

(2)课堂:别指望书本上的东西马上用得上,但并不是课堂上所有的东西都用不上,一个好的基础日后便会显现其作用。

(3)讲座:听会触动你心灵的讲座,不要太注重主讲人的头衔,要看讲座的内容是不是你最需要的。

(4)互联网:免费的校园网,丰富的资源,无限的互联网,你的个人图书馆。

(5)社会实践:尝试在实践中了解社会,并把自己所学运用于实践中。

（6）生活场所：宿舍、水房、海报栏等等，生活中到处都有你学习的东西，需要你仔细、小心地发现。

四、知道学些什么——学习的内容

（1）专业知识：你所喜欢的或你日后要做的，或许不是你所学的专业，但你的专业在择业及职业发展上绝对会在一定程度上起作用。

（2）职业技能：有一定的知识并不代表你就会做好工作，每个职业都有其从业的基本技能，你要做的就是掌握相关的职业技能与生活技能。

（3）学会做人：你要学习恰当地与自己相处，恰当地与他人相处。

（4）学会做事：你要区分事情的重要性，选对事，且能办对事、办好事，并学习规划自己的生涯。

（5）学会学习：掌握方法比知识更重要，找到适合你自己的学习方法和思考方式。

（6）学会生活：能让自己快乐地生活绝对是一门学问。四年中培养的兴趣、爱好会帮助你愉快地度过大学生活。

（改编自刘鲁蓉，《大学生心理卫生》，pp.113—115）

三、怎么学——学习能力的培养

一个人只要学习，不管他是否意识到，都会选择用某种学习方法去学习，而你使用的学习方法是否科学，是否适合你，将会影响你的学习成效。"业精于勤荒于嬉"，勤奋刻苦对学习来说是绝对重要的，但是仅依赖"头悬梁锥刺股"的苦深功夫来学习，已不能适应时代的要求。有研究表明，学习的效果＝50％的学习策略＋40％的努力程度＋10％的智商。爱因斯坦提出过这样一个公式：$A=X+Y+Z$，A 代表成功，X 代表刻苦，Y 代表正确的方法，Z 代表少说废话。即学习的成功取决于勤奋、好的学习方法和讲究效率。这些都表明只有依靠科学的学习方法，才能保证学习的高效和成功。

英国一位社会学家，对几十位诺贝尔奖获得者的调查中得出结论：掌握科学的、适合自己的学习方法，比掌握具体知识更重要。在学习中，最重要的是通过书本和老师等学习如何思考、分析和解决问题。本章开篇时提到的个案小林可能没有掌握恰当的学习方法，她如果能改善一下自己的学习方法，学习成绩可以再提高一些，学习过程可能会更快乐一些。这里介绍一些常用的学习策略和方法，大家可以根据自己的情况形成适合自己的、独特的学习方法。

1. 整体学习法与部分学习法

整体学习法是指将学习材料作为一个整体来学习。学习过程中将材料从头至尾反复学习，以获得对材料的总体印象和了解，并进而了解一些较为具体的内容。部分学习法是指将学习材料分成几个部分或几个具体的概念，每次集中学习其中一部分或一个具体概念。对每个具体的部分或概念根据其难易程度之不同,具体安排学习时间或次数。一般认为两者相互结合的方法比分别采用某一种方法更有效。整体法使人较易把握学习材料的全貌,而部分法则能使学习者较好地掌握每一个具体部分(郑洪利,2005)。

根据整体与部分学习法的结合,可以进行系统学习。系统学习就是把学习对象当成是一个整体,先从整体来把握学习对象,即"看山是山";再把对象合理分解,认识各部分的特点,寻找以前没有注意到的地方,弄清具体关系和来龙去脉,即"看山不是山,是泥土,是一块块岩石、一株株花草……"。然后再按照整体轮廓整合这些部分,特别是相互之间的结构和组织形式,即"看山仍是山"。系统学习就是在整体与部分间进行积极的相互转换的过程。

2. 集中学习法与分散学习法

集中学习法是指较长时间地进行学习活动,学习的次数相对少一些。一般来讲,比较复杂难懂的材料,解决问题的学习,用集中法较为合适。但集中学习的时间不宜过长,否则容易引起学习者的疲劳,使学习效率下降。分散学习法是指将学习时间分成几个阶段,休息一段时间后再学习。以识记为主的学习,分散学习较有效。根据分散学习法,可以利用零碎时间进行学习,比如背英语单词等(聂振伟,2005)。

3. 迁移学习

迁移学习是指先前的学习或训练的内容对后来的类似的学习或训练内容的影响。正迁移是指一种经验的获得对另一种学习起促进作用。根据迁移学习的原则,在平时的学习中要注意掌握最基本的知识,这样就可以促进一些具体知识与应用的学习。另外,还要注意对新学习材料与原有知识进行由"近"至"远"的安排,即让新学习的材料尽可能接近原有的知识,然后逐渐扩展到新知识的范围,这样有助于形成正迁移(郑洪利,2005)。

4. 科学的读书方法

读书是学习的主要方式之一。读书就其本身来说很容易,但真正会读书、读好书并不容易。读书技巧包括以下几个方面:首先,要明确阅读的任务和要求。大学生要知道为什么要读,读什么,读到什么程度,这样才能更有效地阅读。其次,要充分利用原有的知识背景。学习的过程不是简单的从无到有的过程,而是头脑中的原有知识与现在所学的新知识相互联系、相互作用的过程。大学生在阅读过程中,应尽量调动已有的相关知识,将新知识与已有的相关知识进行比较,找出相互关系,这样就可以更加牢固地掌握新知识。再次,读书时还要注意区分阅读内容的主次,而不纠缠细节。在大学生的阅读材料中,有些内容是主要的、重要的,这部分内容应该作为重点学习的对象加以理解,而另一些内容是非重要内容,可以把它们当作阅读的背景。在阅读时,大学生应当注意把对象从背景中提炼出来,切忌对这两部分内容平均花力气。最后,要注意理解阅读内容的内涵的意义。大学生在阅读时,不应仅满足于记住文字表面的东西,更重要的是透过这些文字的表现形式去理解隐藏在其中更深层的意义,这样才能真正理解阅读的内容。大学生在阅读时,可以尝试用自己的话对所读的内容加以解释和阐述,挖掘其深层次的意义(刘鲁蓉,2006)。

5. 科学用脑

科学用脑有助于保证学习和工作效率。在学习的具体安排上要注意穿插进行,文理学科可以交叉学习,这样可以使大脑管理不同功能的部位得到轮流兴奋和抑制,避免长期使用一个区域而使大脑发生疲劳。研究发现,每天学习7个小时,外加1个小时的体育锻炼,其学习效果要好于连续学习8个小时。这是由于在学习的时候,大脑需要身体为其提供充足的氧气,而体育锻炼可以增加血液的含氧量,使大脑使用起来更灵光,从而提高学习效率。科学用脑还要注意劳逸结合,充分的休息和放松,才能让我们保持学习时的紧张和专注。

6. 有效管理时间

时间是最宝贵的资源,它的供给量有限,而且不能储存。要想提高学习效率,就必须要掌握时间管理的技巧。要有效地管理时间,首先要了解你自己的时间安排,这包括随时注意你的时间安排,及时反思你是如何花费时间的,知道何时你在浪费时间,懂得何时你的学习效果好。

在管理时间上,要注意充分利用学习上的"黄金时间"。"黄金时间"是指人的精力最充沛、注意力最集中、学习效率最高的那段时间。首先要了解自己的黄金时间是在什么时候,有些人是早晨型,有些是晚上型,有些是白天型。大学生在安排时间时,可以考虑在自己的"黄金时间"里安排更重要更困难的功课,或思考较难解决的问题,尽量少地把这段时间用于聊天、游玩、做琐事等与学习无关的活动。

另外,把每天要做的事情列一个清单,也是很有价值的。当看到你完成了所有这些任务时,你会很有成就感。

7. 借鉴他人的学习经验

学习中非常有效的一种方法是借鉴他人的学习经验。你可以多看些总结各科学习规律和指导学习方法的书,多向老师和学习成绩优秀的同学请教,这是学习上的一条捷径。了解别人用时间和心血换来的成功经验和失败教训,这样就可以少走弯路。单靠自己盲目的学习实践,不善于接受书本、老师、同学等的指导,很难改变自己已有的学习局面,结果可能是天天在"努力"重复自己不成功的学习方法,而导致学习上的困难越来越大。另外,在大学,志向、兴趣、性格相似的同学可以主动组成学习小组,互相取长补短,共同提高。

8. 监控对知识的掌握

知识的学习和掌握一般认为要经历三个阶段:领会,巩固和应用。通俗地讲,就是对所学的知识要明白、要记住、要会用。每个学生在上完一次课或学完一章内容后,可以分别从这三个层次上检查一下自己的学习情况:明白了吗?记住了吗?会应用了吗?

这样可以及时发现问题,及时解决问题。

大学的学习与中学有很多不同的地方。中学生学习知识更多的是追求"记住"知识,而大学生则应当要求自己不仅"理解"知识并要善于提出问题,这是走向应用的重要的一步。对于每一个知识点应当多问几个"为什么"。事实上,很多问题都有不同的思路和观察角度,在学习知识或解决问题时,不要固守一种思维模式。学习还需要加强联想,既要把一门学科的各部分知识融会贯通,又要把多门学科的知识相互融会贯通。

大学生要真正地掌握所学的知识还需要进行实践应用。有一句谚语是这么说的:"我听到的会忘掉,我看到的能记住,我做过的才真正明白"。大学生要了解每个学科的知识、理论和方法与具体的实践应用是如何结合起来的。如果有机会在老师的指导下做些实际的项目,或者走出校门参加社会实践或兼职等,只要不影响课业,都是值得尝试的。

在大学期间,怎么学习才能达到大学的学习目标呢?前面探讨了关于学习的一些具体策略和方法,这里再总结一下大学的学习原则。大学里可学的内容很多,你要能够明智地选择你要学习的知识和技能,为将来的职业做准备。大学生在学好专业知识的基础上,还要广博地学习各个领域的知识,知识面要广。大学生的学习不仅仅是掌握一些书本知识,更重要的是培养一种思维方式,以利于将来进一步的学习,激发自己的思考能力和创新能力。大学生还需要能够整合自己所学的知识,为实践做准备。综合起来,大学生的学习原则是"善于选择,专博结合,培养思维,积极整合"。

专栏 2:如何安排课余时间

大学校园的生活是丰富多彩的。除了日常的教学活动之外,还有各种各样的讲座、讨论会、学术报告、文娱活动、社团活动等。大学生除了集中上课外,其余时间都是自己支配的,这就需要自主而合理地安排好业余时间,既要安排好各项文体活动和社交活动,又要安排好学习时间。

安排时间也有一定的艺术性。我们常看到一些学生玩得很好,学得也不错,除了智力方面的因素之外,主要是会合理地安排时间。例如:善于利用零碎的时间学习,没有活动时抓紧时间学习,不会无所事事地浪费时间。

大学生要科学合理地安排课余时间,可以兼顾以下几个方面:

1. 选择适当的活动。在安排各种活动之前,需要对自己近期内的有关活动进行一个理性的分析,看看自己近期内想要达到什么目标,各种活动对自己发展的意义有多大等等。然后根据自己的需要,选择性地参加一些活动。参加太多的活动,可能因时间精力不够而影响正常的学习。每一学期或每年订一个计划,并在执行计划中不断地修正和发展。

2. 制订一份休闲计划。对一些重要的节假日和休闲活动做出恰当的安排,这样能使你的学习和休闲有条不紊地交替进行,使身心得到有效的放松和调适。

3. 安排体育锻炼时间。身体是从事一切活动的"本钱",也是一个人心理健康的物质基础,因此要留出足够的时间来进行体育锻炼。每个人可以根据自己的身体状况和客观条件制订出一个体育锻炼计划。

4. 利用零碎时间进行课外阅读。大学生可以利用课余时间阅读一些自己喜欢的书籍报刊,既可以排遣烦忧,愉悦性情,又可以获取知识,增长智慧,对大学生身心的健康发展非常有利。

5. 培养多种兴趣爱好。如果能拥有一项或多项自己有兴趣而又擅长的爱好,有利于建立自信心,增强社会适应能力。大学生可以利用课余时间积极开展有益的文娱活动,如唱歌、跳舞、下棋等,尽量培养自己多种兴趣爱好,这样可以使生活充实丰富。

四、为什么学——学习动机

上大学是为了什么?你思考过这个问题吗?大学的学习不像中学的学习。在中学,学习非常重要的目的是为了升学,由于升学的压力,大多数学生的学习目的很明确,学习动机也很强烈。但在大学,学习主要是为了今后的职业生涯,不同的学生可以有不同的学习目的,学习动机这个问题解决不好,会影响学生的学习。

(一) 学习动机概述

学习动机是引起和维持学生的学习活动,并使学习活动朝着一定的目标进行,以满足学生学习需要的内部动力。这种动力驱使学生积极主动地从事他们认为重要或有价值的学习活动,并力求达到理想境地。学习动机的强弱会直接影响到学习进程的稳定性和持久性。学生的学习动机是在不同的社会环境、生活条件和教育条件影响下形成的,因而不同的学生有不同的学习动机,而且,学习动机也可能随着认识的改变而变化。

学习动机可以分为内部动机和外部动机。内部动机是指个体对学习本身的兴趣所引起的动机,动机的满足在学习活动之内,不需要来自外界的诱因或奖惩使行动指向目标。例如,符合自己兴趣和爱好的知识,更容易引发我们的学习动力;获得成就的欲望和需要也会促使我们积极进取。外部动机是指个体由外部诱因所引起的动机,动机满足在活动之外,即个体不是对学习本身感兴趣,而是对学习所带来的结果感兴趣。比如,为了奖学金,为了毕业文凭,为了考研,为了找份好工作而学习,这些都是外部动机。一般认为,拥有内部动机的学生更能积极投入学习,发挥主动性,更能克服困难坚持学习,容易在学习中获得满足。具有外部动机的学生可能在学习过程中感受到更大的压力,或选择没有挑战性的任务以避免失败。具有外部动机的学生常常在达到目标后,学习动机容易下降。个体的具体的学习动机可以是几种学习动机并存,其中一种起主导作用。学习动机没有好坏之分,拥有何种学习动机本身并不那么重要,但重要的是不要因为学习动机不足而不好好学习,或者因为动机过强而产生过多的焦虑而影响学习过程。

在对大学生的学习动机的心理学研究中,成就动机理论和归因理论,对大学生的学习有一定的直接指导意义,下面就重点谈谈这两个理论。

(二) 成就动机理论

在学习活动中,成就动机是一种主要的学习动机。成就动机是指人们在完成任务过程中力求获得成功的内部动力,也就是个体对自己认为重要的、有价值的事情乐意去做,并努力达到高水平标准的内部推动力量。成就需要表现为追求较高目标、完成困难任务、竞争超过别人的行为。有关研究表明,成就动机高的个体比成就动机低的个体更能坚持学习,学习也更有成效。

成就动机主要由三方面的内驱力组成:

(1) 认知的内驱力。以求知作为目标的内在驱动力。个体具有认识和理解周围世界的需要,要求了解、掌握知识,并能系统地阐述问题和解决问题的需要。这种内驱力从好奇的倾向中引发,可以发展为学习兴趣。成就行为直接指向学习任务和学习目标。

(2) 自我提高的内驱力。这是个体由于拥有胜任工作、完成任务的能力,从而满足获得相应地位的需要。自我提高的内驱力指向在集体和他人心目中赢得一定的地位,其实质是一种为获得自尊而奋斗的竞争力量。

(3) 归属的内驱力。个体为了获得重要他人(如家长、老师等)的赞许或认可而表现出做好工作的需要。

人在追求成就时有两种倾向:一种是不畏困难达到目标的追求成功的倾向,一种是害怕失败,避免屈辱的回避失败的倾向。研究表明,成就动机水平高的人更倾向于追求成功,而不是回避失败,然而,成就动机低的人则更倾向于回避失败,而不是追求成功。高成就动机者常常通过各种活动努力增强自尊心和获得心理上的满足,而低成就动机者往往通过各种活动防止自尊心受伤害和产生心理烦恼。另外,高成就动机者在选择目标时常选择难度适中的目标和课题,因为这种任务能给他们提供最大的现实挑战。而低成就动机者在选择目标时往往选择容易的或困难的目标和课题,因为选择容易的任务可以保证成功,使自己免遭失败;而选择极其困难的任务,即使失败,也可以找到适当的借口,得到自己和他人的原谅,从而减少失败感。

你可以评估一下你自己的成就动机的水平,以及你自己在追求成就时的倾向,动机更多在于追求成功,还是避免失败。一般来说,大学生如果想在学业方面有更好的表现,可以努力提高自己的成就动机。

(三) 归因理论

归因是指对结果产生的原因进行评价。人们在学习和工作中体验到成功或失败时会自然而然地寻找成功或失败的原因。韦纳(B. Weiner)把成败的原因分为3个维度:(1)内归因和外归因。努力、能力、个性等原因都是内源的;任务的难度、运气、家庭条件等原因都是外源的。(2)稳定的归因和不稳定的归因。任务的难度、能力、家庭条件等原因都是稳定的;努力、运气、心境等原因都是不稳定的。(3)可控归因和不可控归因。努力等原因是受个人意志控制的可控归因;运气等原因是个人无法控制的不可控归因。

例如:对学习方面的成功和失败的归因可以表现为"我很聪明","我很笨";"我下了工夫","我实际上没努力";"这很容易","这太难了";"我运气好","我运气不好"。

归因对学习动机的维持有很重要的作用。根据归因理论,如果认为学习成败是可以由自己控制的,当他们取得较好的成绩时,他们认为自己有较高的能力,当失败时,则认为是自己的努力不够。因此,成功将提高自信心,失败则意味着要付出更多的努力,这样,每一次的学习活动,不论成功与否,都能够增强学习动力。而有一些学生则认为学习的成败好坏与自己无关,不能由自己控制,成功是由于自己运气好,失败是由于自己运气不好,考题太难或者是老师教学无方等。因此,他们就缺乏学习的动力,对学习的反应和态度是消极的。还有些学生可能认为成功是由于运气,而失败是由于自己的能力不够,这些学生会认为他们没有成功的能力,他们无力避免失败,也就不去追求成功,久而久之,会对学习的坚持性产生消极的影响,同时这些学生会产生学习无助感。

研究表明,成就动机高低不同的人,对成功和失败的归因也是不同的。高成就动机者,常常把成功归因于自己的能力强,而把失败归因于自己努力不够。这种归因,往往使其能维持高动机水平。而低成就动机者,往往将自己的成功归因于幸运或任务容易,而把失败归因于自己能力不足。这种归因,也常常让他们动机不足。

请你审视一下自己在学习方面的归因倾向,看看你的归因是否有利于你维持你在学习方面的动力。如果归因不恰当,可以尝试做些调整,也许这样能帮助你提高你的学习动机。

五、学习的困惑——与学习有关的心理问题

与学习有关的心理问题有不少,这里重点探讨三个常见的问题:学习动力不足,所学的专业自己不喜欢,学习焦虑问题。

(一) 学习动力不足

学习动力不足是大学生较为常见的学习问题。"分不在高,及格就行;学不在深,能

抄则灵。斯是教室,唯吾闲情。小说传得快,杂志翻得勤。琢磨下象棋,寻思看电影。可以打瞌睡,写情书,无书声之乱耳,无复习之劳形。虽非跳舞场,堪比游乐厅。心里云:'混张文凭!'"这首打油诗生动地反映了大学生存在的学习动力不足的问题。

学习动力不足主要表现为没有学习兴趣,不求进取,甚至逃避学习。学习动力不足的学生把学习看成是被迫的苦差事,平时不愿意上课,上课无精打采,不能积极思维。他们在学习上没有求知上进的愿望,长期把主要精力放在交际、娱乐等与学习无关的活动上。他们在学业方面缺乏必要的学习压力,不在乎成绩好不好,学习上得过且过、拖拉散漫。这类学生还可能有厌学情绪,对学习感到厌倦、冷漠和畏缩,对学习生活感到无聊。

造成大学生学习动力不足的原因是多方面的,归纳起来有两大类,即环境因素和个人因素。其中,个人因素是学习动力不足的主要原因。学习动力不足很重要的一个原因是没有明确的学习目标。他们没搞清楚为什么上大学,上大学的意义。有些学生上大学后产生了松懈心理,希望在大学里好好享乐一番,因此没有努力学习。有些学生因为高中阶段兴趣狭窄,爱好很少,进入大学后,就迫切地想发展自己的爱好特长,把主要精力放在"玩这玩那"、"练这练那"上,而对学习逐渐失去了兴趣。有的学生对所学专业缺乏了解,不感兴趣,导致学习动力不足,学习只不过是为了应付考试或取得文凭。学习动力不足另一个重要原因是对学习的自信心不足。有些大学生经受不住暂时失败的考验,可能因为一两次考试成绩落后而一蹶不振,对学习失去了信心。有的学生可能在大学的学习经历中遭遇的挫折过多而挫伤了学习自信心。

对于学习动机不足的调适可以从以下几个方面着手:

1. 确立合适的学习目标

很多时候大学生对学习缺乏积极性和主动性,是因为不知道学什么和为什么学。大学教育既是职业教育,也是通才教育。高中的学习是为了考大学,大学的学习是为了将来的职业做准备,为适应社会做准备。学好专业知识不仅有利于将来的职业发展,也是你的学习能力的反映。

大学生可以根据当前社会对人才的要求以及自己的实际需要来确定自己的学习目标。制定目标时可以把远期目标和近期目标结合起来,重点放在近期目标上。学习目标应具体明确,这样才有可操作性。学习目标的难度要适中,以经过努力可达到为标准,以后再逐步提高目标的难度,这样可以避免因目标难度过大不能实现而产生挫败情绪,影响学习动机的维持。

2. 提高学习兴趣,激发求知欲

学习兴趣是可以培养的。大学生可以有选择地参加校园内的各种文化活动,通过这些活动,激发自己的求知欲,增强自己的学习动机。大学生对自己所学的专业的认识是有限的,可以通过听讲座、看相关专业书籍、参加本专业的讨论会、参观与专业相关的企业和研究院所等形式去了解自己的专业的发展情况与实践应用,从而加深对自己所学专业的了解并培养对本专业的兴趣。

3. 进行合理归因

学习积极归因有助于维持学习的动力。如果认为学习成败可以由自己控制（能力和努力），把成功归因于自己的能力和努力，把失败归因于努力和任务难度或机遇，这样成功的经验可以增强学习的自信心，失败的经验提示我们继续努力，这样可以保持学习的动力。树立"只有努力才有可能成功，不努力注定要失败"的信念。另外，要避免"成功只取决于努力"这种不现实的认识，既要正确评估自身能力，又要认识努力对成功的巨大作用。

4. 激发学习成功感，提高自信心

在动机形成过程中重要的是对自己能力的信念，这种信念将直接影响你的学习行为。要让自己觉得有能力完成学习任务，认为自己的能力可以提高。大学生可以在学习过程中创设成功的机会，在自身的进步中体验成功的喜悦，并从自身的变化中认识自己的能力，这样就体验了学习的成功感，增强了信心。此外，还可以通过观察与自己能力相近者获得成功的行为，来激发自己的自信心，增强自我信念。

（二）所学的专业自己不喜欢

在大学里，有一些学生发现自己所学的专业不是自己喜欢的专业。出现这种情况的原因各不相同，有些是为了能进入某所大学而选择了冷门专业，或被调剂到不喜欢的专业；有些是父母为自己选的专业，学习后发现没有兴趣；有些虽然是自己选择的专业，但却发现自己并不是真正喜欢该专业。这也是大学生中比较常见的学习问题。最常见的反应是困惑与忧虑，在没有办法改变现状时，往往会影响到学习的兴趣，进而对自己产生怀疑或对自己的未来感到担心。如果这种冲突长期不能得到解决，心理负担过重，或由于其他不利因素的影响，可能产生更为严重的心理问题，影响到生活的许多方面。

这里最需要解决的是如何根据自己的情况做出一个关于近期和将来如何做的决定，并付诸行动。主要的抉择是"选你所爱"或"爱你所选"，也就是转学自己喜欢的专业，或者接受自己的专业，培养兴趣。

转学自己喜欢的专业，看似容易，其实不是那么简单。首先需要客观地评估和寻找自己的兴趣所在。大学生由于经验的限制，不一定能很快确定自己真实的兴趣爱好是什么，而且兴趣是可以转变的。有些学生误把社会、家人或朋友看重的专业当作自己的爱好，有些学生以为有趣的就是自己的兴趣所在，其实，是否有兴趣、是否喜欢需要亲身体验并用自己的头脑作出判断。寻找兴趣点的方法是开拓自己的视野，接触众多的领域。大学生可以充分利用学校资源，通过旁听课程、搜索网络、听讲座、参加社团活动、与朋友交流等不同方式接触更多的领域，通过打工或假期实习去了解更多的相关行业的工作性质。如果你发现了自己真正的兴趣爱好，这时才可以去尝试转系、转专业，尝试选修或旁听相关课程。在转专业时还需要考虑自己的能力是否适合其他专业，兴趣

不是唯一的判断标准。比如很多学生对心理学很感兴趣,但是学习心理学和以心理学为职业又是另外一回事了。不要以为有兴趣的事就可以成为你的职业,你要尽量寻找天赋和兴趣的最佳结合点。

在大学中,转系、转专业可能并不容易,所以,大学生可以先尽力试着把本专业读好,并在学习过程中逐渐培养自己对专业的兴趣。一个专业里可能有很多不同的领域,也许你对本专业里的某一个领域会有兴趣。现在有很多专业发展了交叉学科,两个专业的结合往往是新的发展点。另一方面,即使你毕业后要从事其他职业,你依然可以把自己的专业学好,这同样能成为你在新行业中的优势。实践证明,不少学生经过一个阶段的学习,对自己的专业有一定的深入了解之后,还是能接受,并找到专业的兴趣点的。

此外,如果不能转专业,还可以有一种折衷的选择,即一边学习自己的专业,同时选修其他感兴趣的外专业,申请双学位、辅修等,为将来就业时转专业做准备。或者,你也可以努力去考自己感兴趣专业的研究生,重新进行一次专业选择。在这个过程中,你可能需要付出更多的努力和辛苦。

不论你做何种选择和决定,你需要对自己负责,对自己的选择负责。做选择是困难的,做出选择不仅意味着选择了什么,同时也意味着必须放弃或失去什么。如果各种顾虑太多,可以去学校的心理咨询中心与心理咨询师讨论你的职业取向问题,以帮助你做出恰当的决定。

(三)学习焦虑和考试焦虑

学习焦虑也是大学生常见的与学习相关的心理问题。学习焦虑是指个体由于达不到预期的学习目标或不能克服学习上的困难而使自信心受到挫折,从而形成的一种带有恐惧情绪和紧张不安的精神状态。通俗地说,就是过度担心、忧虑学得不好、考试失败。一般来说,适度的焦虑状态对学习、考试是有益的,也是必需的,但焦虑过度则会对学习起到破坏作用。

学习焦虑的学生常常由于精神过于紧张,顾虑的问题较多而引起注意力不能集中,学习效率很低。为了减轻学习焦虑,他们常常采取回避和退缩的方式消极地对待问题,过早放弃努力,这样反而不能取得应有的成绩,学习每况愈下,令他们感到自责,心理压力更大,从而进一步增加焦虑,形成恶性循环。

学习焦虑的主要原因在于学习目标过高与自信心不足的相互作用。在环境的影响下,如就业压力、同学间的竞争压力、父母的过高期望等,有些学生成就动机过强,迫切希望取得好成绩并超过他人,而形成了不适当的学习目标和抱负。有些学生由于兴趣爱好过于单一,主要依赖学习来维持自己的自尊心,他们千方百计地希望通过学习来保护自己的自尊心不受伤害,而对自己在学业上的表现提出了过高要求。另一方面,这些学生自信心又不足,总认为自己的智力、能力或学习基础不如别人,因而心理压力很大,这时可能出现严重的学习焦虑,使个体长期处于慢性压力之中。

学习焦虑的突出表现是考试焦虑,即在临考前或临考时产生紧张与恐惧的情绪状态。大学生考试科目多,内容杂,学习应考任务重,在考试前后,大学生普遍地感到疲惫不堪,精神紧张,心理压力大,这些都是正常反应,一般不会影响到身心健康。但是如果焦虑过度,这时可能表现出紧张恐惧,心烦意乱,记忆力减退,注意力不能集中,思维迟钝,有些还伴有肠胃不适,头痛,失眠等,在考场上可能出现"卡壳",即本来会做的题目眼下却做不出来,本来以为掌握得很牢固的知识眼下却提取不出来。这样不仅影响复习的效果,而且会影响考试过程和考试成绩。有学习焦虑的人更可能出现考试焦虑,但是也有些学生平时学习不焦虑,只在考试时出现考试焦虑表现。

考试焦虑的主要原因有以下几个方面:把分数看得过重,对已往的考试失败疑虑重重;过分自尊,但对自己缺乏信心,担心因考试失败而损害自己的形象;担心考试失败影响自己的前途;担心自己对应试缺乏充分的准备。

应对学习焦虑和考试焦虑可以从以下几个方面入手:

(1) 正确认识和评价自己的能力,确立切合自身实际的抱负和期望。这样可以有效地减轻心理压力。学习名次,每一次的考试成绩,对于将来的成就不是那么重要。也许你已习惯于以高考的标准来面对学习和考试,但是在大学里,对一个人的评估是多方面的,只有学习成绩好并不能说明你的实际能力,获得他人尊重并不只靠学习拔尖。大学生无需给自己在学习方面太大的压力,维持自己的基本学习水平是最重要的。

(2) 掌握适合自己的切实有效的学习方法。大学与高中时的学习要求不一样,学习方法也是不同的。有些学生用高中时的方法来应对大学的学习可能就不够了,需要及时调整学习方法,这样学习上才能应付自如。

(3) 改变对考试的认知。考试焦虑的主要原因是担心自己考不好的后果,因而,可以把困扰自己的想法列一个清单,然后针对每个问题,用理性的分析来战胜自己的担忧。比如:"如果我在这次考试中考砸了,其他同学就会看不起我。"运用认知重建,你可以这么想:"如果我准备充分,并能控制我的情绪,我一定会通过这次考试。即使没有通过考试,这也不是世界末日,我的朋友仍会喜欢我,而且我在下次考试中还有机会。"

(4)增强考试的信心。平时认真学习,考前全面复习,设立恰当的目标,考试时就会"艺高人胆大",充满自信。同时要注意保证身体健康,劳逸结合。考试前应加强营养,睡眠充足,保证有充沛的精力和清醒的头脑参加考试。

小结

大学生的学习是大学生活的重点,学习的好与坏,不仅影响个人的职业生涯,而且会对个人的心理健康产生影响。大学生的学习心理状况对自身的学习成效和成长起着极其重要的作用。大学的学习在内容和形式上都有所不同,要适应大学的学习,需要客观地认识了解大学学习的特点和模式,掌握恰当的学习方法,学会应对学业困难的方法和技巧。本章从广义的角度探讨了大学生要学习的内容,论述了大学学习的特点,介绍了关于学习的一些策略和方法,还讨论了如何维持学习动机,最后,探讨了常见的与学习有关的心理问题及其处理方法。总之,大学的学习会让你形成自己的知识体系,独特的思维风格,为未来的学习工作和生活打下坚实的基础。你在大学所学到的知识和技能,会让你受益终生。请大家珍惜大学的学习时光。

本章要点

(1)大学生在大学期间要学习的内容很多,广义的学习包括学习专业知识,培养基本能力,学习为人处世,培养兴趣爱好。

(2)大学生要掌握适合自己的学习方法,学会学习。

(3)大学生的学习原则是"善于选择,专博结合,培养思维,积极整合"。

(4)大学生对自己的学习成败要进行恰当的归因,把成功归因于自己的能力和努力,把失败归因于努力和任务难度或机遇,这样可以维持良好的学习动力。

小练习

学习积极归因。3至5人一组分析讨论学习成败的原因。以最近两次的考试为例,从一些常见的原因中(能力、努力、任务难度、运气等)选出与自己的学习成绩关系最大的因素,并且评价这些因素所起的作用。同学们相互指出自我评定中存在的归因误差,并讨论符合实际的积极归因。

思考题

(1) 你在大学的学习目标是什么？
(2) 你的成就动机如何？

推荐阅读

(1) 〔美〕沃尔特·皮特金著,洪友译.《学习的艺术:如何学习和学什么》,北京:中国发展出版社,2006

(2) 〔德〕塞巴斯蒂安·莱特纳著,蔡嘉颖,林宜燕译.《学习这回事》,北京:中国人民大学出版社,2007

4

每个人都是大陆的一片
——大学生的人际关系与心理健康

> 太阳能比风更快地脱下你的大衣;仁厚、友善的方式比任何暴力更容易改变别人的心意。
>
> ——戴尔·卡耐基,美国著名教育家

在北京某高校曾上演过这样一出"水淹宿舍记"。在某四人男生宿舍中,小甲同学总是习惯在通宵店中自习,常常凌晨两三点才回到宿舍洗漱,动静之大总能把小乙、小丙和小丁同学吵醒。某夜,当小甲同学再次晚归之时,发现门被反锁了。在敲门不得回应之后,小甲同学一气之下从公共盥洗室接了根橡皮水管就往门缝中灌水,而屋里的三位也毫不示弱,把小甲同学的被子床垫拿来堵住门缝……在大学生活中,宿舍恐怕是大学生进校之后第一个人际团体,也往往是互动最频繁的人际团体之一。在刘欣(2006)对三所南方大学共 480 名本科学生的调查中发现,宿舍气氛为互不关心的冷漠型宿舍和对人际关系过分敏感,反对他人活动的敌对型宿舍分别占到所调查人数的 4.4% 和 10.1%。

有歇后语云:"大水冲了龙王庙,一家人不认识一家人。"本可以是同一个屋檐下相互照应的兄弟,却成了水战中"水来棉被挡"的仇敌。把人与人之间的关系称之为大学中最难修的学分恐怕也不为过吧。那么,亲爱的读者,你会给自己的人际关系打几分呢?

在阅读本章以下的内容之前,建议你不妨先拿出一张纸,把它对折成两半。在左边一半写下五个词或句子描述一下你现在的人际关系,在右边一半再写下五个词或句子来描述一下你理想中的人际关系。在读完本章之后,请再把这张纸拿出来看一看。希望带着从这章中学到的一些知识和思考问题的方式,你能有些有趣的发现。

一、从"人生若只如初见"说起:人际关系及其影响因素

清代著名词人纳兰性德曾在一首《木兰词》中写道:"人生若只如初见,何事秋风悲画扇。等闲变却故人心,却道故人心易变。"在这首词中,失意的女子在感叹,如果有情人之间能一直保留初次相见时的那份美好,自己就不必为之后的无情而伤感了。词人笔下这位女子的感叹或许我们中的不少人也有过:如果人与人的关系能够在初见时便一如春天的暖阳般温煦可人,并且能一直留存这份温暖,那该有多好。不过,在现实生活中,人际关系的种种面貌就像是变换的四季一样,既有春天的灿烂,也有冬日的严寒。尽管如此,与他人的关系就如我们头上的"三千烦恼丝"一般,虽然会给自己带来这样那样的"烦恼",但如果真的到了"寸草不生"的地步,恐怕任谁都会痛不欲生的。

在这一章中,我们将主要介绍两部分的内容。首先我们将概述在心理学中何谓人际关系,以及建立良好人际关系的意义和作用。其次,我们将从三个方面来介绍一下影响人际关系的心理因素,即我们的认知因素、情感和人格特点会给我们和他人的关系与交往抹上什么样的颜色。希望这些"惊鸿一瞥"成为一个"放大镜",能让你有兴趣借着这些不同的"镜片"来进一步观察自己的人际关系和人际交往方式。

(一) 人际关系概述

什么是人际关系呢?恐怕每个人都有些自己的想法。事实上,人和人之间的关系有很多种。广义地讲,可以指在人和人交往的过程中形成的各种关系,比如经济关系、法律关系、政治关系等等。但在这里,我们使用的是一个更为狭窄的定义,即从心理学的角度出发,专指个体之间通过互动而建立起来的一种心理上的关系,即一种人和人之间的心理距离,而人际交往则可以看做个体之间的一种心理和行为的沟通过程(樊富珉,费俊峰,2005;陆卫明,李红,2006)。在这里,需要强调两个关键词,一是"心理距离",二是"沟通过程"。强调人际关系是一种心理距离,即是强调人际关系的亲疏远近并非完全由物理上的距离所决定的,我们的内心感受,特别是我们的情绪感受会在很大程度上决定我们和他人的关系,因此才会有"咫尺天涯"和"天涯若比邻"的说法。强调人际交往是一种沟通过程则是指出了人际交往具有互动和不断变化的特质,它不是单向的关系,故有所谓"一个巴掌拍不响";它不是一成不变的常数,故有所谓"没有永远的朋友,也没有永远的敌人";而且人际关系的质量也是一个积累的过程,故有所谓"冰冻三尺,非一日之寒"。

我们对人际关系的需要,就像生命体对空气和水的需要一样。人作为社会性的动物,生活里处处充满了他人存在的印记。美国著名的心理学家马斯洛在1954年出版的《动机与个性》一书中曾提出了影响深远的人类的需要层次理论,即指个体在一生的成长发展过程中有着不同的内在需要或所谓动机,其中最主要的是以下五种:生理的需

要、安全的需要、爱与归属的需要、尊重的需要和自我实现的需要。如果仔细审视一下这五种需要，就会发现，脱离了和他人的关系，无论是最基本的生理需要，还是追求人生价值的自我实现的需要，没有一个能得到满足。

建立和维持人际关系有何意义和作用呢？这个问题恐怕也是仁者见仁，智者见智。或许你可以先花一两分钟的时间，问问自己这个问题。

如果抽象地从个体需要和心理发展的角度来看，人际关系的建立和维系首先满足的是个体基本的生存和安全的需要，人际交往可谓是身心健康的一位重要的"保健师"。你可以回忆一下，在最近的一两周里，有哪些事情让你感到高兴、兴奋、伤心、愤怒或者郁闷？恐怕十有八九都会和人际关系沾上些边。另一项已被多次证明的发现是，对于癌症病人来说，有良好的社会支持，即有着质量较高的人际关系的患者康复得更好，生存时间也更长。从这点来看，良好的人际关系无疑是一剂良药。

其次，人际关系是获取信息知识和获得自我认识的重要途径。《论语》有云"三人行必有我师焉"。我们所掌握的许多信息和知识都是在人际交往过程中获得的。常言道："榜样的力量是无穷的"，在人际交往过程中的"言传身教"常常要比单纯从书本上获得知识来得更快捷且有效。在所有的信息当中，有一类特殊的信息就是关于"我是谁"的信息。著名的精神分析师 D. W. 温尼克特曾有这样一句名言："根本就不存在婴儿这回事"，他认为在我们生命的早期存在的是母亲和婴儿这一组人际关系体。这一看似极端的观点其实点出了这样一个事实，我们对于自我的知觉、评价及自我认同绝大部分都是在我们和他人，尤其是那些重要的他人（如父母、师长、恋人、朋友等）的人际关系及互动中建立起来的。

第三，建立和维系人际关系是个体社会化的必由之路。社会化是社会心理学家常用的一个概念，指的是个体发展自己的社会性，逐步适应社会的过程。从出生到死亡，人的一生皆离不开社会，在社会这一特殊的"学校"中，个体通过不断进行社会化来确立自己的角色和地位，实现自己的人生价值，而个体的社会化则离不开人际交往。大学生活是踏入社会最后的"前哨站"，在此期间，学生不仅在知识和技能上为将来的人生做着准备，也在为人处世方面锻炼和磨砺自己。相比之前的学生生涯，大学生有着更广阔的人际交往空间和更自主的选择权。那么，究竟是选择与"朱色"为伍，还是与"墨色"成行？这是值得审慎思考的问题。

人们有交往的需要，但也不能忽视独处的需要，并要善于利用独处的时间。独处并不表示孤独，也不表示不喜欢人际交往。心理学家马斯洛的研究表明，心理健康的人不仅对朋友热情，也喜欢独处并能从独处中获益。有时人们需要从持续的社会活动中解脱出来，组织一下自己的思想和心理状态为将来的活动做准备。有人称之为自我修复过程，或情绪更新过程。有时人们需要一些属于自己的时间解决自己的私人问题或做出重要的决定。对于大学生而言，思考的时间很重要，因为要解决自己的价值观、自我感觉、生活目标等方面的问题。每个人对交往的需求和独处的需求是有差异的，这两方面的恰当融合有助于个人的心理成长。

(二) 影响人际关系的心理学因素

对于研究人际关系的心理学家而言,一个重要任务就是探索影响一段人际关系好坏的各种心理因素。既然说人际关系是一种人与人之间的心理距离,常言道"每个人心里都有一把尺子",但这把尺子就像是任何用来丈量物理距离的尺子一样,都会存在种种误差。过去的人际交往经验,当下的兴趣、动机和情绪状态,以及人们的个性特点都会影响到内心这把丈量人心的尺子的精度。同样,对方的一些特点,如外表、个性特点、与我们自身的相似程度,甚至人际交往发生的背景环境也会影响这把尺子的测量结果。尽管在任何一段人际交往中,都不免会存在这样或那样的偏差,但人们仍然可以在认识这些偏差来源的基础上,让自己更少被这些偏差"牵着鼻子走",甚至让其能为自己所用。

1. 认知因素

在人际交往中,人际认知是第一步。所谓的人际认知,简而言之就是对别人的心理状态和行为倾向的推测和判断(陆卫明,李红,2006)。用认知心理学的语言来讲,在人际认知过程中,"人"便是人们知觉、记忆和进行其他认知加工的对象,而自己则是进行这些认知加工的特殊"工具"。由于这一"工具"的特殊性,在人际认知中会出现一些"系统"偏差。这些偏差包括:

(1) 光环效应/晕轮效应:指对某个人的整体印象或核心特质的印象直接影响到对此人的具体特征的认识评价。换句话来说,就是依靠局部的信息对某人形成了一个整体的或好或坏的印象,就认为此人各个方面都很好或很坏。之所以把其称之为光环效应或晕轮效应是借用了大自然中的一个现象,即刮风前夜的月亮周围会出现大圆环,从而让原来不发光的地方也变得"亮堂堂"的。这一偏差主要指的是放大了对方的优点或缺点。我们常说的"情人眼里出西施"便是这一效应的例子。

(2) 首因效应:指一定条件下最先映入认知者视野中的信息在形成印象时占优势。换言之,人们对于最初的信息记忆得比较深刻,所以也称"第一印象"效应。最初的人际信息常常在人际交往中具有决定性的作用,而且还会起到某种"筛子"的作用,从而影响到我们对后来的人际信息的知觉和记忆。"一见钟情"和"一见如故"说的就是第一印象的强大力量。

(3) 近因效应:指人们对于最近出现的信息记忆比较深刻,也就是说,在人际交往中,对方最近的表现会对人际交往带来较大的影响。近因效应和首因效应是一枚硬币的两面,即在人际交往中,最初的印象和最近的印象都比较容易在记忆中浮现。对于陌生人来说,首因效应可能更为重要,而对于熟人或很久不见再次重逢的人来说,近因效应的影响力可能更大。根据近因效应,我们可以及时地表现自己以改变他人对我们的印象。

(4) 投射效应:指在人际交往中,把自己的某些特性或心理状态加在别人身上的倾向,也就是所谓的"以己度人"。在人际交往中,投射效应反映在我们会把自己的情感或愿望投射到别人身上,比如自己对别人心怀不满,便觉得对方处处针对自己;自己对别人有好感,便觉得别人也希望和自己发展亲密关系等。

(5) 刻板印象:指人们会倾向于对特定的某个社会群体的人持有一种概括且固定的看法。我们常常会自觉不自觉地基于我们自己的经验或从别人那里间接得到的经验,按照一定的标准对我们遇到的人分类,然后再基于这种分类来认识评价他人。地域、职业、年龄、性别等都是我们经常用来往别人身上贴的"标签"。比如东北人肯定爽朗大方,上海人必然精明小气,广州人则一定好吃喜尝新,等等。在缺乏直接信息来源的情况下,刻板印象的确能帮助人们更快地对他人做出评价和判断,给人一种"知根知底"的安全感,但是它毕竟是一种以偏概全的印象,仅依赖于刻板印象来认识一个人就难免会造成认知偏差,成为人际交往间不必要的人造樊篱。

如何避免上述这些认知偏差给人际交往带来的不必要的阻碍,如何又巧用这些认知偏差给自己的人际交往加分呢? 在这里,只提三点小建议,以供参考:

- 不以貌取人,但要注意自己的外表和形象,给别人留下良好的印象。
- 不以个人好恶取人,但要注意到别人的喜好,在必要的时候尝试做"印象管理"来调整自己。
- 不以一时"成败"或片面的特点取人,但要注意到刻板印象的存在和其力量,在必要时有意识地修正他人对自己的看法。

2. 情感因素

在人际关系中,情绪的作用就好像是烹调中的调味品,既能让我们和他人的相处"芳香四溢,回味无穷",也能在很短的时间里让苦心经营的一段关系毁于一旦。对人际关系有不良影响的常见负性情绪有担忧、嫉妒、自卑等。有些人在交往中常常紧张不安,过分担忧,担心自己达不到他人的评价标准而被取笑,于是将自己与他人拉开一定的距离。嫉妒是对与自己有联系的而强过自己的人的一种不友好,甚至敌对的消极情感体验。当看到与自己有某种联系的人取得了比自己优越的地位或成绩时,会产生一种忌恨心理。强烈的嫉妒心有时可能引发使人无法理解的攻击性言行,导致伤人伤己。自卑感严重的人,往往感情脆弱,多愁善感,怀疑自己的能力,在与人交往时总是担心别人看不起自己,害怕别人的轻视和拒绝,常常敏感地把别人的不快归于自己的不当;或者为了保护自己而表现得过于强硬,难以让人接近。

3. 人格特点的因素

俗话说得好,"物以类聚,人以群分"。在人际交往中,除了上文提到的认知因素和情感因素之外,一个人的个性特点显然也是影响人际交往的重要因素,而且常常会随着时间的推移成为决定人际关系好坏中的最重要因素。在人际交往中,尽管我们会遇到各种不同性格类型的人,而且每个人喜欢交往的人的类型也会因为每个人自己的个性特点而有所差异，但是一般而言，以下这几类人常常会成为大家"敬而远之"的对象：

（1）控制型。这类人要求主导人际关系的发展和进程，希望人际关系中的另一方"配合"自己的脚步或按照自己的"布局"来行动，追求的是人际交往中的控制感和主动权。控制型的人并非一定是自私自利、凡事只为自己着想的人，相反，他们也会表现得相当"无私"，如为朋友出谋划策，但他们会希望对方完全接受自己的"好意"，忽视对方的意愿和想法，从而把善意的关怀变成了窒息和束缚。关系的冲突或破裂常常是因为这类人过于强势和控制，让对方感觉到关系的不平等，无法忍受控制型个体所制造的"人际枷锁"。

（2）过于依赖型。和控制型的人相反，这类人在人际关系中表现出一种被动、无助和过分依赖的特点，希望别人替自己来做出决策，安排自己的生活，害怕自己被对方抛弃，因此会有许多人际讨好的行为。尽管在人际交往初期，过于依赖型的个体可能会给交往的另一方带来好的感受和自我满足感，但长此以往，过于依赖型个体对另一方的过分依赖和讨好也会成为另一种"人际枷锁"，让人不堪重负，从而导致关系破裂。

（3）自私自利型。凡事以自己的利益优先，不考虑他人的感受和意愿，这类型的人的人际关系常具有一定的操纵、利用甚至是剥削的性质。这种类型中的一部分人还会有一种过分的自我优越感，认为自己是独一无二的，而别人则不如自己，因此就应该为自己所用，或者成为自己的崇拜者。这类人的自我为中心和对他人需要的忽视甚至蔑视是造成人际关系紧张的重要原因。

（4）敌意型。这类人对其他人表现出一种明显的不信任和敌意，常常认为自己很正直，而其他人则普遍很危险，十分狡诈或总是会欺骗和伤害自己。这类人似乎每时每刻都处于"戒备"状态，时刻关注他人可能潜藏的攻击或敌意。正是由于他们这种对他人的不信任和警惕，他们会断定别人在某种程度上"对不起"自己，因而会感到愤怒，并会不自觉地流露出对他人的不满和愤怒；这种不满和愤怒的表达常常会激起别人对他们的不满和敌意，从而"证实"了他们对别人的消极判断。和这类人很难建立良好的人际关系，即便建立了人际关系，关系中的另一方也常会被激发起不满和愤怒的感受，从而导致人际关系紧张和破裂。

（5）独来独往型。这类人常常独自一人行动，对其他人和人际关系本身没有太多的兴趣。他们很喜欢自己的这种独立性，宁可独自一人行动，也不参加集体活动。他们不到不得已不会和他人接近。他们会觉得他人接近自己是一种控制自己和妨碍自己自由的行为，认为不值得维系亲密的人际关系。虽然和这类人仍能建立某种工作上的关系，但和他们建立亲密关系比较困难，这类人的"拒人于千里之外"的态度常容易让关系中的另一方感到沮丧和失望。

专栏1：要与陌生人说话？——从北京大学"大学生心理健康"的课程作业说起

你会选择主动和陌生人说话吗？相信大部分人的回答都是："不会"，毕竟我们从小就受到了这样的教育：不要和陌生人说话。在姚萍博士面向北京大学本科学生开设的"大学生心理健康"课程中，布置的第一项作业就是：和五个陌生人交谈，简要描述谈话的过程并谈谈自己的体会。在这个专栏中，我们不妨来看看反馈的一些基本结果：

（1）最有可能在哪里和陌生人交谈：大学生大都选择在公共场合，如街头、交通工具、旅游景点、商店、校园内，最为集中的地点是候车场所，乘坐交通工具时和校园内。

（2）会与哪些陌生人交谈：总体来说，大学生选择交谈对象非常广泛。从年龄上来看，上至七八十岁的老人，下至四五岁的儿童；从职业和身份上来看，有家庭主妇、学生、老师、各类服务行业人员（包括售货员、导购、商贩、司机等）、企业管理人员以及各类游人（旅客）等。大多数学生都会选择和一两位异性陌生人交谈，极少出现都找同性交谈的现象。

（3）交谈的时间：从五分钟到数小时不等。在露天场所（如街头、旅游景点等）的交谈时间一般要短于在封闭场所（如交通工具上、食堂等）的交谈时间。交谈时间较短的是街头（包括旅游景点中的问路），较长的是在旅途中（出租车、火车等）以及和"有共同目的"的陌生人（如同乡会、社团活动等）的交谈。

（4）成功率与结果：绝大多数学生尽管会有一、两次不太成功的经历，所报告的整体感受仍是积极的。成功率会因陌生人的群体特征以及谈话地点与场合的不同而不同。成功率较高的群体有大学生、老年人和出租车司机。成功率较高的地点和场合有交通工具内（主要是火车和出租车）、旅游景点和校园内的食堂及课堂。在"助人"的情况下再进行交谈的成功率较高。一般而言，和"有共同目的"的陌生人交谈的成功率要高于"萍水相逢"的陌生人。成功率较低的情况是在街头或是自习教室与完全出于"完成作业"的目的与异性交谈。

（5）完成作业的感受：有代表性的感受和体验包括：① 原先觉得任务很困难，但实践中发现并非如此；② 原先觉得和陌生人交谈心有芥蒂，但实践中发现并非如此；③ 原先觉得自己的人际交往技能较好，但实践中发现还是要注意一定技巧。有代表性的收获包括：① 改变了与陌生人交往的态度；② 通过与陌生人交往得到了额外的收益（包括获得了折扣、新信息、新朋友）；③ 增进了人际技巧；④ 有了更多的人生体验；⑤ 有了情感上的积极体验；⑥ 进一步了解了自己；⑦ 提高了自信。

看了上面的反馈后，你是不是也想尝试一下和陌生人打打交道呢？古诗有云：莫愁天下无知己。哪一个知己在相识时不是陌生人呢？在适当的场合和时机，用真诚友善的态度开始一段谈话，说不定你就会有意想不到的收获。

二、莘莘学子心,心有千千结:大学生人际交往的特点和常见困扰

在上节讨论了人际关系的一般特点和影响因素之后,让我们来看看大学生的人际交往特点,以及在大学生人际交往中的一些常见困扰。

(一) 大学生人际关系的特点

在步入大学校园之后,所交往的人际关系的类型以及不同类型的人际关系在我们人际交往中所占的比例和重要程度都会发生一些变化。一般而言,大学生的人际关系中的主要类型包括:亲子关系、师生关系、同学关系、朋友关系、恋人关系和其他关系(如雇佣关系)。进入大学之后,因为现实条件和每个人心理发展的需求都发生了变化,以上所列举的这些关系也自然也要面临新的变化,因而也会给大学生带来新的适应性的挑战。表4.1列举了大学生常见的人际关系类型所面临的变化和挑战。

表 4.1 人际关系类型、主要变化及适应性挑战

关系种类	主要变化	适应性挑战
亲子关系	• 因为寄宿或到异地上大学,和父母的物理距离明显增加,相处的时间明显缩短 • 独立生活、独立决策的意识和愿望不断增强	• 如何独立生活,乃至做到自给自足 • 如何在独立的同时,仍和父母维持情感上的联系,形成健康的相互依赖关系
师生关系	• 和老师的物理距离增加,相处时间缩短 • "导师"这类新师生关系的出现	• 如何在学习上摆脱对老师的依赖,独立自主学习 • 如何把握与导师的人际距离,维系良好的关系
同学关系	• 班级概念淡化,宿舍关系的重要性上升 • "同门"和"师兄/师姐/师弟/师妹"关系的重要性上升	• 如何处理班级概念淡化带来的失落 • 如何维系良好的宿舍关系,妥善处理可能的矛盾冲突 • 如何建立"同门"或"系友"这类新同学关系,让其成为自己的"积极人力资源"
朋友关系	• 择友的选择面扩大,择友自主性变强 • 友谊的重要性增强	• 如何扩大交友面,如何自主择友 • 如何维系友谊
恋人关系	• 建立亲密关系的需求和渴望增加 • 一旦建立亲密关系,这种关系一般都成为个体这一时期生活中最重要的关系	• 如何建立亲密关系 • 如何维系亲密关系 • 婚前性行为和相关问题

表4.1所列举的变化和适应性挑战肯定还遗漏了许多内容,而且对于每一个独特

的大学生个体来说,所面对的人际类型的变化和挑战也一定是不一样的。列出这个清单的目的是希望能激发起大家探索和反思自我在交往方面的兴趣和愿望,毕竟"机遇偏好有准备的头脑",我们越能有意识地看到自己人际关系方面发生的变化和面临的挑战,就越有可能平稳地"转型",并且"更上一层楼"。

除了从人际交往类型的变化和适应性挑战来看大学生人际交往的特点之外,如果要概括地谈谈大学生的人际交往特点,我们可以用以下三句话来做个概括:

(1) 交往愿望迫切,情感色彩浓厚:大学生对于人际交往有很迫切的愿望和很强的动机,不少人希望能在校园里结交到"一生的知己"。这种迫切的需求和强烈的动机一方面促进了大学生出现更多的人际交往行为;另一方面过高的动机也会让我们盲目地追求人际交往的数量而不重质量,或者因为遇到一些人际挫折就在人际交往方面灰心绝望,认为自己缺乏人际交往能力。大学生在人际交往中也常常更注重情绪体验和情感感受,看重"交心"和"知己"式的人际关系,不看重工具性的人际关系,在遇到挫折和冲突时也比较容易感情用事,而不是理性地去解决问题。

(2) 横向交往为主,互动效应明显:大学生的人际交往更多是在平辈或同龄人之间进行,师生之间的交往或是上下级之间的交往比例相对较小。大学生的人际交往也讲求"你来我往"式互利互惠的交往形式,看重对方在交往中的投入和付出,重视心理上的"平等付出"的感觉。但有时候人际交往是一种长期的投入和付出的关系,过于强调短时间内对方的投入付出,也会造成个体"不公平"的心理体验,从而影响人际关系互动。

(3) 交往对象多样,交往途径灵活:大学生的交往对象较中学时代有了很大的扩充,交往途径也灵活多样,除了因为学习和日常生活的交往之外,各种社团活动、联谊活动、社会实践等也成为大学生开展人际交往的场所。除了面对面的交往之外,随着互联网日益发达,网上各种形式的人际交往,如网络社区、BBS、QQ、MSN 等,也成为大学生重要的人际交往平台。这种新型的人际交往形式既丰富了大学生的人际生活,但也会带来一些问题。比如,过度使用 BBS 或网络聊天工具,从而影响日常的人际交往和学习,形成所谓的"网络社交成瘾"。毕竟,网络的虚拟世界永远都无法替代真实世界中人与人的相识和相知。

(二) 大学生人际交往中常见的困扰

谈了大学生在人际交往方面的一些特点之后,下面我们就来讲讲大学生在人际交往中会出现的一些常见的困扰。不过,需要提醒大家的是,人际交往中出现些问题和矛盾是很自然的事情,毕竟舌头和牙齿也有打架的时候。希望大家在阅读下面的章节时,不要抱着"对号入座"、"草木皆兵"的心理;即便发现自己的情况和下面描述的困扰相似,也不要给自己扣上"人际交往困难"甚至"心理障碍"的大帽子。在人际交往中,抱有一颗宽容和理解的心是很重要的,或许我们可以先从宽容和理解自己做起。

1. 知己难求

（1）问题描述：觉得和别人的交往平平淡淡、流于表面、客套虚伪；没有办法找到能够袒露自己内心的知己。

（2）问题分析：如果有这样的困扰，或许我们可以问问自己，是不是在我们内心深处不太信任别人，害怕受到伤害，所以导致自我保护意识过强，无法和别人分享自己的内心想法和感受（即做自我表露），因此也就无法和他人有深入的交往。当然，自我表露是有一定风险的，盲目的、过快、过深的自我表露反而会带来伤害。要促进人际交往的深度，逐步的、适当的自我表露才是最佳的选择。另一种可能性是，我们对别人有很高的要求和期望，期望在不主动分享的情况下，别人能和我们"心有灵犀"，但这种信念不仅不会让两人心意相通，过高的期望和要求反而会让我们感到失望，过早把对方排除在"知己"的候选名单之外。

（3）一句话对策："不积跬步，无以至千里"，进行适当的、逐步的自我表露才能觅得知己。

2. 相识易，相处难

（1）问题描述：和自己生活中重要的人或熟悉的人（如室友）产生激烈的矛盾和冲突。

（2）问题分析：人和人的相处本不易，发生矛盾和冲突也是正常的，在很多情况下我们仍然可以和对方和平共处。如果遇到和某个人完全无法相处的情况，或许我们需要反思一下，自己和对方之间到底存在什么问题？我们常常会发现，所谓"冰冻三尺，非一日之寒"，彼此之间一定有些矛盾没有得到公开的讨论和解决，比如双方都采用被动等待对方改变，或用行动间接表达不满、敌意甚至采取攻击的方式，从而导致矛盾的累积。

（3）一句话对策：选择心平气和地表达异议，而不是选择沉默和一味压抑。

3. 难以迈出第一步

（1）问题描述：不知道如何与别人交往，觉得人际交往很困难。

（2）问题分析：在这类困扰背后，常常躲藏着一颗敏感、羞怯或者自卑的心，比如觉得自己的外在条件不如别人，因而没有和别人交往的"资本"；另外可能也确实存在社交技巧不足的问题，如说话时从来不看对方。

（3）一句话对策：抱着"投桃报李"的信念，从一个带着微笑的"你好"开始。

4. 社交焦虑/社交恐怖

（1）问题描述：在特定的人际交往场合或几乎所有的人际交往场合出现恐惧、紧张、难堪、丢脸的感受，并且因此有意识地回避这些社交场合。

（2）问题分析：有这类困扰的人常常过分在意别人对自己的评价，并且认为别人一定会以批评的眼光看待自己，对于有可能出现的负面评价信息（比如别人皱眉、咳嗽、叹气）非常敏感，甚至会主动去寻找这类信息，来证明别人确实给了自己不好的评价。有些时候，过去人际交往中被别人批评的经历或不成功的社交经验也会成为这类困扰背后的"黑手"。为了避免自己的紧张和焦虑的感受，有这类困扰的人常常会采用回避的策略，但这种回避虽然在短期内缓解了焦虑的心情，长此以往却会带来更为消极的后果，如自尊下降，失去学习和工作上的机会，甚至出现社交退缩和孤立的情况。

（3）一句话对策：战胜恐惧的最好办法不是逃避或回避，而是面对它。

最后，需要说明的是，绝大多数的人际困扰都是可以通过一段时间的自我调整或求助于亲友迎刃而解的，但是在有些情况下，当某些人际困扰（如存在严重的社交焦虑的情况）严重影响到我们的生活时，求助专业的心理咨询师也是一种非常有效且必要的方法。

专栏2：美丽的错误——谈人际交往中的犯错误效应

一般来说，一个人的才能出众或有某方面的专长对他人有很好的吸引力。大学生比较喜欢有真才实学的人。是不是个人的能力越强，就越受大家欢迎呢？

社会心理学家阿龙森（E. Aronson）通过实验证明了什么样的人更受欢迎。他设计了这样的实验：在一个竞争激烈的演讲会上，有四位选手，两位才能出众，几乎不相上下，另两位才能平庸。才能出众的选手中有一位不小心打翻了桌上的饮料，而才能平庸的选手中也有一位打翻了饮料。如果是你，你会喜欢哪个人呢？实验结果表明，才能出众而犯小错误的人最受欢迎，才能平庸而犯同样错误的人最缺乏吸引力。这一研究表明，一个很有才能的人，如果表现出一点小小的过错，或者暴露出一些个人的缺点，反而让人觉得可爱，有吸引力，而更喜欢接近他。这就是所谓的犯错误效应。为什么会这样呢？

俗话说,"高处不胜寒"。一个人如果能力超群,会使人感到一种压力,因为这可能提醒自己的无能或低劣,产生不平衡或嫉妒心理,或者产生屈尊感。他人会认为自身条件太差而不敢与之交往,觉得高不可攀,可望而不可即,因此敬而远之。聪明能干的人不经意中犯点小错误,反而让人觉得他和别人一样会犯错,也具有平凡的一面而使自己感到安全。

总之,聪明能干的人比平凡庸碌的人招人喜欢,能力超群的人略带有差错会更招人喜欢。因此,在交往中,我们需要表现自己的才能,但无须让自己完美无缺或十全十美。

三、相识易,相处难:人际冲突与人际沟通

在讲了大学生的人际交往特点和常见困扰后,我们将回到人际交往中两个重要的话题:人际冲突和人际沟通。

(一)人际冲突及应对

人际冲突是不可避免的,这一点恐怕每个人都会承认。什么是冲突呢?心理学家们并没有就此达成共识,但一般而言,冲突被认为是一种互不兼容的状态或行为,只不过有的心理学家更强调个人内部的冲突,有的强调个人之间的冲突,有的则会认为人际冲突还可以在团体与团体之间发生。人际冲突主要指的是发生在人与人之间的一种对立、紧张甚至敌对的状态,它既可以是隐性的冲突,仅表现在心理和情感上的对立,也可演化为行为上的显性的冲突,如对抗和攻击行为。

就像是世界上没有两片一样的树叶一样,每个人也是独特的,有着不同的需要、目标、生活习惯、理想和价值观。正是因为这些不同,所以人际冲突是人际交往中必然会发生的现象,有其客观必然性。其次,人际冲突也是一种个体主观的知觉,冲突双方对冲突的知觉很可能有很大的差异。有时候,一方已经觉得和对方有了"不共戴天之仇",而对方很可能完全没有意识到彼此间有任何的嫌隙。第三,人际冲突是一个动态的过程。不同的心理学家对于人际冲突过程的界定也有不同的看法。比如美国学者庞地把冲突分为五个阶段:潜伏阶段、冲突的知觉阶段、冲突的感受阶段、冲突的外显阶段和冲突的结果阶段。最后,人际冲突的结果具有两面性:一方面人际冲突的发生的确是一种应激,会给双方带来消极的情绪,当冲突升级为行为上的对抗和攻击时,还会造成身心的伤害,导致关系的破裂。另一方面,人际冲突也会有其建设性的作用,包括能凸现人际关系中的问题从而促进双方去着手解决这些问题;能宣泄负面的情绪,如不满和愤怒,以免这些情绪过度累积最终造成不可弥合的结果;能增进对自己和他人的理解,让关系更为深入或建立新的关系;能激发个人的潜力,或者能够在碰撞和互动中产生新的

想法从而促进合作。

1. 人际冲突应对的策略模型

一般来说,我们会如何应对人际冲突呢?在心理学家提出的应对冲突策略模型中,美国心理学家托马斯提出的五种策略模型最为有名(见陆卫明,李红,2006)。托马斯认为,在应对冲突时,个体有两方面互相竞争的需要,一是满足个体自己的需求,这依赖于个体能否坚持追求个人的目标;二是满足他人的需求,这依赖于个体是否愿意合作。他从这两个维度出发来确定个体所运用的策略,并具体提出了以下五种策略:

(1) 回避策略:既放弃个人的需求,也不满足他人的需求,采用不作为和置身事外的方式来处理人际冲突。当我们感觉到自己的损失不大,或者不可能满足自己的需求,或者双方情绪都很激动,一触即发的时候,可以使用这个策略,但回避策略只是"缓兵之计",不可能真的解决冲突。

(2) 竞争策略:仅考虑如何满足自己的利益,不考虑他人的需求。我们常常在攸关个人利益,或者自己占有绝对优势的时候使用这种策略,但这一策略的风险在于会因为只顾全自己的利益或侵犯别人的利益而导致关系破裂。

(3) 迁就策略:仅考虑他人的需求或屈从他人的利益,牺牲自己的利益。我们常常会在对方占绝对优势,或为了维护人际关系的时候使用这种策略。但是这种策略的风险在于过分的迁就可能会导致对方"得寸进尺"的行为。

(4) 合作策略:尽可能满足双方最大的利益。尽管合作策略看上去是解决人际冲突的最佳策略,但是我们也只有在有时间处理冲突,双方又都有合作的意愿,且都关乎于双方利益的情况下才会选择这种策略。毕竟,这种策略需要双方花费一定时间和精力去谈判和沟通,其是否成功还取决于双方对于冲突的理解程度。

(5) 折中策略:双方都在一定程度上牺牲自己的利益,即所谓各退一步。当双方势均力敌,或时间紧迫,或无法使用竞争策略和合作策略时,我们会选择这种策略。这种策略的风险在于,在没有充分探索合作的可能性下选择这种策略会造成个人利益的损失。

事实上,在我们的人际交往中,这五种应对人际冲突的策略都是有效的策略,其有效性取决于具体的人际冲突情景。僵化地使用一种或两种应对策略才是一种有问题的应对行为。在应对冲突时,我们首先要去识别人际冲突的来源和性质,包括是否属于原则性的冲突,双方的合作意向如何,双方的"实力"对比如何,然后才可能去选择合适的应对策略灵活地去应对。其次,我们要能控制自己的情绪,因为强烈的情绪不仅无助于解决冲突,反而会激化矛盾,尤其是需要控制愤怒情绪。在自己或双方情绪激动的时候,不妨采用"暂停"策略,先离开现场,在冷静之后再回来探讨解决冲突的可能性。第三,尽量抱着真诚和理解他人的态度直接去沟通,而不是间接地用行为来表达不满。直接沟通会避免许多误解的产生,当然直接沟通时的语气和态度也是很重要的,建议大家尽量不要去指责和批评别人,而是谈自己的感受和想法。

2. 中国大学生的人际冲突及应对

最后,我们来看看在大学生群体中的人际冲突和应对的情况。张翔和樊富珉曾在2002年对大学生的人际冲突和心理健康之间的关系进行了一次相关研究,他们发现,大学生人际冲突的首要来源是沟通障碍,其次是习惯差异和被他人侵犯,再次是利益争夺。而在处理人际冲突时,大学生最常采用的策略是合作和折中策略,其次是迁就和回避策略,最少使用竞争策略。他们主要区分了三种人际冲突行为,分别是直接攻击、拒绝合作和问题解决,并发现大学生最常用的是问题解决,最不常用的是直接攻击。他们还发现,大学生的人际冲突水平越高,心理困扰越严重。

(二) 沟通模式与沟通技巧

沟通是指发生在个体之间,个体与群体之间或者群体与群体之间信息传递、信息交流和信息共享的过程。在人际沟通中,人们不仅会分享和交流信息,还会分享和交流思想与情感体验。与其他沟通形式相比,人际沟通具有规模小、空间小、沟通双方的角色随时会发生互换、反馈灵活和信息表达和接受途径多样的特点(陆卫明,李红,2006)。

1. 沟通的要素

人际沟通同样是一个动态的过程,与其他的沟通形式一样,它由七个因素构成:信息发出者、信息、沟通渠道、信息接受者、信息反馈、噪音以及背景。这七个因素互相影响,并且在人际沟通的过程中也不断发生着变化。

(1) 信息的发出者和接受者:顾名思义就是发出和接受信息的人,因为人际沟通都是双向沟通,所以在沟通中,双方既是信息发出者,也是接受者。信息发出和接受者的个人特点也会决定人际沟通的好坏,正如我们之前在影响人际关系中的心理因素中提到的,个人的认知、情感和性格特点都会影响一个人所发出和所接受的信息的质和量,而且信息发出者也会根据信息接受者的特点,如年龄、身份、性别等,改变沟通的方式。

(2) 信息:即是指双方沟通的内容,包括知识、想法、情感体验等。在人际沟通中,很多时候我们沟通的不仅是知识性的信息,情感体验也是日常人际沟通的很重要的组成部分,而且在人际沟通中女性相比男性会更多分享情感体验这种信息。

(3) 沟通渠道:指的是信息传递的途径,所借助的媒介和符号。例如,在当今大学生的人际沟通中,互联网成了一个很重要的沟通媒介,而且也发展出了一套网络专用的沟通符号,如特殊的语言缩写、表情符号等。

(4) 信息反馈:是指在接受者和发出者之间对信息所做的反应,鉴于双方可以凭借反馈的结果来调整沟通行为,因而对于沟通来说是极为重要的。在面对面的人际沟通中,反馈不仅是语言上的反馈,面部表情、姿态和动作也是重要的反馈来源,甚至是更重要的反馈来源。因而在人际沟通中,我们一定要注意非语言信息的力量。

(5) 噪声:指的是干扰和阻碍沟通的任何因素和现象,它使得信息无法得到正确的理解。在嘈杂的酒吧里聊天时,酒吧的音响和其他人的谈话就是一种噪声。但其实还有更为隐匿的噪声。比如说,方言和口音就是一种潜在的噪声,一个人头脑中的偏见则是另一种潜在的噪声,它们都会影响我们对于信息的接收和理解。

(6)背景:即指沟通发生的场合,它对沟通行为同样也有很大影响。如在不同场合我们就会使用不同的沟通渠道,选择不同的信息去沟通,当然也就会有不同的噪声来影响沟通的效果。例如在正式的学术会议上和生日聚会上的沟通行为就会有极大的差异。

2. 沟通的类型

除了界定和考察这七个沟通因素之外,心理学家还会把人际沟通分成不同的类型,如按照沟通的信息渠道把沟通分为正式沟通和非正式沟通;按照使用的媒介不同分为语言沟通和非语言沟通;按照信息的流动方向分为上行沟通、下行沟通等。这里再简单地谈谈按照沟通的功能所划分的两种沟通方式:工具理性沟通和价值理性沟通。前者是指为了实现某种目的,把沟通作为工具使用的沟通,如为了传递信息和传播知识的沟通;后者则指沟通本身即为沟通的目的,用沟通来满足一些心理上的需求,如用来宣泄情感的倾诉和用来增进感情、打发时间的聊天则属于这一类沟通方式。尽管对某个人来讲,可能会更偏好其中的一种沟通方式,看轻另一种,如觉得工具性的沟通太急功近利,没有人情味,或认为为了沟通而沟通是浪费时间和资源,但其实这两种沟通方式同样重要,而且也没有高低贵贱之分。

3. 人际沟通的有效性原则:"7C"原则

美国两位公共关系专家卡特里普和森特(见陆卫明,李红,2006)提出了一个著名的有效沟通"7C"原则,即是以7个以"C"打头的英文单词组成的公共关系沟通原则:

- 信赖性(Credibility):指的是建立对信息发出者的信任。
- 一致性(Context):指的是沟通必须与沟通所发生的环境相协调。
- 内容的可接受性(Content):指的是要根据接受者来调整沟通的信息,要能满足对方的需求,或者引起对方的兴趣。
- 表达的明晰性(Clarity):指的是所沟通的信息应该简洁明了,让对方容易接受和理解。
- 渠道多样(Channels):指的是要针对接受者来使用不同的沟通媒介。
- 连续性与连贯性(Continuity & Consistency):指的是沟通是一个持续进行的过程,如果没有达到目的,应重复信息并且不断调整信息,以达到最终沟通的目的。
- 接受者能力的差异性(Capacity of Audience):指的是沟通要考虑到接受者在接受信息能力上的差异,根据接受者的特点来调整沟通方式。

这个"7C"原则虽然是针对公共关系提炼出来的,但它同样也适用于大学生群体一般的人际沟通。当我们遇到人际冲突时,人际沟通就显得格外重要了。以我们在大学生活中经常遇到的一个难题为例:室友和自己的生活作息不一样,习惯晚睡,而自己习惯早睡。如果按照"7C"原则,我们如何来做一个有效的人际沟通呢?第一个C告诉我们,我们要有一个正确的沟通态度,即相信这个冲突是可以通过沟通解决的,相信冲突的双方都希望能够和平共处,相信对方是可以信赖的,没有这个基本的态度,沟通肯定是无效的。第三和第七个 C 告诉我们,沟通的时候要考虑到对方的可接受程度和特点,还要一定程度上满足对方的需求。如果你只是一味指责对方,或只是想让对方和自己的作息习惯一样,而不考虑到对方的可接受程度,那么这个沟通常常会破裂。在这种情况下,上文谈到的解决冲突的折中原则恐怕就是一个不错的选择。第四个 C 告诉我们,在表达时要清晰,说明自己习惯早睡的特点和希望对方能适当调整作息时间或减少对自己入睡的影响的想法,再询问对方的感受和想法,不要绕弯子或者吞吞吐吐,更不要人身攻击。第六个 C 告诉我们,如果第一次沟通不成功的话,还需要再进行沟通,并且在方式和内容上还要做出适当调整。比如可以心平气和、有礼貌地提醒对方上次沟通达成的结果,如果对方确实有了行为上的调整,也要真诚地表示感谢。

四、见招拆招:建立良好人际关系的原则和技巧

建立良好的人际关系恐怕是我们每一个人的期望,而且通过上面几节内容,我们也已经了解到人际关系的好坏也会直接影响到我们的生活质量、我们的身心健康水平和我们未来的个人发展。在这一节中我们将集中谈谈建立良好的人际关系的一些原则和技巧。要提醒大家的是,原则和技巧都是一些经验性的总结,是否适合于你,还需要你自己去实践和检验才知道。

(一) 建立良好人际关系的原则

首先来看看人际交往的一般原则。无论我们使用什么样的人际交往技巧,如果脱离了下面所说的四个原则,恐怕会出现事倍功半的效果。

1. 平等尊重原则

这里所说的平等原则更多指的是人际交往中双方在人格上是平等的,两个人之间是相互独立的对等关系。每个人都希望受到别人的尊重,但事实上尊重也建立在人格平等的原则之上,只有当我们觉得对方是一个独特的人,无论他们的社会地位或身份如何,在同为人的这一点并没有什么差别,我们才能真的尊重别人,才能尊重自己,才能得到别人的尊重。不平等和缺乏尊重的人际关系即使能维系,也不会是良好的人际关系。尊重和平等的基本表现是不抬高自己或他人,也不贬低自己或他人,能够容忍他人有不同的观点和看法。伏尔泰说:"我不同意你的观点,但我誓死捍卫你说话的权利"。

2. 诚信原则

诚信不仅是一种品德,也是人际交往中一条重要的原则,它其实提供给我们的是人际交往中的一种基本的人际安全感。诚信的第一个方面是守信,如果做出了承诺就要竭力信守这个承诺。在交往中,不要轻易承诺,承诺的应该是自己能做得到的,承诺可

以低一些,但行为可以做得比承诺的更多,这样不会给自己带来太大的压力。第二个方面是真诚,指的是一种表里如一的态度,包括对别人真诚和对自己真诚。虚伪的人也许能获得他人暂时的好感,但是这份关系可能经不住时间的考验。"狼来了"的故事恐怕人尽皆知,这个故事告诉我们,一旦人和人之间的信任被破坏,是很难再建立起来的。所以说,诚信是人际关系中的一根保险带,好像看似不会给我们的人际关系增添什么直接的利益和好处,但是没有它,一段人际关系一旦遭遇"风雨",就会有分崩离析的危险。

3. 宽容原则

如果说人际关系是一种心理距离,那么宽容便是扫除心与心之间障碍的拂尘。人和人之间会有许多的冲突和问题,一个重要的原因是因为彼此之间的差异,另一个重要的原因是每个人都是不完美的。宽容不仅仅是要求自己去接纳别人的缺点和失误,也包括要接纳自己的缺点和失误。怎么做到宽容呢?最简单的方法是学会"忘记",忘记交往中的一些不愉快。

4. 互利互惠原则

在有关人际关系的心理学理论中有一种重要的理论称为社会交换理论。社会交换理论指出,人际交往的实质是一种交换活动,类似商品的交换,但人际交往中交换的内容很多,包括知识、情感、思想等等。我们总是希望在人际交往中自己的"收支"是平衡的,一段关系是否能够维系下来要取决于是否能够满足双方的需要。这个理论告诉我们,在人际关系的建立和维系中需要注意这一互利互惠的原则,当然,我们交换的内容是多种多样的,尤其是那些无形的内心需求,比如说温暖、尊重、信任、面子、赞赏等等。值得交往的人是那些能给人带来收益(物质和心理层面的收益)的人,人际关系需要双方有恰当的投入才能维持。

> **专栏 3:人际吸引:你知道怎么才能让别人喜欢你吗?**
>
> 你知道怎么样才能让别人喜欢你吗?心理学家发现,有四个重要的因素会对人际间的吸引和友谊造成重要影响(Myers,1999)。
>
> 熟悉性/邻近性:心理学家发现,两个人在物理空间上的距离是预测两个人是否能成为朋友的最重要的因素。在同班同学中你更容易和室友成为朋友便是邻近性在起作用。两个人在物理距离上的接近让自我表露和人际互动更容易发生,也就更容易让双方发现两人之间的相似性,从而增进友谊。
>
> 外表:第二个重要因素是外表。无论男女都偏好外表更有吸引力的人,更希望他们成为自己的朋友。而且我们还常常会有这样一种刻板印象,那就是外貌出色的人一定也是能力出众的人。
>
> 相似性:如果我们发现对方和我们有许多相似之处,比如说有相同的兴趣爱好、共同的目标、相同的价值观和信念,甚至来自相同的省市或喜欢同一个明星,我们对对方的好感也会增加。尽管有时我们也会被和我们完全不同的人吸引,但心理学家发现,这种吸引常常维持不了太长时间,最终的结果是:相似性才是友谊的黏合剂。
>
> 对方喜欢自己:最后,心理学家发现,我们都会喜欢与关注我们、喜欢我们的人交往。或许其中的一个原因是,得到别人的关注和欣赏无疑也会增加我们对自己的自信,让我们有好的感受,出于互利互惠的原则,我们也就更愿意"投资"这份关系。

(二) 人际交往的技巧

1. 建立良好的第一印象

我们在第一节谈到过"首因效应",对方常常会容易记住你给他们留下的最初的印象。建立良好的第一印象首先要做到仪表端庄,在特定的场合还要根据场合的需要着装,如面试或参加典礼时就应着正装。其次还要注意非言语的信息,如保持自然开放的体态,和对方进行恰当的目光接触,适宜地向对方微笑。第三,如果有必要的话,还需要做做"热身活动",例如对别人的谈话表示兴趣,多鼓励人们谈论自己等。

2. 提高言语沟通能力

在人际交往中,语言是很重要的沟通媒介。在平日里,我们要多注意锻炼和提高自己言语沟通的能力。比如说,在交谈时要根据场合和对象选择合适的话题;要会恰当地介绍自己,能简洁而准确地表达自己的意愿和想法;在谈判或发生人际冲突时,要平静而坚定地表达自己的想法和感受,不去和对方争论,更不要做人身攻击。

3. 善于使用非言语艺术

除了加强言语沟通能力外,我们还要善于使用非言语的沟通技能。首先,我们要能识别出别人的面部表情和身体语言,这要求我们在日常生活中留心观察并总结别人的这些非言语信息所传达的意思。我们同样要了解自己的面部表情和身体语言。当自己紧张和不满时,自己会有什么样的表情,什么样的姿态?自己会如何用肢体语言来传达对他人的欣赏和好感?了解自己的非言语行为最好的办法莫过于在镜子前演练一下。就拿微笑来说,有人的笑就给人很真诚的感觉,所谓"如沐春风";有的人笑起来却可能给人以"皮笑肉不笑"的感觉,那笑还不如不笑。只有了解了自己的面部表情特点和身体语言,我们才能利用这些非言语的信息来促进沟通。

4. 真诚地赞美他人

我们都喜欢听到别人的赞美,会更乐于与能够欣赏我们的人交往。赞美的魅力是无穷的,正是因为它有着巨大的力量,我们才会用类似"谄媚"、"溜须拍马"、"口蜜腹剑"这样的词语来形容那些为了满足自己利益而虚伪地赞美别人的人。那么,怎么样来赞美别人呢?首先还得真诚,只有在真正发现了对方的优点、且自己真心欣赏的情况下,赞美才是一种人际润滑剂。其次,还要适度表达赞美,不要夸大对方的优点,也不要总是反复赞美一个优点,而且在赞美别人时,也要注意到时机、场合和对方的身份地位。

5. 积极地倾听

人有一张嘴,却有一对耳朵,这提示我们在人际交往中,能够听别人说常常比自己滔滔不绝更能赢得别人的好感。倾听并不是被动地听别人说。所谓的积极倾听,指的是带着心和头脑去听,这样才能真正听到对方所表达的情感感受,才能把握住对方言语中有意义的信息,而且也是对对方最大的尊重。

6. 多尝试换位思考

每个人都会倾向于从自己的视角去看待问题,也很容易把自己的想法和感受投射到别人身上,许多人际的问题和冲突也就是因为陷在自己的"位置"里造成的。但是另一方面,我们每个人又的确有相似的地方,也能够理解对方的感受,我们需要做的是把自己放在别人的位置上来看待目前的人际关系。怎么来做换位思考呢?我们不妨借助一下自己的想象力,想象自己和对方坐在两把椅子上,然后想象自己坐在别人那把椅子上,看着自己,再想想从别人坐的这把椅子上看自己会有什么样的感觉和想法。

专栏4:人际交往中的八大"禁忌":来自大学生群体的"血的教训"

在专栏1中,我们总结了在姚萍博士开设的"大学生心理健康"课程作业"和五个陌生人交谈"的完成情况。在这个专栏中,我们将选取从学生作业中总结出来的一些人际交往中失败的经历,供大家参考。俗话说,"失败乃成功之母","他山之石,可以攻玉",希望大家在别人的失败中汲取经验教训,避免在相同的地方"触礁"。

禁忌之一：衣冠不整

实例：多日未刮胡子，街头偶遇可爱的女孩，上前寒暄被拒。

特别提示：和异性交往时记得要检视自己的外表，以免给对方留下错误的印象。

禁忌之二：以"貌"取人

实例：在车站试图和一位女士搭话，颇有礼貌地上前称呼对方："阿姨您好"，不料对方立刻阴下脸说："我看着有这么老吗？"

特别提示：仅靠外貌来判断一个人的年龄、身份、地位等信息还是相当冒险的，尤其是面对长辈和女性时，更要谨慎。

禁忌之三：没有礼貌

实例：向老爷爷问路，以"嗯，问一下"代替了尊称，后被老爷爷狠狠"指正"。

特别提示：有礼貌不仅仅是思想修养课的"训诫"之一，它真的是尊重别人的重要表现。

禁忌之四：时机不当

实例：在某食堂寻觅"谈友"，但对方一心只在盘中餐，对友善的问候只是以犀利的一瞥回应，好像在说："就餐时不宜说话，以防呛食"……

特别提示：选择合适的谈话场合和时机很重要，否则就只能是"一个美丽的错误"。

禁忌之五：过度热情

实例：在同乡会看到一位心仪的女孩，于是便上前与其聊天，为了表达自己的真诚与欣赏之情，自始至终都直勾勾地看着对方的眼睛，却发现对方的脸由白转红，由红转青……

特别提示：交往要注意限度，太过主动热情而不考虑对方是否准备好一般都不会有好的结果。

禁忌之六：刺探隐私

实例：在电影院和邻座的一个男生聊得不错，无意中问起了他是否有女朋友，现在和女朋友怎么样了，谈话气氛立即变得十分尴尬。

特别提示：无论是与陌生人还是与朋友交往，都要注意人际界限。

禁忌之七："暴露"过度

实例：在火车上和一个同龄人聊天，期间大谈自己在大学的种种经历，只看对方的头越垂越低，话越来越少。

特别提示：自我表露要适度，否则不仅会给他人带来不必要的负担，还会让自己后悔自责。

禁忌之八：人身攻击

实例：和一位女生闲聊超级女生，一时兴起调侃了某位"超女"几句，发现那个女生竟然眼露"凶"光，原来她是那位"超女"的"超级粉丝"。

特别提示：谈话之间意见不同是常有的事情，但如果亮出"攻击"和"诋毁"这种人际关系间的"核武器",任何关系都会被毁于一旦。

小结

在这一章中,我们首先界定了人际关系的定义,并介绍了影响人际关系和人际交往过程的一些重要的心理学因素,包括认知、情绪和人格特点方面的因素。随后,我们介绍了大学生人际交往的特点,主要涉及了人际交往类型上可能的变化和所遇到的适应性的挑战。我们也谈到了大学生常见的一些人际交往困扰及其背后的一些心理原因。然后,我们介绍了两个重要的概念,人际冲突和人际沟通,以及与之相关的心理学模型。最后,我们简要地谈到了建立良好人际关系的基本原则和一些常用的技巧。从我们诞生开始,直至我们生命的终结,我们都会处在这样或那样的人际关系当中,所以从这个意义上来讲,每一个人都是人际关系方面的"专家",有着自己一套处理关系的法则和策略。我们希望,在本章介绍的这些信息和知识中有一些让你能从一个新的视角去审视自己的那些法则和策略,并能够在亲身实践的基础上丰富自己的法则和策略。最后,也希望你能保持一颗探索和开放的心,面对自己,面对那个和你有幸已经相识或还未相识的人。

本章要点

(1) 人际交往是个体之间的一种心理和行为的沟通过程。人际交往可以满足个体的基本需要,有益于身心健康。

(2) 影响人际关系的认知偏差主要有光环效应、首因效应、近因效应、投射效应、刻板印象等。我们要学会避免由于认知偏差给人际交往带来的阻碍。

(3) 由于各人的需要、生活习惯、价值观等的不同,人际冲突是不可避免的。我们要善于运用不同的策略来应对人际冲突,根据人际沟通的原则,有效地进行人际沟通。

(4) 建立良好人际关系的原则是平等尊重,诚信、宽容、互惠互利。

(5) 人际交往的基本技巧包括建立良好的第一印象,提高言语沟通能力,善于使用非言语艺术,真诚地赞美他人,积极地倾听,多尝试换位思考。

小练习

画出你的社会支持安全网络。请拿出一张白纸,并准备几只不同颜色的笔。

第一步:在白纸的中心画一个小圈,在圈里写上你自己的名字

第二步:以这个小圈为中心,由内向外画三个同心圆。

第三步:在离写有自己名字的圆圈最近的那个圆环中写上与你最亲近,可以给你提供各种支持的人的名字,他们一般都是你最重要的人际关系和社会支持。在写完了他们的名字之后,再用一种不同颜色的笔标出他们能够给你提供什么样的支持,比如能理

解你,能给你建议,能给你经济上的支持,或是能给你提供学习上的帮助。

第四步:在离写有自己名字的圆圈第二近的圆环中写上和你的人际距离和人际关系比较近的人的名字,他们也是你重要的人际关系和社会支持。请重复第三步的工作,用另一种颜色的笔写出他们能够给你提供什么样的支持。

第五步:在最远的那个圆环中写上和你有些交情,但交往不深的人的名字,他们常常是我们所说的"熟人",但是他们也可能成为我们潜在的重要的人际关系和社会支持,尤其是当第一、第二圆环中的人因为种种原因无法提供给我们支持,或我们与他们的关系出问题的时候。在写完名字之后,同样请写出他们能给你的支持。

第六步:现在请用第三种颜色的笔,从最近的圆环中的名字开始,依次写出你能够给他们提供的支持。要知道,人际关系是双向的,社会支持也是如此,只有本着互利互惠的原则,我们的人际关系和社会支持才会更牢固,而且我们也会从给别人提供支持和帮助中收获快乐和满足。

当你完成了这六步之后,你的社会支持安全网络图就完成了。请再仔细看看你自己画的这张图,你是否有些新的发现呢?是不是觉得其实自己还是有很多可以给自己提供不同支持的朋友?还是觉得自己有必要完善一下自己的社会支持网络?或者因为自己能够给其他人提供支持和帮助而感到由衷的高兴?不妨花些时间来好好审视一下这张网络图,它会帮助你理解自己的人际关系,还会提示你今后完善人际关系的方向。

思考题

(1) 请你思考一下自己在人际交往中最大的优势和长处是什么?

(2) 请你思考一下自己在人际交往中的最大困难或困惑是什么?你准备如何解决这个问题?

资源推荐

〔瑞士〕维雷娜·卡斯特著,袁国锋译.《怒气与攻击》,北京:生活·读书·新知三联书店,2003

5

执谁之手——大学生的恋爱心理

> 死生契阔,与子成说。执子之手,与子偕老。
>
> ——《诗经·国风·邶风》
>
> 爱情就像银行里存一笔钱,能欣赏对方的优点,就像补充收入;容忍对方缺点,这是节制支出。所谓永恒的爱,是从红颜爱到白发,从花开爱到花残。
>
> ——弗兰西斯·培根

"红酥手,黄藤酒。满城春色宫墙柳。东风恶,欢情薄。一杯愁绪,几年离索,错,错,错。 春如旧,人空瘦。泪痕红浥鲛绡透。桃花落,闲池阁。山盟虽在,锦书难托。莫,莫,莫。"

当年陆游在沈园赏春时意外邂逅前妻唐琬和其第二任丈夫赵士程,一时之间,陆游面对多年杳无音讯的前妻,两人昔日恩爱的情境和被迫分手的无奈与怅惘刹那间涌上心头。分别之后,陆游便填写了这首脍炙人口的《钗头凤》。据说唐琬读后,也同和了一首《钗头凤》,且不久便郁郁而终了。陆游晚年还多次到沈园凭吊唐琬,并写下了数首悼念诗词,可见这段以悲剧收场的爱情的余音着实萦绕了诗人一生。

这样的爱情故事总是让人叹惋,陆游的母亲逼迫儿子休妻的缘由已经无从知晓,但自古以来,这类"棒打鸳鸯"的故事却并不在少数。在这里,让我们不妨做一个大胆的假设,想象一下如果你是陆游或者唐琬,你会有什么样的抉择?你所演绎的陆游或唐琬的人生以及这段爱情故事是不是会有一个不一样的结局呢?请你花几分钟时间静静地想一想,或许当你阅读完本章之后,回想你自己之前的选择,你会有一些额外的领悟和收获。

一、什么是爱情,爱情是什么？——心理学视角下的爱情

爱情似乎总是能够轻易牵动人心。它可以美得夺人心魄,让人不禁感叹"问世间情为何物,只教人生死相许",让人毅然无悔"衣带渐宽终不悔,为伊消得人憔悴",让人信誓旦旦"两情若是长久时,又岂在朝朝暮暮",让人诚心祈愿"但愿人长久,千里共婵娟"。它也可以给人平添烦恼,甚至伤人至深,让人自嘲"笑渐不闻声渐消,多情总被无情恼",让人轻叹"此情无计可消除,才下眉头,又上心头",让人心痛"泪眼问花花不语,乱红飞过秋千去",让人凄然"十年生死两茫茫,不思量,自难忘"。

对于处于青春期后期和成年早期的大学生而言,对爱情抱有向往和渴望是十分自然的事情,是身心发展的必然结果,建立除亲情和友情之外的亲密关系也是这一发展阶段的核心任务之一。在如今的大学校园里,爱情早已退去了羞涩的面纱,成为大学生日常生活中的一部分。早在1997年对全国大学生的一个调查中就发现,约有65%的大学生已经有了恋人。或许现实生活中的爱情并没有诗人笔下的爱情来得那么浓重和炽烈,但爱情可以给个体的心理和行为带来巨大的影响也是毋庸置疑的事实。那么,爱情的实质是什么呢？

爱情没有一个统一严谨的定义。人们较为认同的一种看法是:爱情是一对男女之间建立在性需要基础之上的一种强烈的内心情感体验,是基于一定的社会关系和共同的生活理想,在各自内心形成的对对方的最真挚的倾慕,并渴望对方成为自己的终身伴侣的最强烈的感情。爱情的实质包括以下三个方面。首先,爱情一个很重要的原始基础是性爱,这是爱情的生物属性。性本能和性的需要是爱情的基础和前提,爱情的产生源于性生理和性心理的成熟。爱情的最终目的是建立和维持稳定的两性关系。爱情的生物属性使得爱情具有占有性和排他性的特点。其次,爱情是一种相互依恋的炽烈的情感。这是我们通常所理解的爱情层面,心理情感的层面。男女双方由于彼此之间强烈的吸引而产生了兴奋、愉悦、和谐、眷恋的内心体验,以至于达到精神上的情感交融,渴望相互结合的强烈情感,这种情感的强度是其他所有感情都无法比拟的。由于强烈的情感会对一个人的心理状态有着强大的影响力量,因而我们会看到爱情世界中上演的或喜或悲的故事。第三,爱情还具有深刻的社会性。爱情存在于一定的社会关系中。爱情并不仅仅是一个人或两个人的主观体验与感受,它实际上会受到我们所处的时代、文化、社会背景以及家庭和个人成长历史的影响。爱情的社会属性会对人们选择爱情对象起到一定的制约作用。爱情的社会性也决定了爱情具有道德性和责任性,这主要体现在相爱双方相互之间的承诺和责任。总之,爱情是生物性、心理情感性与社会性的内在统一。

对于心理学家而言,由于爱情本身的特殊性质,它远不是一个容易研究的主题,在这一节中,我们将主要介绍心理学家在爱情领域所做的三部分工作:对爱情类型的界定

和描述,从发展的角度来看个体依恋风格和爱情的关系,以及爱情中的性别差异问题。心理学家通过种种努力对爱情所做的解读并不能让每个人满意,但希望心理学家的努力和探索能够提供一些新的视角和思路来审视和反思自己的爱情。

(一) 爱情的类型

在心理学家对爱情类型的界定中,罗伯特·斯腾伯格的爱情三因素理论恐怕是最为著名的。斯腾伯格认为,爱情有三种不同的成分:激情、亲密和承诺,这三种不同的成分的不同组合即构成不同类型的爱情。激情源于本能欲望和冲动,它经常是以性爱的方式表达的,但也包括从伴侣那方得到的任何强烈的情感体验。亲密是情感性的,包括理解、分享、支持等特点。而承诺更多的带有认知的成分,包括投身感情和维系感情的责任与义务。这三种成分随着时间的推移也会发生不同的变化,激情在爱情中出现最早,上升最快,也最早回落,而亲密和承诺则相对而言会随着时间的推移逐渐上升,并最终维持在一个较高的水平上。

根据这三种成分强弱的组合,斯腾伯格还进一步提出了八种在理论上较为纯粹的爱情关系组合,表5.1就列出了这八大类型中三种因素的组合情况和其各自的主要特点。

表 5.1 斯腾伯格的爱情三因素理论:八大爱情类型

类型	亲密	激情	承诺	类型描述
无爱	低	低	低	仅是熟人关系,关系随便且肤浅
喜欢	高	低	低	多见于有着真正亲近感和温暖的友情
迷恋	低	高	低	多见于被陌生人激起欲望时的体验
空爱	低	低	高	多见于激情燃尽的关系或包办婚姻的第一阶段
浪漫的爱	高	高	低	喜爱和迷恋的结合的浪漫关系,但最终没有承诺
友伴的爱	高	低	高	多见于长久而幸福的婚姻中,有交流、分享和亲近的感受
虚幻的爱	低	高	高	多见于彼此不了解的闪电婚姻中
圆满的爱	高	高	高	三种成分并存,但很难长久维持这一状态

资料来源:〔美〕莎伦·布雷姆著,郭辉、肖斌、刘煜译:《亲密关系》(第3版),北京,人民邮电出版社,2005年10月第1版,pp.202—204。

斯腾伯格的爱情三因素理论有很大的影响力,但这一理论并非是完美的,它所描绘的爱情类型也很难与现实生活的爱情体验一一对应。至少从现有的研究结果来看,在爱情中,亲密、激情和承诺三个成分都同等重要,而且两两之间的关系也比斯腾伯格所预期的来得紧密。此外,研究也发现,婚姻关系的维持更多的是和友伴之爱有关,相濡以沫的夫妻会更多地认为喜欢配偶,或是认为维持婚姻的重要原因在于配偶是他们最好的朋友,而非激情。

根据爱情的三因素理论,每个人的爱情形式各不相同,但基本上是这三种元素以不同比例演化而成。

比斯腾伯格的爱情三因素理论更早被提出的爱情类型分类是社会学家约翰·艾伦·李提出的爱情风格类型,这位学者描述了6种不同的爱情风格类型,其特征见表5.2。李提出的爱情风格可能更像是爱情中的不同主题,而非是单一的类型。

表 5.2 约翰·艾伦·李提出的6种爱情风格类型

风格类型	描述
性爱	很强的身体成分,被外表所吸引
游戏之爱	对爱玩世不恭,会尝试同时"脚踏数只船"
对家人强烈的爱	看轻强烈的感情,缓慢发展出感情并做出承诺
狂热之爱	对爱人要求高,占有欲强,有"难以掌控"之感
无私之爱	给予和利他的爱,认为爱是一种责任
实用之爱	不带感情色彩而是理性地寻找和自己匹配的人

资料来源:〔美〕莎伦·布雷姆著,郭辉、肖斌、刘煜译:《亲密关系》(第3版),北京,人民邮电出版社,2005年10月第1版,pp.212—213。

无论是斯腾伯格的爱情三因素理论还是李提出的爱情风格类型,都是心理学家在尝试更好地理解何谓爱情,探索哪些因素导致不同的爱情体验,以及不同的爱情体验对每个人又会有何影响。尽管这些理论上的区分和大学校园中每个学子所尝到的爱情滋味可能还有一定差距,但是它们可以提供给你一个非常有用的框架来审视自己的爱情体验。从某种程度上来说,这些理论也试图勾勒出更为理想的爱情模式供你参考。但需要提醒你的是,爱情是一种复杂的体验,一种会随着时间的变化而变化的体验,也是一种个人化的体验。究竟哪一种爱情模式是最适合你以及你心爱的人的,恐怕还是需要你自己用心去探索和体验。

(二)依恋风格和爱情

爱情是我们在人生长路中体验到的一种重要的亲密关系,但却并非是我们所体验到的第一种亲密关系。心理学家发现,我们早期的成长历史,尤其是早期的亲密关系体验会影响到一个人成年之后的爱情体验和对于爱情的行为反应。在这类理论观点中,最有影响力的是依恋理论。

依恋理论最早是由美国心理学家鲍比和安斯沃斯提出的。这一理论认为婴儿为了保证自己能存活下来,会有一种向最初的照料者(通常是父母)寻求亲近的倾向,即依恋行为倾向,并有一套能够促进自己和照顾者保持亲密关系的行为系统。随着婴儿的发展,婴儿和照顾者重复交往的经历会成为某些内部的心理模型,这些心理模型则会调节婴儿对照顾者的反应,以及照顾者对婴儿的反应。久而久之,这些活动模型会被逐渐整合到一个人的人格结构中去,从而影响着个人的行为。心理学家发现,一般而言,婴儿的依恋行为模式有三种:安全型、回避型和矛盾型。最初,依恋理论仅用于儿童,但心理学家又把这一理论拓展到了成人身上,认为三种适用于婴儿的依恋模式也能应用于成年人的恋爱过程中。在恋爱过程中,"安全型"的成年人经常有的感觉和想法是"信任对方,喜欢和爱人亲近";"回避型"的成年人经常体验到的是"不信任对方,喜欢和爱人保持情感上的距离";而"矛盾型"的成年人的典型特征是"有强烈的和爱人亲近的愿望,但是又不满意自己的这种愿望"(Cassidy & Shaver,1999)。

继成人依恋的三种风格模型之后,心理学家又发展出了成人依恋的四种风格模型,这一模型是基于鲍比所提出的这样一种观点:依恋风格会反映出每个人对于自我和他人的体验和感知模式。心理学家巴棱罗姆在1990年在这一基础上提出了自我和他人两个模型,每个模型又分为积极和消极两个维度。积极的自我模型会把自己看成是值得被爱和被关注的人,消极的自我模型会把自己看做是不值得被爱和被关注的人;积极的他人模型会把他人看做是能够付出爱,也能够回应我们的需要的人,消极的他人模型则会把他人视为不可靠和拒绝我们的人。这些模型从而构成了四种成人依恋类型:安全型、多虑型、轻视型和害怕型。下文列出了对这四种类型的人的基本描述,或许你可以对照一下,看看自己(或者你的爱人)的感受和想法与哪一种最为接近(Cassidy & Shaver,1999)。

- 安全型:我在感情上很容易和人亲近,无论是我依赖别人还是别人依赖我,我都觉得很自在,如果只有我独自一个人或别人不接受我,我也不会担心。
- 多虑型:我希望和别人在情感上能够达到完全亲密的状态,但是我常常会发现别人不愿像我所希望的那样和我亲近。如果没有亲密关系,我会觉得非常不舒服,但是我又会担心别人不能像我珍惜他们那样珍惜我。
- 轻视型:即使没有亲密的情感关系我也很自在。对我来说,独立和自给自足是很重要的,我宁愿不依赖别人或被别人依赖。
- 害怕型:与别人亲近我会觉得不自在。我希望得到情感上亲密的关系,但是要我完全相信或者去依赖别人是很困难的。我担心如果让自己和别人太亲近,恐怕就会给我自己带来伤害。

心理学家还编制了相关的量表来测量在人群中这四种类型的分布。例如,在对美国大学生的调查中发现,这四种类型的分布分别是:安全型占46%,多虑型占16%,害怕型占23%,轻视型占15%。我国心理学者李同归等在2006年对231名中国大学生的调查中发现了和国外调查结果相似的结果:安全型占49.8%,多虑型占22.8%,害怕型占11%,轻视型占16.4%(李同归,加藤和生,2006)。

一般来说,安全型的人相比不是安全型的人会有更多的自信和适应性,也更容易体验到程度较高的浪漫和友伴之爱。在爱情关系中,一方如果是不安全型的,可能双方都会对关系感到不满意。但是,依恋风格也并非是终身不变的,我们可能会在一段亲密关系中感觉到相对安全,在另一段亲密关系中感到不安全。此外,有时候一段安全和互相信赖的爱情关系会"修复"之前我们在亲密关系中体验到的伤害,甚至有可能会改变我们的依恋风格,这也便是爱情的魔力所在了。

(三) 爱情与性别差异

"男女有别",这是我们从小就学习到的一个观念。戴上这样一副寻找差异的"眼镜",你可能很容易就会发现两性在对待爱情的态度和行为反应上也有着巨大的差异,其中最为大众媒体所津津乐道的便是男性在两性关系中追求的是性欲望的满足,而女性追求的则是亲密感和爱意。但是事实上,男女之间的差异既没有我们想象中的大,也不仅仅是"水火不容"那么简单。

那么如何来看待性别差异呢?不妨先来看一下心理学家布雷姆在总结了性别差异的心理学研究之后所得到的以下三个结论:首先,有些性别差异的确存在,而另一些差异其实是很小的。比如我们常常认为在评判异性的吸引力时,男性看重外貌,女性则不是,但心理学的调查发现,其实女性也同样看重外貌。其次,同性成员之间在态度和行为上的差异范围一般都远远大于两性之间的平均差异。比如男性的平均体重大于女性的平均体重,但两性平均体重的差异都会远小于最轻的男(女)性和最重的男(女)性之间的差异。第三,就某项标准而言,同一性别中许多成员的得分要远超过另一个性别的平均得分。比如男性的平均身高要高于女性,但事实上女性当中有很多人的身高要高于男性的平均身高(布雷姆,2005)。所以,其实两性之间的共性远大于彼此之间的差异。有些差异的确存在,但这些差异也是在共性的前提下存在的。太过强调"男女有别"反而会阻碍我们去更好地理解对方的观点,当爱情关系出现问题时,也会妨碍两人去积极地解决冲突和修复关系。在下文中我们会列出一些男女之间在爱情的态度和行为反应上可能存在的差异,但列出这些差异的目的是为了激发你去了解另一半的兴趣,同时也是为了强调,当你的爱情关系发生问题时,更好的方式是去主动和另一半沟通并共同协商来解决问题,而不是把问题简单地归咎于"男女有别"。

- 关于吸引力:整体上男性比女性更看重女性的外表吸引力,女性更看重男性的能力(如收入),但男性和女性都会更喜欢外貌出众的人,和自己相像的人,喜欢热情、善良和能够接纳自己的人。
- 对于爱情的态度:女性比男性会对爱情抱以更实用的态度,在对爱人的选择上会更谨慎,也更不容易爱上一个人。但一旦投入到爱情之中,男女在爱情体验上就很相似了。
- 关于沟通:相比男性,女性能更好地利用微妙但准确的非言语信息来做出判断,在谈话时会选择更私人化、更亲密的话题,能做更高程度的自我表露。在交流中,男性会更注重"工具性"的交流方式,如给出建议或指导,而女性则更侧重"表达性"的交流方式,如表达情感或关注。但是在爱情关系中,无论男女都会认为"表达性"的交流(比如表达爱意、尊重、思念等)要比"工具性"的交流更重要。简单来讲,从对方口中听到"我爱你"对于男性和女性都同样重要。
- 关于嫉妒:男性似乎在伴侣有可能在性的方面出现不忠的情况时最为嫉妒,而女性则是在伴侣有可能在情感上不忠的时候最为嫉妒,但无论男女都同样希望伴侣在情感和性上对自己保持忠诚。男女在应对嫉妒的反应上也有些差异,女性似乎会更多地假装不在意而暗自努力改善关系,比如让自己变得更美;而男性则可能会出现维护自尊的表现,比如去寻找一段新恋情。此外,女性似乎更有可能会使用让伴侣嫉妒的方式来试探对方有多爱自己,但由于男女对待嫉妒的反应是不一样的,所以常常会事与愿违。

二、爱与愁——大学生恋爱中的常见困扰

说到爱情,许多人都会想到玫瑰,但正如娇美的玫瑰一样,爱情也需要精心的呵护。爱情是玫瑰,有的玫瑰似乎永远都只是含苞待放的花蕾,等不到自己的花期;有的玫瑰会在灿烂绽放的时候被不小心折断了花茎或者碰掉了花瓣,美丽变成了残缺;有的玫瑰在拥有自己的春天之后悄然凋谢,只留下一片怅惘。21世纪大学校园里的爱情似乎比以往更像是娇美但也脆弱的玫瑰,少了许多矜持,多了许多浓烈,但也不可避免地因为过于注重表面的美丽而忽视了内在的给养。这一节中,我们将首先以专栏的形式介绍一项对千名中国大学生的恋爱态度所做的调查,希望这一调查的结果不仅能折射出当代大学生的恋爱态度,也能反映出他们在爱情中可能会遇到的困扰和问题。随后,我们将以爱情的各个阶段为序,列举大学生在每个阶段可能会遭遇到的一些困扰。这张问题清单自然是不完全的,但希望能借这张不完全的清单提醒你,爱情路上不免磕磕绊绊,要想你的爱情之花开得灿烂而持久,需要你带着真诚的心,抱着平等的态度,做好不

断沟通的准备,并与你的另一半共同努力。

> **专栏1：面对爱情,你的态度是什么？——一项大学生恋爱态度调查结果**
>
> 宋迎秋等三人(2007)采用问卷调查结合个人访谈的方式对我国广东省某所大学1653名大学生对待恋爱和情感的态度以及面对爱情困扰时的应付方式进行了调查。他们的调查有以下几个重要的发现：
> (1) 在爱情和学业孰重孰轻的问题上；36.5%的学生选择以学业为重；53.2%的学生选择学业与情感需要兼顾；10.3%的学生选择以恋爱和情感为重。
> (2) 在对大学生是否应该恋爱的态度上：13.3%的学生持积极赞成的态度；31.4%的学生选择顺其自然和中立的态度；另有13.3%持反对态度。
> (3) 在对爱情的理解上；42.3%的学生认为爱情需要以真诚互爱为前提；20.2%的学生则不赞成这一观点；另有37.5%的学生担心在爱情问题上理智和感情相互冲突。
> (4) 在恋爱与婚姻的关系上：39.3%的学生认为恋爱不一定要走向婚姻殿堂；13.4%的学生认为一定不会结婚；36.8%的学生希望和自己的恋人能结成伴侣；另有10.5%的学生肯定自己会和现在的另一半携手人生。
> (5) 在对待失恋的态度上：62.3%的学生认为自己会接受现实,分析原因,吸取教训；27.5%的学生承认自己无法接受失恋的打击和痛苦,会要求对方说明原因,或者追究对方的责任；而还有10.2%的学生会选择从此远离爱情,避免自己再一次受到伤害。
> 三位作者认为,这一调查的结果反映出了当代大学生对待爱情的态度更为感性和直接,更多追求过程而不太关注爱情的结果。同时,这一调查也反映出当代大学生对于恋爱中可能发生的问题缺乏心理准备。亲爱的读者,你对这三位研究者的调查项目的回答会是什么？你又如何来看待这项调查的结果呢？请记住,人们对于爱情的态度和信念,既非一致,也非一成不变,你和你的亲密恋人,两年前的你和现在的你很可能对于爱情就抱有截然不同的看法。

(一) 爱情萌芽与确立阶段的常见困扰

爱情的萌芽与确立阶段是从一开始的彼此吸引,互相钦慕走向爱情关系最终确立的阶段。在这个阶段大学生常见的困扰包括因羞怯和自卑的心理无法向心仪的对象表达爱意甚至认为自己无法找到生命中的另一半；因为从众心理和攀比心理而盲目或轻率地建立亲密关系；由暗恋和单恋带来的焦虑、迷惘甚至自我怀疑；以及因为爱情对象的特定身份而带来的困扰。

1. 羞怯与自卑

在心理学中,羞怯是指在社交环境中保持沉默、感到紧张,并且表现出行为上的局促和拘束。在面对自己心仪的对象时,感到有些紧张和不好意思是正常的。但如果总是习惯性地体验到羞怯情绪的话,则会影响到正常的人际交往,从而让自己输在爱情的起跑线上。经常会感到羞怯的人对自己的一言一行尤其敏感,"他/她一定不喜欢我"的想法总在脑中挥之不去,这导致他们采取一种回避或退缩的方式与对方交往。结果是虽然本意希望给对方留下美好的印象,让对方感觉到自己是很重视他/她的,但这种回避和退缩的表现则会让对方误认为你对他/她并没有什么兴趣,或者你压根就是一个无趣的人。相比羞怯的感觉,自卑的体验在程度上更为严重,也更为泛化。恋爱方面的自卑主要是感觉自己对异性没有吸引力,不敢坦然与异性交往,用回避与异性接触的方式保护自己的自尊心。

在羞怯和自卑背后,经常是对自己不恰当的评价和不合理的信念在作怪,比如认为由于某些客观条件的影响,如不够苗条、不够高大、不能口若悬河、没有什么艺术特长、出身贫寒等,自己不会得到别人的青睐;或者认为只有十全十美的人才能得到真爱。要解决恋爱的自卑问题,有必要对恋爱吸引力有个恰当的认识。外表魅力,如容貌、身材、身高等确实会对恋爱有一定的影响,尤其是在建立关系之初;社会经济条件也会影响择偶,但那通常是在恋爱后期考虑的问题。大学生的恋爱很多时候是一种体验,是一种对爱情的探索过程。在现实中男女大学生在选择异性对象时更为注重性格、才能、人品和兴趣爱好等方面的吸引力,更关注双方的心理相容和志趣相投。每个人都有吸引人的方面,每个人在择偶方面也有很高的特异性,所以,大胆地去交往吧,只有在交往的过程中你才有可能遇到你钟情的对象和钟情于你的对象。

专栏2:谁才是你的心上人?——一项大学生心目中理想恋人标准的调查

当代大学生心目中的理想恋人是什么样子的呢?或许我们可以从对北京大学本科学生进行的课堂小调查的结果中一窥端倪。姚萍于2005年至2007年连续三年累计调查了400多名参与大学生心理健康课程学习的北京大学本科学生择友的标准。在这个课堂小调查中,每个学生被要求写出自己心目中理想恋人的五个标准,并依次标明这五个标准的重要程度。根据学生提交的答案,姚萍主要统计了两部分的男女理想恋人标准:首先是排列第一的标准;其次是把所有列出的标准不论排列先后都计入一票统计了择友标准的总体排名情况。

连续三年的调查发现,在男女大学生理想恋人的首要标准排行上,"善良和人品好"

一直都占据男性学生理想恋人标准的首位;而在女性学生中,"善良和人品好"在2005和2006年的调查中也都位列首位,但在2007年的调查中则被"责任感"取代。

在男女大学生理想恋人标准总体排行上,男性学生心目中理想女友的标准总体上保持一致,"外貌"、"善良和人品好"、"温柔体贴"和"孝顺贤惠"一直都分别位居前四位。在2005和2006年的调查中,"外貌"、"善良和人品好"、"责任感"和"事业心(进取心)"也一直分别位居女性学生心目中的理想男友标准的前四位。但在2007年的调查中,位居前四位的则分别变成了"责任感"、"外貌"、"事业心(进取心)"和"爱我"。

从调查的结果中,我们可以发现一些有意思的趋势。首先,无论是男性学生还是女性学生,良好的品德和能让自己满意的外貌条件都是较为重要的理想恋人标准。其次,男性和女性学生所选择的理想恋人形象都带有一定的性别刻板印象的色彩。对于男性学生而言,理想的恋人形象具有许多传统女性气质的特点,除了"德""貌"兼备外,还希望自己的恋人是一个温柔体贴、善解人意、贤惠孝顺的女性。而对于女性学生而言,传统的男性气质的特点,如有责任感、事业心(进取心)等也一直都位居标准排行前列。最后,从三年的调查结果来看,女性学生除了强调传统的男性气质特点外,也开始逐渐更为重视一些能够有助于维系一个平等而稳定的亲密关系的特质,如"爱我"、"体贴"、"志趣相投"等。

2. 从众与攀比

俗话说"人多力量大",这句话从另一个侧面反映出了从众心理的巨大力量,所谓从众行为在心理学中指的是在团体的压力下,一个人的行为会发生改变(侯玉波,2002)。当我们处在一个模糊或者不确定的情境中,或是我们很重视那个团体,或者很习惯通过别人对自己的评价来确定自己价值的时候,从众行为就很容易发生。从众心理在大学校园的爱情中最典型的一个表现便是"跟风式的恋爱"。室友或者好友已经有了另一半,自己怎么能够落后呢,还是先找一个再说吧。"跟风式的恋爱"背后其实是担心自己和周围人不一样,害怕被他们孤立,或者被他们排斥。另一种原因是担心被周围人看轻,或者希望得到周围人羡慕而追求爱情关系的心理动机是攀比心理。在这种心理动机之下,爱情变成了一种"军备竞赛",成为了为自己赢得面子的工具,对恋爱对象的选择也往往只注重对方的外在条件。由于追求爱情关系的动机出现了问题,所以在从众心理和攀比心理驱使下确立的爱情关系常常是不合时宜或盲目的,因此也很容易在日后的相处中出现问题。

从众或攀比行为源于不能恰当地处理同伴压力。在这里需要思考的一个问题是:在大学里一定要谈恋爱吗?谈恋爱是必修课还是选修课?随着时代的发展变化,大学生谈恋爱已是普遍现象,这对没有恋爱对象的少数学生是不小的压力。其实我们完全不必为此感到焦虑。恋爱有早晚,在很大程度上是机遇问题,也就是所谓的缘分。在爱情中常常发生的事情是"我喜欢的人不喜欢我,喜欢我的人我却不喜欢",因而常有爱神与你失之交臂。暂时没有爱情不表示你个人有什么问题。如果因为从众或攀比心理而进入恋爱,更容易引发恋爱纠纷,对你可能产生更大的伤害。如果你暂时还没有合适的恋爱对象,不妨先多参加各种集体活动,更多地与不同的异性朋友交往。

3. 单恋与暗恋

"我爱的人却不爱我",这可以说是对单恋和暗恋最直接的一种描述。根据心理学家的调查,单恋和暗恋的现象非常普遍,尤其容易发生在16至20岁年龄段的人群当中(布雷姆,2005)。虽然说有的单恋和暗恋最终"修成正果",但是严格来讲,单恋和暗恋并非是真正的爱情,因为它仅仅是停留在单方面的倾慕和渴望的层面,而不是一段两个人之间的关系。因为单恋和暗恋无法得到对方爱的回应,所以在很多时候都会让当事人感到焦虑、迷茫,甚至产生自我怀疑,怀疑自己是否有表达爱的能力和被对方接受的可能性。另一种单恋和暗恋的典型后果是产生某种"他/她也一定爱着我"的错觉,过高估计对方喜欢自己的程度,凭着自己主观的想法和愿望来解释对方的一言一行,沉迷于自己构建的爱情幻想当中无法自拔。

单恋本身没有什么问题,但是如果沉迷于单恋而不能真正恋爱,或者这种状态对自己的情绪和生活有很大的影响,那么就需要积极应对,走出单恋的消极影响。单恋最大的困扰是当事人不敢表露自己的爱。因此,最重要的是要勇于自我表露。当事人可以挑选一个适当的时间和场合,以或直接或婉转的方式,向对方表达自己心中的爱意,了解对方的想法。如果被拒绝,就把这份爱留在心中。为了摆脱苦恼,可以通过写日记、进行文学创作等途径来宣泄自己的不良情绪;也可以恰当地转移自己的感情,把精力投注于学习或自己有兴趣的爱好,投注于与更多的异性交朋友,从而扩大自己的恋爱选择范围。

4. 爱上"不该爱"的人

由于爱情对象本身的一些特定身份,爱情成为了理智和情感冲突的战场。爱上已婚或已经有另一半的人从而有可能背上"第三者"的恶名;或者爱上和自己相同性别的人,担心无法被家人、朋友乃至主流社会所接受是这类困扰的典型代表。尽管每个人都有爱人和被爱的权利,但是爱情所具有的深刻的社会性也注定爱情会受到社会规范和社会舆论的影响和制约。尽管同性之爱早已被认为是一种和异性恋同样真挚和自然的人类情感,而并非是一种病态,但这样的爱情关系也的确仍旧容易遭到误解和歧视。担心不容于他人和社会,或者遭到别人的鄙夷和歧视是这类困扰背后的重要原因。

如果你爱上了"不该爱"的人,你需要考虑一下是否要继续这份恋情。我们也许无法控制自己的情感,情不自禁地爱上某人,但是我们可以选择是否要把这段爱情进行到底。请你问问你自己:我有多在乎他人的眼光?我会因此感到有多内疚?产生这类困扰的人往往是那些道德感较强的人,因此,只有恰当地处理了你在恋爱方面的道德感和价值观等问题,你才能够妥善地处理这份恋情。

(二) 爱情的维系阶段

在漫漫爱情旅途中,正式确定爱情伴侣的关系其实只是一个起点,彼此之间的互相沟通、理解和适应是贯穿爱情这个阶段始终的主题。俗话说得好,牙齿和舌头都有打架的时候,由于两人的成长背景、价值观、信念、爱好、行为方式等方面的差异,伴侣间的冲突和矛盾在所难免。这就是我们常说的相爱容易相处难。在爱情的这个阶段,大学生的常见困扰包括如何处理爱情与性的关系;恋爱中的心理疲倦;嫉妒情绪的问题;以及爱情关系中的冲突问题。

1. 爱与性

爱情的一个原始基础便是性爱,因此对于性发育已经成熟的大学生而言,在爱情关系中体验到性的冲动,或是希望得到性的满足是正常的。但是鉴于我国的性教育仍处于起步阶段,性和婚前性行为对于许多大学生而言仍是一个难以启齿甚至是禁忌的话题。另一方面,恋爱关系并不像婚姻关系一样有法律的保护,因此婚前性行为总带有一定的风险性。此外,由于性价值观念的多元化,大学生可能还没有形成自己稳定的性价值观,难免引起种种心理冲突。在爱与性这个问题上,一些典型的困扰包括有些人会觉得对恋人有性的幻想和冲动就是不道德、不纯洁的,因而对性采取努力压抑和回避的方式,或者给自己背上道德包袱。有些人(以女性居多)尽管内心并不愿意和恋人发生婚前性行为,但因为害怕对方不爱自己而勉强答应了恋人提出的性要求,之后则后悔万分。还有些人对于性采取过分开放或轻率的态度,完全不考虑如何保护自己和恋人,结果自酿苦果。面对性,你准备好了吗?有关性心理方面的问题,请参阅本书的第六章。

2. 恋爱疲倦

谈过恋爱的男女双方可能会有这样一种感受,双方在经过惊心动魄的热恋后,常会出现一段时间的精神疲劳,总觉得恋人似乎不那么有魅力了,心理上产生一种茫然和失落感,在心理学上称为恋爱中的"高原心理"。它可能导致恋爱双方对对方做出错误的判断,如果不能正确对待,就有可能使本来很美满的恋爱以分手告终。

热恋时双方忘乎所以,失去自我,为了爱情不顾一切,可以抛开学习计划,忘掉自己的前途。当激情淡去,重回日常的生活轨道时,你可能感到一种厌倦感。你开始看到对方的缺点和弱点,开始怀疑自己的判断,这个真是值得我爱的那个人吗?你也许为了恋爱,为了两个人在一起,放弃了自己的追求和爱好,减少了自己的交往对象,缩小了交往范围,生活和活动空间受到极大限制,你觉得不充实,爱情似乎不是你想象的生活的全部。

我们要了解恋爱的发展过程。激情总要过去的,热恋时我们把对方理想化了,这是正常的心理过程。关系稳定之后,我们开始看到双方的不足之处,双方的不匹配的地方,我们可能会对这份爱情回归理性的思考。如果想很好地维系亲密关系,我们需要知道爱一个人还要学会接纳他的一切,包括缺点和弱点,正如你也有你的缺点和弱点。欣赏优点是容易的,接纳缺点却不容易做到。此外,恋爱的初始是极端排他的,似乎这个世界只为你们两人而存在,渐渐地两人又开始与外界有更多的接触,由于人的需要是多方面的,我们不能只为爱情而放弃自我,我们需要学习既要保持自己的独立,又要维持一定的亲密关系,这是恋爱相处过程中需要学会的交往能力。

3. 嫉妒

当我们感觉到自己所珍视的人或者东西有可能被(真实的或幻想的)其他人夺走的时候,我们就会出现一种负性的情感反应——嫉妒。心理学家发现,和嫉妒紧密相连的三种情绪反应是受伤害的感觉、愤怒和恐惧。嫉妒常常源自于关系中有太多的不确定性,或是对自己整体价值感的怀疑。校园爱情的不稳定性加上当代大学生对于竞争和自己是否有价值都格外敏感,因而嫉妒也就成为了光顾大学校园的常客。由嫉妒而生的愤怒可以极具破坏力,爱情关系中的暴力背后最为普遍的动机便是嫉妒。嫉妒中同样具有破坏力的是怀疑,也就是所谓的"捕风捉影"。在没有充分证据的情况下怀疑和猜忌自己的恋人不可避免地会破坏两人之间的信任,从而损害两人的关系。

那么怎么恰当处理爱情中的嫉妒心理呢?有一点点嫉妒,或通俗所谓的醋意,表示你对伴侣的重视,在乎你们之间的关系;嫉妒太强了,可能表示的是你对自己不够自信。应对嫉妒心最基本的是增强自己的自信心。自信不表示你不可能遇到竞争对手,而是你不用害怕竞争对手,你有你的魅力。即使你在竞争中失败也不表示世界末日的到来,你有能力吸引新的伴侣。另外,要增进双方的交流和沟通,这样可以减少不必要的误解和猜疑。

4. 冲突

常言道,相爱容易相处难。与一般的人际关系类似,伴侣之间发生冲突是在所难免的。如果冲突处理得不好,对双方的伤害可能更大,甚至直接导致恋爱关系的终结。需要说明的是,伴侣之间所发生的冲突本身并不是问题,真正造成问题的是对于冲突的态度和反应。让冲突升级而不是以协商的方式去解决冲突常常是由于对冲突的消极归因。如果在冲突发生时总把错误都归结在对方身上,认为都是因为恋人自私自利或者故意这么做,或者把一个小问题扩大化,比如认为恋人迟到一次就是不爱自己,或者对恋人进行人身攻击,威胁或命令恋人,都会让冲突升级。冲突的升级所带来的一种最糟糕的结果是暴力行为。心理学家发现,躯体暴力在恋爱关系中其实也是很普遍的,而且无论男女都同样可能对自己的伴侣实施暴力。无论是什么形式和程度的暴力行为都会极大破坏两人的关系,尤其是彼此之间的信任,并且会给受到暴力侵害的一方带来极大的心理伤害。

面对冲突时,双方首先要有处理冲突的意愿,只有双方愿意相互了解,相互妥协,冲突才可能有机会被讨论,接着要以"就事论事"的态度,客观陈述问题,并坦诚面对自己的情绪和感受,这样才有机会一起寻求解决问题的可能方式,从而真正解决冲突。以退缩、投降、攻击、说服等方式解决冲突,也许表面上可以制止冲突,但可能对关系有更多的伤害。亲密关系中冲突的解决,不在于最后的解决方案,而在于彼此了解对方的需要并接纳对方的感受,这样每次冲突的解决,反而有助于提升亲密关系。

(三)爱情的终结阶段

并非所有的爱情都会像童话故事的结局那样"从此他们过着幸福快乐的生活",有些爱情关系不可避免地会解体。几乎每个人在一生中都会有至少一次和恋人分手的经历,所以,失恋本是平常事。但是对于投注了很多感情的人来讲,失恋是一种强烈的痛苦体验。

1. 失恋

对于大部分大学生而言,失恋无疑是人生中一次重大的挫折,甚至是有生以来第一次遭遇到的重大挫折和重要人际关系的丧失。这种强烈的痛苦体验对一个人的影响和可能带来的伤害因人而异,但几乎每个人都会在失恋之初体会到多种负性的情感,如悲伤、失望、后悔、羞愧、内疚、愤怒等。面对重大的丧失,在短期内体会到负性的情感,甚至是自我怀疑都是十分正常的,但在有些人身上,这些负性情感和自我怀疑会长期存在,转变成为持续的情绪困扰和全面的自我否定,从而严重影响一个人正常的学习和生活。对于另一些人来说,他们会努力说服自己接受甚至遗忘失恋的事实,但理智上的接受不代表情感上的释怀,这种理智和情感上的冲突反而带来更多的焦虑、烦躁和不安,而这些情绪体验则成为比失恋本身更大的烦恼来源。有些人因为一次失恋就对爱情丧失了期望,或是采取回避和退缩的态度,或是采取"游戏人生"的态度来对待爱情。还有一些人则会因爱生恨,对曾经的爱人进行报复,甚至施以暴力。

失恋的痛苦主要来自以下几个方面。失恋让我们感受到被背叛,会让我们很愤怒,这样可能让我们丧失对他人的信任感,而这可能会对将来的恋爱生活产生不利影响。失恋让我们产生自我怀疑,觉得自己能力不够,魅力不够,自己不够好,会让我们抑郁。恋爱的美好感觉,尤其是恋爱之初,在于有人无条件地赞赏你、接纳你。恋爱时我们自我感觉良好,而一旦失恋,可能让我们的自信心严重受损。失恋让我们产生巨大的失落感,我们习惯了有人陪伴的日子,失恋会让我们心里空虚,倍感孤独。失恋还可以让我们感到羞愧,觉得自己无能,有些人比较在乎他人的看法,失恋对他们也就相当于失面子。实际上,恋爱是两个人的事,适合与否,只有自己知道。记住:失恋本是平常事,那么我们就用平常心去看待吧。

专栏3:苏格拉底与失恋者的对话

失恋总是痛苦的,如何面对这份入骨之痛,不妨来看看下面这篇苏格拉底与失恋者的对话吧(资料来源:青年心理网,www.youthpsy.com)。

苏格拉底:孩子,为什么悲伤?

失恋者:我失恋了。

苏格拉底:哦,这很正常。如果失恋了没有悲伤,恋爱大概也就没有什么味道了。可是,年轻人,我怎么发现你对失恋的投入比你对恋爱的投入还要倾心呢?

失恋者:到手的葡萄给丢了,这份遗憾,这份失落,您非个中人,怎知其中的酸楚啊。

苏格拉底:丢了就丢了,何不继续向前走去,鲜美的葡萄还有很多。

失恋者:我要等到海枯石烂,直到她回心转意向我走来。

苏格拉底:但这一天也许永远不会到来。

失恋者:那我就用自杀来表示我的诚心。

苏格拉底:如果这样,你不但失去了你的恋人,同时还失去了你自己,你会蒙受双倍的损失。

失恋者:您说我该怎么办?我真的很爱她。

苏格拉底:真的很爱她?那你当然希望你所爱的人幸福?

失恋者:那是当然。

苏格拉底:如果她认为离开你是一种幸福呢?

失恋者:不会的! 她曾经跟我说,只有跟我在一起的时候,她才感到幸福!

苏格拉底:那是曾经,是过去,可她现在并不这么认为。

失恋者:这就是说,她一直在骗我?

苏格拉底:不,她一直对你很忠诚的了。当她爱你的时候,她和你在一起,现在她不爱你,她就离去了,世界上再也没有比这更大的忠诚。如果她不再爱你,却要装着对你很有感情,甚至跟你结婚、生子,那才是真正的欺骗呢。

失恋者:可是,她现在不爱我了,我却还苦苦地爱着她,这是多么不公平啊!

苏格拉底:的确不公平,我是说你对所爱的那个人不公平。本来,爱她是你的权利,但爱不爱你则是她的权利,而你想在自己行使权利的时候剥夺别人行使权利的自由,这是何等的不公平!

失恋者:依您的说法,这一切倒成了我的错?

苏格拉底:是的,从一开始你就犯错。如果你能给她带来幸福,她是不会从你的生活中离开的,要知道,没有人会逃避幸福。

失恋者:可她连机会都不给我,您说可恶不可恶?

苏格拉底:当然可恶。好在你现在摆脱了这个可恶的人,你应该感到高兴,孩子。

失恋者:高兴? 怎么可能呢,不管怎么说,我是被人给抛弃了。

苏格拉底:时间会抚平你心灵的创伤。

失恋者:但愿我也有这一天,可我第一步应该从哪里做起呢?

苏格拉底:去感谢那个抛弃你的人,为她祝福。

失恋者:为什么?

苏格拉底:因为她给了你忠诚,给了你寻找幸福的新的机会。

三、提高自己的"爱商"——培养健康的恋爱心理

尽管我们对于爱的渴望是与生俱来的,但实际上,爱是一种能力,是一门需要我们用心学习、探索和体味的学问。如何能够提高自己的"爱商"? 或许在阅读了上面两节内容之后,你已经有了一些线索和想法。在这一节中,我们将会开出三张原则性的"处方"供你参考。

(一) 确立自己的爱情价值观

作为提高自己"爱商"的第一步,请你首先仔细想一想你是否会赞同以下的观点:

- 爱情虽然重要,但人生中还有更重要的事情。
- 真正的爱情是不应该受到任何"世俗"条件的束缚,包括家庭背景、学历条件、社

会地位等。
- 爱情会受到社会规范和习俗的制约。
- 真爱不会随着时间的推移而有所改变。
- 真爱一生只能有一次。
- 爱一个人就应该尊重他/她的选择和意见。
- 忠诚对于爱情关系来说是最为重要的。
- 爱情是婚姻的前提。
- 爱情与性是不可分割的,没有爱情前提下的性行为是不道德的。

所有这些问题都是在探索你的爱情价值观,或者说是你对爱情关系的信念,因而重要的不是答案的绝对对错,而是你能通过这些问题反思一下你自己的爱情价值观。不可否认的是,我们的文化和社会都会更认同某些爱情价值观和信念,持有某些爱情价值观也的确会更有益于建立一段高质量的爱情关系。价值观和信念就像是方向标,错误的或不适合你的方向标只会让你离幸福越来越远。

在这里,我们提出三点关于爱情价值观的建议,供你参考:

(1) 摆正爱情在人生和生活中的位置:爱情的确是重要的人生体验和亲密关系,对于大学生而言也是重要的发展任务,但爱情并非是人生的全部。大学阶段是学习专业知识、技能和拓展自我的重要时期,把生活的所有重心都放在爱情上实际上会阻碍个人的全面发展。有些人,可能为了爱情而荒废了学业,或丧失了自我。在大学时代,恋爱也许更像是一门很多人愿意上的选修课。

(2) 建立恰当的择偶标准:对伴侣的选择不能仅仅停留在外部的条件,而是要综合考虑,包括对个人品行和其内在的心理特点的考察。在恋爱的激情淡去之后,维系爱情的更多是恋爱双方心理特点的匹配,以及双方为人处世的能力。

(3) 真挚尊重、忠诚专一:没有这两个前提的爱情必然是脆弱而虚幻的。爱情具有强烈的排他性,在一段关系没有结束之前,忠诚于对方是爱情的基本条件。青年学生处于心理不断发展变化的阶段,你有选择的自由和权利,无论怎样,你在恋爱中要真诚地表现自己,要尊重对方的需要和权利。

另外,心理学家布雷姆在前人的研究基础上总结了对爱情关系的质量有消极影响,更容易导致伴侣对关系不满意的六种信念,我们在这里也一并列出,你可以看一下自己是否也有类似的信念(布雷姆,2005):

- 有争论冲突便意味着我的伴侣还不够爱我。
- 真正爱我的人应该能够和我"心有灵犀一点通",而不需要我去告诉他/她我的想法和需要。
- 我的另一半是不会改变的,他/她会一直都那么完美/糟糕。
- 每一次性体验都应该是完美的。
- 男女的需求和个性特点就是不一样的。

- 好的关系是不需要主动做些什么来维持的,顺其自然就够了。

(二) 恰当应对恋爱中的压力与冲突

在任何一种关系中,压力和冲突都是无法避免的。在上节中我们已经说过,造成问题和困扰的不是压力和冲突本身,而是我们对于压力和冲突的态度和反应。如何更好地应对压力和冲突呢?首先需要牢记在心的是,不要认为好的恋爱关系就不应该有压力和冲突,不要把压力和冲突看做是一件可怕的事情而加以回避,而是尽量把它看成是一个增进彼此之间的了解和亲密程度的契机。

你还可以尝试使用以下一些原则和技巧让冲突尽量以协商的方式结束,而非愈演愈烈:

- 就事论事,不要泛化问题或扩大问题的严重性,不要进行人身攻击。
- 可以不赞同但一定要尊重对方的意见。
- 承认和接受彼此之间的分歧和差异。
- 不要总想压倒或说服对方。
- 在情绪激动时可以采用"暂停法",等彼此冷静下来之后再回来解决冲突。
- 多倾听对方,并表现出自己在认真倾听。
- 绝对不能使用暴力。

除了能妥善处理恋爱关系中的压力和冲突外,我们还需要学习如何应对恋爱的挫折,尤其是如何面对求爱失败和失恋。在这个问题上,我们会给出两个建议:首先是关于如何面对挫折所引发的消极情感。请不要过于回避和压抑因为恋爱挫折所体验到的强烈的消极情绪,因为这些都是正常的情绪反应;也不要强求自己能在很短的时间里就从挫折中恢复过来,而是应该尝试给自己提供一些空间和时间,积极寻求他人安慰和帮助。如果体验到的消极情绪过于强烈或持续时间过长,不妨尝试寻求专业人士的帮助,如寻求心理咨询和治疗。其次是关于如何看待恋爱挫折和自我评价之间的关系。恋爱挫折不可避免也会引发对自己能力甚至存在价值的怀疑,但事实上,无论是求爱失败还是失恋,都只是反映了某个特定的人因为某些原因而没有选择你或选择结束这段关系。能从恋爱挫折中总结经验教训来完善自己当然是件好事,但是请首先记住,你一定有你的长处和独特的一面,你需要的是找到那个能够欣赏这些的人。

(三) 培养和锻炼自己爱的能力

就和智商一样,"爱商"也不是一个单一的概念,而是包含了多个方面。作为大学生,我们希望你尤其注意培养和锻炼三种爱的能力。

1. 识别爱的能力

心理学家发现,爱一个人和喜欢一个人是两种不同的情感,所谓识别爱的能力首先表现在能鉴别并区分这两种不同的情感。虽然说喜欢也可以转化为爱,但如果仅仅喜欢一个人是不足以维系恋爱关系的,尤其难以承受关系中的压力和冲突,以这种情感为基础的爱情承诺其实是一种对彼此都不负责任的表现。其次,识别爱的能力还体现在对待单恋和暗恋的态度上,爱情是双方情感互动的结果,任何单方面的情感都不是爱情,其中更多的是自我幻想和错觉的成分。

2. 拒绝爱的能力

爱情固然美好,但俗话说,"强扭的瓜不甜"。无论是因为害怕伤害对方,或是抱着试试看的心理接受自己不爱的人的示爱,或者表现出不置可否、甚至暧昧不清的态度,这都是一种缺乏拒绝爱的能力的表现。在如何拒绝别人的爱意这个问题上,我国心理学家樊富岷和费俊峰(2006)认为,需要做到以下三点:首先是抱着尊重的态度感谢对方对自己的欣赏和感情,其次是要明确和清楚地表达自己的拒绝;第三是要做到言行一致,不要和对方过于亲密而让对方误以为仍有机会。

3. 维系爱的能力

就像是玫瑰一样,爱情关系也需要仔细呵护。如何维系彼此之间的恋情呢?首先当然是要意识到爱情关系是需要两人共同努力来维系的,由于恋爱双方自身的变化和环境的变化,爱情关系也不可能一成不变,抱着"顺其自然"的想法,再美好的爱情体验都会有"坐吃山空"的那一天。在维系爱情关系这个问题上,相信每对爱侣都会有自己的方式。我们不妨来分享心理学家卡纳里从众多伴侣的亲身实践中所总结出的一些有效的策略,希望能给你一些新的启示(布雷姆,2005):

- 积极:用积极的心态来看待彼此之间的关系,并努力让双方在关系中得到享受。
- 公开:鼓励对方表露自己的想法和情感,主动讨论彼此之间关系的质量,互相提醒彼此达成的一致意见。
- 承诺:强调和重申自己对对方的承诺,明确地表明自己相信这段关系会有美好的未来,表现出自己的真诚。
- 社交网络:和彼此的朋友及家人一起活动,建立共同的社交网络。
- 分担:以平等的态度分担关系中的一些责任和义务。
- 共同活动:花时间共同参加某些娱乐休闲活动。
- 利用各种交流手段进行沟通:如写信、写电子邮件、发短信、打电话等。
- 回避:避免讨论某些话题,尊重彼此的隐私和独处的需要。

小结

在这一章中,我们首先从心理学的视角回顾了心理学家关于爱情所做的一些研究,主要介绍了两种对爱情类型的界定和描述,介绍了成人依恋风格和爱情的关系,以及如何看待爱情中的性别差异问题。之后,我们以爱情的各个阶段为序描述了大学生在爱情关系中可能遇到的一些常见的困扰和这些困扰背后的部分心理学机制。最后,我们提到爱是一种需要培养和锻炼的能力,并提供了一些有助于提高爱的能力和维持爱情关系的指导原则和技巧。在阅读完本章之后，希望你能有一些新的视角来看待爱情体验，能有一些个人的反思，能了解并实践一些重要的原则和技巧，让属于你的爱情之花如期开放，愈久弥香。此外，也希望你能记住，爱情并非独角戏，它是一种两人之间的亲密关系，所以爱情这段双人舞能否配合默契，还需要你和伴侣的互相尊重、互相理解、互相适应、互相支持和互相鼓励。

本章要点

（1）每个人对爱情的态度和行为会受到历史、社会、文化、家庭和个人成长历史的影响。

（2）爱情的三因素理论认为爱情是由激情、亲密和承诺这三种成分构成的，这三种成分的不同组合可以构成不同类型的爱情。

（3）男女在对待爱情的态度和反应上有些差异，但总体而言，男女之间的相似之处远多于两者之间的不同。

（4）爱是一种能力，我们要有意识地锻炼自己爱的能力，提高自己的爱商。

小练习

你心目中的"最佳爱人"和"最差爱人"。想象你被邀请作为某电视台"最佳爱人vs. 最差爱人"栏目的评委，制片人要求你分别拟定五条标准作为你心目中最佳爱人和最差爱人的评判标准。请花几分钟思考一下，并把这些标准写在纸上。你还需要想一想，你怎么才能让制片人乃至众多观众都信服你拟定的标准才是最佳标准呢？

课堂分享：如果是在课堂上，可以两个人一组互相交流彼此的答案。

与爱人分享：如果你已经有了男/女朋友，你可以邀请你的另一半也写下他/她心目中的最佳爱人和最差爱人的评判标准，然后分享一下彼此的答案。或许这样的交流可以帮助你们不仅更了解彼此对于这段感情以及爱人的期望，还能得知对方的"禁区"和"底线"。

思考题

俗话说，"真金不怕火炼"，有人认为真正的爱情也应该是不怕试炼的，有的人认为只有经过考验的爱情才能算是真正的爱情，你的看法呢？

资源推荐

〔美〕莎伦·布雷姆著，郭辉、肖斌、刘煜译.《亲密关系》（第3版），北京：人民邮电出版社，2005

6

大学生的性心理健康

食、色，性也。

——孔子

这是一位女大学生的求助信：我是刚刚进入大学认识他的。他是我的老乡，在我初次离家孤独时给予我太多的安慰与帮助，不知不觉我陷入了恋爱之中。随着交往的深入，我们的恋爱也不仅限于精神层次的交往，彼此从身体上渴望接纳对方，于是在一个晚上，我们有了第一次。虽然我们还在恋爱，可每次在一起我总会想到性，我会感到恐慌，经常觉得所有人都知道我们的事，有睡眠障碍，上课注意力不集中，产生性幻想。现在我还陷入深深担忧中，如果今后我们分手怎么办？我真不知道如何面对。

文学大师歌德在《少年维特之烦恼》中写下了这么一句名言:"哪个少男不善钟情?哪个少女不善怀春?"大学生正处于青年早期,性生理发育已基本完成,性冲动、性需求也逐渐活跃起来,大学中宽松自由的环境,让大学生对性表现出更大的接受性和宽容性,他们对性的表达也呈现出多种形式。校园的每个角落都能见到情侣们卿卿我我的场景,网络中的性爱信息也不断冲击着大学生活,校外同居、婚前性行为在当代大学生中不乏其人。如何客观地认识性,恰当地处理与性有关的问题,是大学生成长过程中必须面对的一个重要课题,是大学生保持心理健康的一项重要内容。

一、性是什么?

每个人都是性的存在,性无所不在,我们都知道性,性能给人以快乐,也能给人以痛苦。

性包含着丰富的内涵,性不仅是生理现象,而且是与心理有密切关系的性心理行为,是与社会有密切关系,受社会规范制约的特殊社会行为。性是生物、心理、社会三种因素共同作用的结果。

(一)性的本质

1. 生物学意义的性

性是人的最基本的本能。性是人类为了生存和繁衍后代所必需的一种生命现象和机体功能。性来源于人体性激素的作用,性欲望和性活动是延续后代所必需的条件和要求,是人的正常生理需要,如同人的饥饿和口渴一样。性也指男女两性在生理上的差异,包括男女两性的染色体不同,性腺不同,性器官不同以及第二性征的不同,这是性的生物性的一面。

2. 心理学意义的性

人们体验着性带来的各种心理感受,如快乐、美好、亲密、刺激、污秽、罪恶等。由于性别差异,男女两性在心理的各方面也表现出一定的差异。另外,人的性行为不是只为满足性欲的需要而发生,已加上感情的成分,即所谓的爱情。一般而言,要与喜欢的、有感情的对象才想发生性的关系。为了满足性的需要而没有感情地发生性关系,这是人的动物性的层次。性不仅仅是生理的反应,还有心理的反应。不同的情境下发生的性关系,带给人的心理感受是不同的,产生的心理影响也是不同的。性心理方面的含义还包括对自己性别的认同,喜欢不喜欢自己的性别,对同性或异性的情感,对爱的表达,对恋爱及婚姻的认识及抉择等等。

3. 社会学意义的性

人是社会性的动物,人的性行为受到社会规范的制约。比如,不被对方接受的与性有关的行为称为性骚扰。人类的性行为,在不同的时代和不同的社会中会受到不同的道德观念和法律制度等的制约。社会意义的性也指性别和性别角色。生物因素决定了生理性别,但是对自己性别的认同却受到社会文化环境的影响。性别认同与性别角色有关。性别角色是指社会按照人们的性别赋予人们不同的社会行为模式。男女在家庭和社会生活中扮演什么角色,主要是由社会的伦理、道德、风俗、传统等社会文化所决定的。与性相关的心理冲突和困惑更多来自性的社会性方面,性的社会文化、社会禁忌、性别角色等可能造成许多的矛盾、焦虑和痛苦。

(二) 与性有关的几个重要概念

1. 性欲

性欲是指进行性活动的欲望,是人类进入青春期之后常见的生理、心理现象。性欲作为一种本能,是生物在进化过程中形成而由遗传固定下来的,对正常性功能的维持和性行为的启动是必需的。性欲的强度因人而异,但常受到诸多生理心理因素的影响,比如从年龄上看,青春期性欲最旺盛,随着年龄的增加而逐渐减退;在情绪方面,情绪抑郁时性欲会减退,而乐观愉快的情绪则有利于正常性欲和性功能的维持。性欲具有强大的动力作用,需要以恰当的方式获得满足。

2. 性行为

广义的性行为泛指为获得性欲、性快感而从外部所能观察到的行为,包括性交、手淫、接吻、拥抱和接受各种外部性刺激(如观看色情节目)形成的性行为。广义的性行为可以包括所有与性有关的行为,比如,恋爱、阅读色情书刊,目的是为了获得性的满足和性能量的释放。狭义的性行为是指两性通过性交手段满足性欲并得到性快感的行为。性行为的功能是繁衍后代、获得愉悦,现代社会性行为更多是为了享乐。性行为不仅仅是为了满足性欲获得快感,性行为有时也可用于达到非性的目的,比如获得经济利益、获得控制感等。一般情况下性行为所引发的是正性的行为和感受,但是有一些性的行为却带来负面的内容和痛苦,如性虐待、被强暴、性病、艾滋病等。

3. 性观念

性观念是指人们对于性问题的认识和看法。在不同的历史发展阶段和不同的社会文化背景下,人们的性观念也往往不同。大学生需要形成恰当的性观念来指导自己的性行为。通常认为,性是人生命中自然而健康的组成部分;性有生理和心理的层面,也有社会、伦理和精神的层面,各方面相互统一才是健康的;任何性行为都是有后果的,每个人必须为其行为承担相应的责任。

人们的性观念受到来自两种观念的影响,一是通过家庭教育受到我国传统性观念根深蒂固的影响,二是通过多种途径受到西方国家"性自由、性解放"思潮的冲击。在两种性观念的冲突中,有些大学生徘徊于矛盾中,存在迷惘、困惑的矛盾心理:坚持传统性观念,感到情感上太压抑;推崇开放的性观念,担心有违道德习俗。缺乏科学、健康、稳定的性观念,容易导致性心理上的困扰和性行为的"盲动"。另外,不少大学生存在性观念和性行为的不统一现象,他们可能在性行为方面很开放,但是内在的性观念又较保守,从而导致性心理的困扰。大学生需要认识清楚自己的性观念是什么,这会有助于在性方面做出恰当的决定和选择。

4. 性别角色

性别角色是一个社会依据社会文化的需求对不同性别所制订的一套相关标准和期望。传统的性别角色观念认为男性应有事业心、进取心和独立性,行为粗犷豪爽、敢于竞争,即具有"男子气";女性则应富于同情心和敏感性,善于理家和养育子女,对人温柔体贴、举止文雅娴静,即具有"女子气"。如果男性和女性的行为模式与所期望的性别角色一致,便会受到社会的赞许和接纳,否则,会遭到周围人群的排斥和冷嘲热讽。

性别角色常会影响个人看待自己以及与他人发生联系的方式。女人常会体验到成功带来的负面结果与焦虑。女人如果在传统上由男人主宰的领域里成功的话,则被暗示为男性化的、具有攻击性的、缺少女人味,并认为在为人妻与为人母的角色上失败。所以,很多女性怕被称为"女强人"。但如果男人在工作上成功时,则被认为在为人夫与为人父的角色上更具吸引力。虽然男人会因为他的男性角色比女人获得许多好处,但也要付出沉重的代价。当男人失败时,他们遭受到更严重的批评。另外,社会期望男人不流露感情,男性特意隐藏个人弱点,以免威胁到他们的支配性。男人因碍于自我表露,不仅影响到他们建立亲密关系的能力,也会影响到他们的健康。一般说,男人较不愿承认需要帮助,男人比女人寿命更短。

专栏1：现代性别角色观念：双性化

传统性别角色观强调男人应该发展"男子气"，女人应该"女子气"。现代的性别角色观念已经发生了很大改变，强调"双性化"、刚柔并济的人格特点。传统的观念认为，男女两性的特点是"阴阳对立"、非此即彼的。而现在的观念则认为，每个人在出生的时候就具有"双性气质"的潜质，但是在成长的过程中，受到社会文化的约束和要求，男人强化了自己的主动、独立、坚强，女人强化了自己的被动、依赖、温柔，男人和女人都"忘记"了自己的另外的一面。"双性化"的性格是社会发展的需要，现代的多元社会环境和日趋激烈的生存竞争促使了人们内在的"双性化"潜质的发展。

兼具男性化和女性化特质的人，被认为是"双性化"的。这种人在某些场合能表现出典型男性特征而在另外一些场合能表现出典型的女性特征。适宜表现男性特征的场合是在工作中，而女性特征的用武之地则主要在人际交往方面。与单纯的男性化或女性化的人相比，双性化的人在很多情况下是适应最好的。有许多的研究表明，具有双性化特质的人心理健康状况更好，对压力有较大的承受力，比较有能力建立和维持亲密关系，在婚姻中有较大的满足感。

对于大学生来说，一个人要想在事业、人际、家庭等方面都做得好，就应当努力向"双性化"的方向发展，根据情境，有弹性地表现，该表现男性特质的时候就表现之，该表现女性特质时也不避讳。然而，"双性化"不能顾此失彼。传统的教育偏重于男女分工的性别教育，而现在的教育由于社会的变迁在某些方面弱化了性别角色的差异性，以至于现在一些大学生要么是"中性化"了，性别模糊；要么是过了头，出现男性"女性化"或者女性"男性化"的趋势，这些都是从一个极端走到了另一个极端。双性化的发展是在承认男女本身差异的基础上，再兼顾其他性别的优良特点，其实质是发展成一个全面的人。

对女大学生来说，在学习、生活的锻炼中，可能有较多的机会发展男性化的性格特质，这是一个优势，但女性化特征的培养同样不可忽视。有些女生可能会因为专注于学业，无暇顾及自己女性气质的培养，或者为了争取自由、平等的权利或者为了在事业上得到更多的认可，过度"中性化"甚至"男性化"，忽略了自己的女性化特质，这是不可取的。虽然将来在事业上可能较为成功，但在感情等方面则未必幸福。

当前的社会环境对男大学生也提出了更高的要求。从前，社会对男性的要求主要在事业方面，而现在人们普遍重视生活质量，在恋爱生活中，女性交往面也更广，恋爱生活更自由。如果男生不善与人沟通交流，感情生活也会时常碰钉子。因此，男生在基本的男性特质培养之外，也要加强某些女性特质的培养，如变得更加细心、体贴等，才会更受女生的青睐。

(三) 性心理健康标准

世界卫生组织认为,随着人类文化和生活水平的提高,人类的性问题对个人健康的影响远比人们以前所认识的更为深入和重要。对性的无知或错误观念将极大地影响人们的生活质量。世界卫生组织对性心理健康所下的定义是:通过丰富和完善人格、人际交往和爱情的方式,达到性行为在身体、感情、理智和社会诸方面的圆满和协调。关于性心理健康的标准没有统一的意见,但是基本的内容是相似的。下面列举两个标准以供参考。

世界卫生组织提出的关于性生理和性心理健康的标准如下:
- 在符合社会道德和个人道德的情况下,能享受性行为,控制性行为;
- 消除恐惧、羞耻及罪恶感等抑制性反应和损害性关系的消极的心理因素和虚伪的信仰;
- 没有器质性的障碍,没有各种疾病和妨碍性行为与生殖功能的躯体疾病。

心理学家达拉斯·罗杰斯认为,保持健康的性心理应遵循如下的标准:
- 具有良好的性知识;
- 对于性没有由于恐惧和无知所造成的不当态度;
- 性行为符合人道;
- 在性方面能做到"自我实现",即能学会拥有、体验、享受性的能力,在社会和道德的允许下,最大限度地获得性活动的快乐与满足;
- 能负责地做出有关性方面的决定;
- 能较好地获得有关性方面的信息交流;
- 接受社会道德和法律的制约。

上面的标准适用于广义的成年人,对于大学生而言,性心理健康的标准的最基本内容是有正常的性需求和性欲望;有科学合理的性知识;有健康正当的性行为方式(贾晓明,陶勒恒,2005)。

专栏2:男女性心理的差异

在性的需要方面,男性性欲望强烈,有征服欲,更多受生理的、性欲的驱使而想发生性行为,男性的性冲动易被视觉刺激唤起,只要看到裸体的女性图片,就可能出现性的反应。女性的性欲望与爱联系得更紧密,更需要异性的感情,需要和对方进行情感交流,女性易在听觉、触觉刺激下引起兴奋,甜言蜜语和肌肤接触易激发性欲望。在性感情的表露方面,男性显得较为外显和热烈,比较主动和直接;而女性则较为含蓄和温存,往往采取间接、暗示的方式。在内心的体验方面,男性有更多的新奇、喜悦和探究感;而女性常表现为羞涩和幻想。总体说来,男女性心理有一定的差异,但差异不如我们想象的那么大。

二、心理学视角中的性

心理学用于解释和理解与性有关的心理和行为的主要理论有精神分析理论和行为主义理论。

(一)精神分析理论对性的看法

精神分析理论认为性驱力(来自生的本能)是激发人类行为的两个主要驱力之一(另一驱力来自死本能,表现为攻击驱力)。性的发展,从出生以后,在婴儿、幼儿和儿童阶段逐渐发展,到青春期发育成熟,而且性的发展影响心理的发展,这就是弗洛伊德的心性发展学说。

心性发展包括口欲期、肛欲期、生殖器期、潜伏期、生殖期等几个阶段。口欲期,出生到一岁左右,生理上的满足与舒适都经由口腔的黏膜及身体的皮肤而发生,心理上对养育者产生信赖感,获得基本的安全、舒适与依赖感。肛欲期,幼儿二三岁的时期,生理方面是学习大小便的控制和排泄,也涉及情感和本能的控制与发泄的调节。儿童四五岁时,已认识到男女的差异,并对异性有特殊的喜爱之情,进入生殖器期,这时儿童喜欢双亲中的异性,男孩爱妈妈,女孩爱爸爸,而出现亲子三角关系情结,通过认同与自己同性的父亲或母亲而解决三角关系的冲突。在潜伏期,从小学到青春期前,儿童更多与同性伙伴接近,而与异性保持一定的距离,心理任务是与同性的认同与模仿,发展与生理性别相适应的心理特点。青春期时进入生殖期,青少年在生理上急速发展,开始具有生殖功能,性需要觉醒,在心理上恢复对异性的兴趣,开始学习男女的交往,建立亲密关系。

一个人的性心理与性行为,并非是突然产生与出现的,而是从出生以来,一个阶段接着一个阶段,以有顺序的方式逐渐发展起来的。虽然幼小的孩子没有像大人一样的性欲望和性行为,但有其先前的基础的性的欲望及行为需要。在每个发展阶段有不同的心性发展课题,如果在其中某个阶段发展受了阻碍,就会影响下一步的发展。心性发展学说指出,与性有关的性感带包括很广,从早期的广泛的皮肤、黏膜、括约肌,到具体的性器官,都参与性兴奋的过程,儿童期的性满足方式是成人的性的各种表达方式的基础。从性的心理和欲望来说,性心理包含舒适感、竞争感、攻击和被攻击感、占有与归属感、征服与被征服感等,有爱、恨、嫉妒等各种复杂的感情。从心性发展的角度看,所谓正常与异常的心性功能是很接近的,只是相对性的划分。

弗洛伊德还提出了人格结构论,也有助于理解我们对性的心理处理过程。他认为人格由本我、自我和超我三部分构成。本我包括了个体一切的原始的冲动和本能欲望，按快乐原则行事，追求即时的满足。自我感知外部世界的存在，反映外部世界的特点和要求，遵循现实原则，在现实中寻找本我欲望满足的对象、途径和方法。另一方面，自我要受超我的严格限制。超我代表社会道德，包括自我理想和良心，遵循理想原则，指导自我，限制本我，追求个人的完善。当本我、自我、超我三者之间达到平衡时，就会实现心理的正常发展。

如果自我力量不够强大，不能有效调控，那么会出现两种情况：一种是本我的性欲望不能受到超我的监控，一味追求即时满足，造成性放纵；一种是超我过度地压抑本我，使本我的性欲望不能得到合理的满足，会导致紧张、焦虑、压抑或其他心理障碍的产生。

一个心理健康的人，有强大的自我，能够把本我、超我和现实协调统一起来，按照现实生活中的规范合理地满足自己的性欲望，达到心理上的和谐。

（二）行为主义理论对性的看法

行为主义理论主要有操作条件反射理论和社会学习理论。下面我们看看这两个理论是如何解释人类的性行为。

1. 操作条件反射理论

操作条件反射强调行为的结果对塑造和保持行为的影响作用。例如，一个人做出某个行为，而这个行为可能带来某种奖赏（正强化）或惩罚。如果受了奖赏，这个人就可能会在将来重复这样的行为；如果受了惩罚，这个人将来就很有可能不会继续这么做了。就性而言，性行为本身就是正强化，因为性行为会带来快感，所以发生性行为之后，会重复发生性行为。对于年轻人，想到性或与性有关的联想，也常常会带来兴奋等情绪感受，而生活中性的刺激无所不在，所以，年轻人常常容易想到性，出现性幻想、性梦等。但是，由于种种原因，如果性行为的体验没有带来快感，而是其他的惩罚性后果，如患上性病，那么性行为可能受到一定的抑制。一般说来，早期的性经历会对以后的性行为体验产生重要的影响。

由于性的愉悦，在性体验初期，人们可能会过分关注性，希望再次获得性带来的快感，这样可能把注意力和精力转移到性方面，而忽略了学习等其他重要活动。这就是所谓的激情状态。这也是为什么老师和长辈常常要告诫年轻人不要过早发生性关系。年轻人的理性控制力还不够，常常凭感情行事。如果因为恋爱或性行为而耽误学业，会对以后的生活带来很大的不利影响。现代社会人们常通过网络来宣泄性能量，由于性行为所带来的快感对行为的强化作用，不少自制力不够的年轻人可能容易沉湎于网络色情，尤其是在有其他压力的情况下。

2. 社会学习理论

社会学习理论认为人们可以通过观察和模仿学习新的行为。比如，小女孩通过观察母亲和其他女性的穿着打扮和社交行为而获得许多女性的性别角色特征。人们通过观看影视作品的恋爱行为,会模仿各种恋爱技巧和异性交往技巧,并应用到自己的生活之中。因此,我们很容易受大众媒体的影响。实际上,影视文学作品中的有些情境是来自人们的幻想,在现实中很可能是不可行的,所以,不能不加判断地模仿那些与性和恋爱相关的行为举止。另外,有些恋爱行为或性行为可能是非常态的行为,比如,色情片中的性虐待行为,这类行为也不宜去模仿。社会中关于性、关于婚恋的一些价值观念,比如,一夜情、婚外恋等,作为大学生,不能为了时尚不加思考地就全盘接受。

根据行为主义的理论,性心理障碍是习得的,在早年的性发育过程中,可能遭受到不良性教育或性经验的影响。同样,恰当的性态度和性行为也是可以通过学习获得的。由于性的隐私性,如果有性方面的困惑,建议通过向专业人员咨询而获得帮助。

专栏3:性取向和同性恋

性取向(sexual orientation)是指个体感受到的性吸引力来自何种性别,或性欲望指向何方。性取向被分成异性恋、同性恋以及双性恋三种。异性恋者无论从浪漫的爱情还是性欲上都受异性的吸引;同性恋者受同性的吸引;双性恋者既受异性吸引,又受同性吸引。性取向从绝对的异性恋到绝对的同性恋之间并没有明显的界限。心理学家认为性取向受生物、心理和社会文化因素的共同影响而决定。在美国的一项大规模调查中,成人约有7%认为自己是同性恋者或双性恋者。性取向不同于性行为,性取向指一种自我知觉和认知,并非一定通过性行为表现出来,并不能以一个人进行了同性性行为或异性性行为就确定其是同性恋或者是异性恋。

人类对于性取向的认识,有一个发展过程。在人类的历史中,同性恋现象一直存在着,但是对待同性恋的态度在各个时期各个社会并不坚持一种观点,或者赞同,或者默许,或者反对。到目前为止,对同性恋的合理性、道德性还处在不断的争论之中。在早期社会里,由于性行为的主要功能被看做是繁衍后代,只有异性恋这种与繁衍功能一致的性取向被认为是合理的,而其他的性取向由于脱离了繁衍功能而被认为是罪恶的。在基督教和伊斯兰教中,同性恋都被认为是罪恶的,被作为一种禁忌。在20世纪70年代以前,美国精神病学界一直把同性恋作为一种心理疾病。随着对同性恋的认识的更加理性化和科学化,美国精神疾病分类手册和国际疾病分类手册分别明确地将同性恋从精神疾病诊断中删除。然而即使是这样,在人们的道德观念中还是无法抹去对同性恋的偏见和歧视。在美国等较为自由的社会中,人们对同性恋的态度更为接纳和宽容,而在较为保守的社会中,人们对同性恋更多的则是持排斥和否定的态度。

性取向本身并不影响个人保持情感忠贞、相互照顾、完成工作、履行职责与保持心理健康。其实,在社会的各阶层各行业中都有同性恋者,但是由于不同时代背景,社会文化传统对同性恋的看法不同,同性恋者通常不愿公开自己的性取向,担心会受到歧视。以同性恋的身份生活是有一定的压力的,要面对的心理挑战是如何适应主流社会和主流文化的要求。

关于性取向,还有一个问题就是性取向是不是可以改变的。20世纪六七十年代以后,在世界范围内,已经逐渐放弃了对性取向的矫正,而认为性取向可以是多元的。目前对性取向的成因尚没有明确一致的看法。不过从造成性取向的不同因素看,性取向的改变是有可能的。实际上,有的同性恋者在一段时间之后放弃同性恋,转归异性恋身份。对于主要是由生物因素造成的同性恋性取向,改变的难度较大,而对于主要由社会心理因素造成的同性恋性取向,改变则是很有可能的,是否需要改变则由个人决定。从社会心理的角度看,同性恋在一定程度上也可以看做是一种生活方式。

三、大学生常见的性心理困扰

青春期和青年早期是性生理成熟的决定阶段,也是性心理发展的关键时期。性能量的释放需要寻找恰当的途径,"恰当"就是符合社会规范。当强烈的性本能冲动面对严格的社会规范的约束时,青年人的心里自然会充满紧张、矛盾与冲突。大学生常见的性心理困扰主要有性意识的困扰、性行为的困扰、性体象的困扰和性心理障碍。

(一) 性意识困扰

由于性生理的成熟和性心理的发展,青年人的性心理活动内容丰富多样。所有这些性心理活动本身都是正常无害的。但是当这些性心理活动异常频繁或被个人视为异常时就有可能产生心理困扰。性意识的困扰常会让个人感觉烦躁不安、厌恶、苦恼或严重的紧张焦虑等,从而影响其学习、生活以及与同伴的正常交往。性意识活动常见的有被异性吸引、常想到性问题、性幻想、性梦、性冲动的控制、观看色情物、谈论性话题等。

(1) 常想到性问题是指在遇到有吸引力的异性时想到对方或与自身有关的性的意念,体验到自身的性冲动等,或者在看到与性有关的书刊文章时,产生对性的臆想,联想到对自己有性吸引力的异性等。

(2) 性幻想是大学生的普遍经历,通常表现为在某特定因素的引发下,"自编"、"自导"、"自演"与异性交往有关的联想。一般来说,男大学生的性幻想有关性行为的内容更多,而女大学生的性幻想有较多的浪漫内容。性幻想可导致生理上的性兴奋,偶尔也可出现性高潮。性幻想是性冲动的宣泄形式之一,属于正常的心理生理现象。

(3) 性梦是在梦中出现与性内容有关的梦境。一般认为性梦与性激素达到一定水平和睡眠中性器官受到内外刺激及无意识的性本能活动有关。性梦中可伴有男性遗精,女性性兴奋等,属正常反应。

(4) 谈论性话题也是大学生日常生活中常见的活动,表现为说一些带有性暗示的话,讲黄色笑话,开带有性色彩的玩笑,探讨性方面的科学知识等。网上的大学生论坛中与性有关的话题也是一个重要内容。谈论性也是缓解性冲动的一种自然的方式。

(5) 观看色情物是大学生很常见的一种与性有关的行为。现代社会网络发达,大学生主要通过网络观看色情物品。色情网站有各种色情图片、色情视频和色情电影等,一般娱乐网站也有很多涉及性的图片和资讯。大学生也会阅读有色情描写的文字等。观看色情物一方面容易激发性的联想,另一方面,性的能量也间接地得到释放。需要提醒的是观看色情物一定要适度,如果沉溺于网络色情,则会对学习生活产生不良影响。

(6) 性冲动的控制是人们常常要面对的问题。随着生理的成熟,很自然会出现性的冲动和欲望。对大多数大学生,特别是男大学生,由于种种的内外刺激,性的欲望和冲动经常出现,而在社会规范和现实条件的限制下,人的欲望不可能得到及时的满足,因此对性的欲望必须要有一定的控制。对有些人来说,控制比较容易,而对另外一些人,对冲动的控制可能有很大的难度。

性意识困扰的主要原因有性无知、性罪恶和性淫秽等观念,或过度的性压抑。有些学生对青春期性意识发展缺乏正确认识,会将那些由于性激素的作用和性生理的变化而产生的相应的性心理的反应,如性梦、性幻想等,视为异常反应,从而出现心情焦躁、自我否定的评价等心理困扰。有的时候,由于未受到系统的性科学教育,而受到落后保守观念的影响,对自己性意识的表现和觉醒看做是罪恶的,而对自己自我谴责,产生消极的情绪。产生性意识困扰的大学生中许多人都压抑了自己合理的性需求,而性的需求不会消失,这样就让自己处于焦虑、焦躁、矛盾、困惑等心理状态中,严重时可能导致强迫观念。

对于大学生的性意识困扰,可以从以下几个方面进行心理调节。

1. 掌握科学的性知识

性是一门综合性的科学,包括性生理学、性心理学、性社会学、性伦理学、性美学等。大学生可以通过多种途径学习性生理、性心理等的有关知识,了解性意识的发展规律,树立科学与健康的性观念。这将有利于消除对性意识的消极观念。大学生出于对性的好奇与向往,往往会主动通过影视、书刊、网络等途径获取性知识和相关信息。需要指出的是,色情录像和网络中的一些资讯和影像材料,传授的知识有不少是肤浅的和片面的,甚至可能误导大学生,导致错误的性观念的产生。所以,要选择正规的性知识获取的途径,比如学校开设的相关课程和讲座,图书馆的相关学术类书籍文献等。

2. 自然大方地与异性交往

大学生要了解自己作为男性或女性在社会上所应表现的角色,学习与异性的交流与合作。只有在日常生活和学习中观察和了解异性,自然地与异性相处,广交朋友,才能破除对异性的无知和神秘感,也有助于性心理的健康发展。另外,要坦然地面对恋爱问题。大学生有恋爱的要求和行为很正常,恋爱本身在一定程度上满足了大学生的性需求。

（二）性行为的困扰

大学生常见的性行为困扰主要有两个，即性自慰和婚前性行为。

1. 关于性自慰

性自慰就是通俗所称的手淫。手淫是指用手或器具刺激性器官而获得性快感的一种行为。手淫是一种自我心理慰藉，所以称之为性自慰。手淫在一定程度上能宣泄性能量，缓解性紧张，保持身心平衡，避免性犯罪和不轨行为。一般来说，手淫这种行为本身对身体并没有什么害处，被认为是"标准的性行为的一种"。手淫是没有正常性生活时的一种补偿办法。根据国内对大学生手淫的调查，男生大多数人都有过手淫的经历，女生中也有一定的比例。

手淫的危害不在于手淫本身，而是因手淫而带来的自责、担心、恐惧、羞愧、罪恶感等情绪对人的心理有一定的不良影响。适当的、有节制的手淫是无害的，但手淫过度会引发身心疲惫，可能引起大脑高级神经功能和性神经反射的紊乱，从而影响人的身心健康。有一些人对手淫行为很焦虑是因为将手淫作为释放自己焦虑情绪的手段，由于这些焦虑并不仅仅是性紧张，因而感觉自己不应该这样做而产生心理冲突，这样就变得更为紧张焦虑。需要特别说明的是，手淫无害并不等于说手淫是必需的，更不是说手淫可以无度。

对于手淫行为，不宜提倡，但发生了也不必焦虑恐慌。"对于手淫不要以好奇去开始；也不以发生而烦恼"，让手淫存在，不要想方设法去消灭它、压制它。滥用手淫不是一个好习惯。要克服过度手淫，最好的办法是减少性刺激，转移注意力，通过学习和参加其他有意义的活动来宣泄、转移性能量。

2. 关于婚前性行为

婚前性行为通常是指在没有办理合法婚姻手续前发生的性行为。当今大学生对性的态度比较开放，认为只要双方愿意就可以发生性行为，有的甚至相识不久就发生性关系，有的在校外租房同居。性行为本身无可厚非，有一定的性自由也是社会进步的体现，但是大学生由于心理的成熟度不够，对性所涉及的性心理和性的社会文化要求，性的伦理和道德规范等认识不够，常常不能对自我和他人负起性行为后果的责任，而给自己带来心理的困扰和痛苦。

从大学生性行为的特点看，大学生婚前性行为具有突发性、自愿性、非理性等特点，由于年龄与观念的影响，一旦发生性行为，便会多次发生，可能造成未婚先孕、感染性病等不良后果，还可能因为分手而产生一些纠纷，甚至产生严重的后果。婚前性行为没有法律的保障，不存在夫妻间应有的责任和义务，所以出现矛盾纠纷时更不容易保障自己的权益。

从医学角度看，和谐的性行为需要安全、私密、舒适的环境，而大学生的婚前性行为多数在隐蔽状态下进行，常常伴着内心的恐惧、紧张、害怕、担心怀孕及不洁感、不道德感、羞愧感和罪错感，可能引起性反应抑制和性焦虑的产生。如果对性知识和性卫生了解不多，婚前性行为可能增加性病感染机会。女大学生可能因怀孕而流产，这对女大学生的心理与身体伤害非常大。女生在流产手术后，由于担心被老师同学发现，还要应付繁重的课业负担，一般不能得到正常的休息和调养，对身体非常不利。另外，流产本身还可能引发多种并发症，多次流产可能引起将来的不孕不育，这些都会对女生的身体和心理产生近期的和远期的不利影响。

从心理学角度看，婚前性行会引发当事人双方一系列的复杂的心理变化，会给双方带来一定的心理压力。最大的心理影响是担心分手的后果。由于两性心理的差异，女性在有亲密行为后，容易以身相许，希望与对方走向婚姻。从传统观念来看，性行为会使女性由心理上的优势转化为劣势，担心被玩弄，被抛弃；而对男性而言，婚前性行为会提高他们的心理优势，随着时间的推移，对女方的性吸引力会减弱，表现为对女方不太在乎，而影响两人的感情关系，对女性可能造成更大的心理伤害。本章开篇的案例正是反映了女大学生由于性行为而产生的常见的心理负担。婚前性行为会使分手产生更大的破坏力。性具有很强的心理力量，一个人对发生过性关系的人会感受到一种强烈的情感依恋，所以当两人关系终止时会感到强烈的痛苦，有时甚至发生不理智的伤人或自伤行为。心理伤害是不容易恢复的。性关系破裂后觉得被利用或被背叛的人，在以后的两性交往中可能经历感情上的困难，或者对异性猜疑、不信任，或者不敢全心付出。

对于大学生是否可以发生性行为，有人赞同，有人反对。答案应取决于当事人自己的决定，而不能简单地回答"是"或"否"，但大学生千万要避免"未经准备"而发生的婚前性行为。大学生要负责任地做出关于性方面的决定。可以思考的几个问题是：(1) 性行为的动机是什么？是出于爱、为了满足好奇心、孤独感，还是其他？性行为是要有道德的，其基本标准是自愿、无伤、承担责任和爱。(2) 你准备好了吗？所谓的"准备"包括性知识的准备和心理的准备。有些人不知道如何避孕或如何预防性病，如果出现不良后果，可能带来很大的伤害。在心理上，性行为还要与自己的性观念一致。如果性行为开放，但内心深处的性观念保守，在性行为之后可能会产生心理困扰。值得一提的是，不少学生可能在意识层面或者理性层面的性观念是开放的，但在内心深处或情感层面因为受家庭传统教育的影响性观念是保守的，不少学生可能意识不到这种不一致，而在性行为后产生心理冲突和心理压力。

另外，关于婚前性行为，少数性态度较为保守的学生可能会感受到另一种心理压力。由于当代大多数大学生在性态度上是开放的，持性保守态度似乎是落后的、有问题的。其实，真正的性自由的精神是能够允许不同的性价值观（或开放或保守）的存在，个人为自己的选择和决定负责。你可以坚持性纯洁，你会找到与你观念类似的个人或群体，会受到应有的尊重。

（三）性体象的困扰

处于青春发育后期的大学生,对自己的体象非常关注。几乎所有的男生都希望自己身材高大,体魄健壮,以吸引女性的注意;而女生也都希望自己容貌美丽,身材苗条,乳房丰满,来展示女性魅力,以吸引男性的关注。然而,现实是不尽如人意的。有些男生因为自己矮小、瘦弱或阴茎太小而自卑;有些女生为自己过胖,长相平平或乳房太小而苦恼。这些对自己身体不满意的心理烦恼就是性体象的困扰。性体象的困扰可能导致进食障碍、抑郁、自卑、社交焦虑、性功能障碍等。

对于大学生来说,悦纳自己的身体也是心理健康的表现。对于性体象困扰,可以做的就是对于可以改变的情况进行积极改善,对于不能改变的进行乐观接纳。有些身体特点,比如身高、外貌、性器官的大小等受生物遗传因素的影响比较大,很难改变,只能是接受现实。有些人可能想采用药物、美容技术等医学手段来改善自己的外貌,这是需要慎重考虑的,因为这样做的风险很大,可能得不偿失。药物或整容整形手术后可能有一些副作用,而且手术也可能失败。实际上,大家都是普通人,不需要也不可能按传媒所宣传的美的标准那样去统一。另外,每个人的审美标准是有一定的差异的,"情人眼里出西施"还是有一定道理的。

接受现实并不表示不用改善。我们还是可以通过各种方式努力给自己的形象加分的。一般说来,男生可以通过坚持锻炼来增进体形的健美,女生可以通过运动来保持身材,男女在平时都要注意自己的仪表仪容。大学生很重要的是培养自己的修养和气质,举手投足、言谈举止,这些都会很快展示你的美好气质和修养,提升你的形象。

对身体不满意的一个原因是担心自己缺乏性吸引力。为了增加性的吸引力,除了外貌身材之外,非常重要的是完善内在美。性的吸引不仅仅是身体方面,还包括心理方面和社会性方面。在生活中注意培养良好的个性特点,在两性相处时内在的品质起到更为重要的作用。你也许不够美丽,但是你可以让自己变得可爱;你也许不够帅气,但是你可以让自己变得阳刚。总之,男生努力增加男子气,女生努力表现女子气,这是一般的增加性吸引力的原则。当然,最基本的是悦纳自己的身体,悦纳自己的个性特征,对自己充满信心,你才会吸引到欣赏你的人。

（四）性心理障碍

人类的性行为中以异常的方式获得性满足的心理状态被称为性心理障碍。有性心理障碍者不仅自身苦恼,也可能给其他相关的人带来一定的困扰。大多数性心理障碍患者除了在性心理、性行为方面表现与常人不一样,在社会生活的其他方面与一般人没有什么差别,社会适应正常。这里介绍几种常见的性心理障碍。

(1) 恋物癖。指用异性的物品作为激发性欲、获得性满足的主要方式。恋物癖者多为男性。比如,男性使用女性的内裤、文胸、鞋袜等作为性满足的对象。他们千方百计地收集这些物品,常会冒险偷窃。

(2) 露阴癖。指故意在异性经过的地方暴露自己的性器官而获得满足的性心理异常,有时伴有手淫。露阴癖者多为成年男性。其暴露的目的不是诱惑对方,也不会有进一步的性骚扰,而是展示自己,希望引起异性的注意或者使异性害怕,以此达到满足。

(3) 窥淫癖。以窥视异性裸体、性器官或性交过程作为满足自己性欲的主要方式,以男性为多见。窥淫癖者在偷窥中获得性兴奋,在当时或事后回忆时手淫,偷窥场所主要是女厕所、女浴室和女生宿舍等,这种偷窥的欲望不能自制,常因屡犯而被抓获。

(4) 易性癖。不接受自己的生理性别,而认为自己应当是另一性别。比如生理上是男性,却认为自己的灵魂是女性。如果有机会,他们愿意通过变性手术之类的方法改变自己的生理性别。心理学上称这种情况为性别认同障碍。

关于性心理障碍的病因目前没有明确的看法。一般认为,造成性心理障碍的因素是多方面的,如恋爱多次受挫、正常异性恋受抑制、早期不良性经验、社会不良性文化(如淫秽物品)的影响、早期性偏好等。性心理障碍患者还可能有一些特有的个性特征,如内向孤僻,不善与异性交往,在异性面前拘谨羞怯等。帮助性心理障碍者主要是依赖心理治疗进行矫治。许多性心理障碍患者在学业方面表现并不差,但是在恋爱交友方面可能显得力不从心,内心的渴望与行为的迟疑、胆怯形成了鲜明的对比。对于大学生而言,要防治性心理障碍可以引导大学生学习两性之间的交往技巧,建立正常的恋爱关系。

四、性心理问题的处理原则

性是人的最基本的本能,受到的关注最多,禁忌也最多。如何处理与性有关的心理和生理问题是大学生必须要学习的人生课程。下面是处理性心理问题的一些基本的原则,供大学生做参考。处理性心理问题主要是做到接纳自己的性欲望,控制自己的性行为,恰当释放自己的性能量,善于在性方面自我保护(朱建军、邓基泽等,2004)。

1. 接纳自己的性冲动和性欲望

古人云:"饮食男女,人之大欲存矣。"生理发育成熟,产生性的欲望和冲动是一种自然现象,我们在态度上应当对此充分地接纳,而不应当有所排斥。

少数大学生因家庭教育过于保守可能对性本身持不接纳的态度,他们觉得性欲望是肮脏的和不道德的,希望能摆脱这种"不好"的冲动。对性的不接纳态度会导致性的压抑。由于性的生理和心理活动不可能被压抑掉,也不可能会消失,性压抑的结果是无意识中可能会更多地充满性的冲动。日久天长,性压抑和内心深处的性冲动的冲突可能越来越强,使得他们越来越难以控制性的本能冲动,严重者甚至会引起某些心理障碍,比如视线恐怖症。过分压抑的结果很可能让健康的性心理变成不健康的、异常的性心理。

对待性的正确的态度是承认性欲望和性冲动的存在,告诉自己,性的存在是自己身心健康的表现,是人性的自然的表现。

2. 控制和管理自己的性行为

生理上的性欲望和性冲动不可被压抑,但并不意味着我们完全不能控制和管理自己的性行为。正如吃饭是不可压抑的本能需要,但是不表示饥饿的时候想吃东西就吃东西,至少可以学会花钱买食物而不是抢食物,在吃饭的时间吃饭,在工作和学习的时候可以暂时忍耐。对待性也是一样,大学生大多有一定的性饥渴,但是不意味着可以"饥不择食",放纵自己的性行为。性学者指出,即使是西方的性解放思潮也并不是指性的放纵。性解放是追求更为人性的性,建立更为人性的性道德。性的压抑对身心健康是不利的,同样,性的放纵也是对人无益而常常是有害的。比如,网上有人坦白自己有过放纵乱交的经历,而结果是感到非常空虚,性爱也没有快乐可言,而是成了像吸毒一样不喜欢也不能摆脱的不良嗜好。需要指出的是,性的紧张要积累一定的时候再释放更能达到心理的满足感。对于性放纵,因为性反应的"习惯化"而不敏感,需要更高强度的刺激才能达到同样的快感。

对性欲望和性冲动有一定的控制和管理能力是心理健康的表现,也是获得幸福的必要条件。大学生需要学会既不严厉压抑自己,也不放纵自己,而是适当地控制和管理自己的性本能,为自己和他人带来更多更长久的幸福。

控制性本能的方法以疏导和转移为主。疏导就是找一些方法释放部分性能量。下面会谈到一些具体的缓解性压力的方法。转移就是把性的能量转移到其他方面使之升华,即用一种积极的、富于建设性的,能被社会所接受的欲望和方式来取代性欲,从而实现性欲的转移。对大学生来说,最适当的转移方法是参加文艺和体育活动。在文艺活动中,如唱歌、跳舞、写作等,性能量得到间接的表达而升华;在体育运动中,性能量转化为身体的运动力量。控制性行为的另外一个重要的途径是避免过多接触性刺激,如色情物品,从而减少性兴奋的唤起。

3. 恰当释放自己的性能量

性能量需要得到恰当的释放和宣泄才能保证性心理的健康。有人认为,大学生到了性成熟的年龄,就应该有性生活,否则会影响身心健康,这并不完全正确。性交是缓解性压力释放性能量的最直接的方法,但并不是唯一的方法。在大学的求学阶段,一般不提倡过早发生性行为,因为性行为涉及的生理、心理和社会的问题较为复杂,如前文所述,某些后果对人的一生影响较大,而大学生在身心各方面还不够成熟,还不能真正地为自己的行为负责。

那么怎么做可以有效地释放性能量呢?通过谈论性方面的话题,说带有性意味的笑话,进行性幻想等方式来缓解性的压力是切实可行的方法。当然,要注意场合和对象,不要给在场的他人带来被骚扰等消极感受。正常的两性交往也是很好的释放性能量的方法。在和异性的交往中,心理上会更加兴奋,这种兴奋和性别意识有关,这样性能量能得到一定的释放。进一步,如果谈恋爱了,恋人之间的心理或身体的亲密接触有助于释放性能量。

观看涉及性和恋爱的书刊、电影、录像等也有一定的宣泄性能量的作用。需要注意的是,观看色情物品(不同于一般的涉及性和爱的书刊、影像作品)可能有双重后果,既有可能起宣泄作用,在一定程度上缓解性的压力,也有可能起刺激作用,唤起性欲望并加剧性的压力。一般原则是,尽量不主动寻求这些物品,以避免不必要的性刺激。但是如果接触了这类物品,也不必有心理压力和自罪感,更不用担心有很大的危害。重要的是不要沉湎于色情物品中而影响正常的学习和生活。

在实际生活中,手淫是释放性能量的有效方法。在大学生中有一定比例的人有手淫的体验。有些人受一些观念的影响会产生消极的情绪,对自己的手淫行为产生罪恶感,对自己产生消极的评价,或担心对身体有害而形成焦虑感。一般来说,手淫行为只要不过度,就不会有什么损害。

4. 善于在性的方面自我保护

善于自我保护才能避免受到过大的心理和生理的性伤害。在生理方面,发生性行为前,一定要考虑到它的影响。由于性受到生理、心理和社会等因素的综合影响,做性方面的决定是困难的。为了做出负责任的决定,可以考虑以下的问题:我的行为会不会伤害自己或别人,是否会侵犯他人的权利?我的行为与我的承诺和我的价值观(性态度、性观念)是否一致?如果不能妥善处理这些问题,可能给自己带来很大的心理困扰。初次性爱对心理的冲击是很大的。对女性而言,容易造成对对方的强烈依恋,如果以后恋爱失败,则会带来很大的心理痛苦,对此应当慎重考虑。

如果发生性行为,避孕是很重要的问题。大学生如果意外怀孕,对学习和生活等各个方面都有很大的影响,人工流产对身体也有一定的影响。如果发生性行为,还要注意性行为的安全问题。安全性主要指的是要避免传染病和性传播疾病的感染,尤其是艾滋病对人的生命有一定的威胁。一般来说,多个性伴侣、性滥交、与性病患者性交,会增加性病的感染机会。通常可以使用避孕套以减少性病传染机会。当前社会有些性激进分子提倡"一夜情"的观念,大学生要对此有自己的判断。

大学女生尤其应当要有自我保护的意识,尽量避免去有危险的场合,避免受到性侵犯。女大学生应避免在聚会时喝太多的酒,避免太晚到不安全的地方去。男大学生一般遇到性侵害的风险小一些,但是也应当有自我保护的意识。

大学生既要知道自我保护,也需要懂得尊重和保护他人。性行为要有道德,不能以不恰当的手段(如威逼、利诱、哄骗等)获取性行为,不要因为自己的一时冲动而造成对他人的损害。

小结

性作为一种生理、心理和社会现象,始终伴随着每一个人,深刻地影响着一个人的健康和幸福。大学生正处于性生理日渐成熟和性心理不断发展的过程中,他们对异性交往的需求渐渐增强,随之也带来一系列与性相关的问题。要想处理好性方面的问题,保持心情愉快,就需对性有客观理性的认识,对性的丰富内涵有深入的理解,明白性不仅是身体上的愉悦,也有心理和社会的影响。本章介绍了与性有关的一些重要概念,尝试从心理学的角度来理解性心理和性行为,探讨了大学生常见的性心理困扰,并提出了大学生处理性心理问题的基本原则。大学是青年发展的黄金时期,性伴随着人一生的发展,在这一阶段如何把握自己的性心理和性活动,保持心理健康,需要我们作出更多的思考。

本章要点

(1) 性的内涵是多层面、多角度的。性受到生物、心理和社会因素的共同影响和作用。
(2) 现代社会提倡双性化的性别角色观念,认为双性化的个体社会适应更好。
(3) 过分的性压抑和性放纵都对心理健康无益。
(4) 任何性行为都是有后果的,每个人要为自己的性行为负责。
(5) 培养健康的性观念,为自己的性行为作出负责任的决定。

小练习

(1) 测测你的性态度。
花3分钟时间将你所联想到的与性有关的10个词写在纸上,并与同学互相讨论。
(2) 关于性的五个主题词的是非测试题
性的第一个主题词:性快乐(性快乐本身不是一种罪)
① 性快乐的中心不在性器官上,而在大脑中
(√ 柳下惠坐怀不乱是有其身心基础的)
② 自慰是道德低下的表现,还会影响身体健康
(× 有方法、有节制的满足自己的欲望是一种身心成熟和健康的表现)
③ 性幻想是一种正常的心理想象
(√ 幻想也是一种人类特殊的禀赋)
④ 男女的性兴奋模式是一样的
(× 要达到默契,我们需要:体贴的心+相关的生理解剖知识+练习)
性的第二个主题词:性亲昵(性亲昵是在感情上接近他人并得到回报的能力以及需要)
① 只有发生性关系,才能获得亲昵感。
(× 亲昵感更多的是两颗心的接近。)
② 没有爱,也可以有性。

(√ 性是一种生理需要,这是需要承认的,但它不仅仅是一种生理需要)
③ 在性这一方面,应该关注对方的心理感受。
(√ 美好的体验需要双方的努力和相互理解)
④ 性行为也是一种心理上的风险行为。
(√ "To do or not to do, that is a question")
性的第三个主题词:性别角色(男人和女人不仅仅是一个生物学的界定)
① 同性恋是一种病态
(× 每个人有自由选择性取向的权利,但并非所有人都能接受同性恋行为也是一个事实)
② 性别也是一种社会心理标签
(√ 从我们出生开始,我们的社会文化就开始塑造我们对男性和女性的界定)
③ 双性化是一种适应和成熟的表现
(√ 男人哭吧哭吧不是罪)
④ 男性不会遭受性别歧视
(× 虽说女性的确会遭受更多的性别歧视,但你怎么解释幼儿园里鲜有"男阿姨"的现象?)
性的第四个主题词:性与生殖健康(采取健康的态度对待性是对自己和他人的一种尊重)
① AIDS 只会通过性接触传染
(× 三种传染途径是:性交;血液;母婴)
② 感染 HIV 意味着此人道德低下
(× 歧视不能治疗 AIDS,只会造成更多的痛苦)
③ 安全套是预防性病的有效工具
(√ 但也并非百分之百安全)
④ 避孕主要是女性的事情
(× 如果你的男性伴侣坚持这一点,请你质疑他是否真心爱你)
性的第五个主题词:性控制
(正因为性的能量是巨大的,在我们身边的确存在着用性来影响、控制和利用他人的人)
① 只有女性才会遭到性骚扰
(× 男性同样也不能幸免)
② 遇到性骚扰,忍耐一下就好了
(× 请用坚定而严厉的语调拒绝,容忍只会招致更多的性骚扰企图)
③ 对于遭遇性侵犯的人来说,心理创伤更大于生理创伤
(√ 如果你遭遇不幸,请相信这不是你的错,要及时求助专业人员,不要给自己戴

上心灵的枷锁。如果你身边的人遭遇不幸,请告诉她/他这不是她/他的错,你的支持和信任是最有效的良药)

思考题

(1) 你对性方面可能的心理困惑是什么?
(2) 什么样的性观念是科学和健康的?

推荐阅读

(1) Ellis, H. 著,潘光旦译注.《性心理学》,北京:商务印书馆,1997
(2) 曾文星著.《性心理的分析与治疗》,北京:北京医科大学出版社,2002

7

认识你自己——大学生的自我意识与心理健康

> 把认识自己作为自己的任务,这是世界上最困难的课程。
> ——塞万提斯
>
> 你对自己的看法比别人对你的看法重要得多。
> ——塞内卡

　　一个来自偏远地区的大二女生,自诉自己的心情经常不好,影响学习和生活。入学后发现自己在很多方面与城市同学有一定的差距。"作为女孩,我不如别人漂亮;作为学生,我成绩平平;我没有什么爱好和特长,在宿舍中,大家有说有笑的,我却插不上什么话。我的家庭条件不如他们,不会打扮自己,不会交朋友,好像什么都不会,学习也不好,玩也不会。我感觉自己一无是处。"

古希腊雅典的巴特农神庙里,有一块石碑上刻着"认识你自己",中国有句谚语"人贵有自知之明"。这都涉及自我认识这一重要的人生课题。人的一生,始终都在寻找自我、实践自我、超越自我。大学生正处于自我意识迅速发展的阶段,会经历一系列的矛盾、冲突、迷茫、困惑,会带来不少心理问题。心理学家艾里克森把这一时期称为"自我认同危机期"。然而,正是通过解决自我认同的危机,人才获得了心理发展和人格成熟的时机。

一、大学生自我意识的发展

(一) 自我意识的概念

自我意识是指个体对于自己的身心状况,自己与别人以及与周围环境之间的关系的认识。自我意识不是单一的心理机能,而是一个完整的多维度、多层次的心理系统。

1. 从表现形式划分自我意识

从表现形式上来看,自我意识可以分为自我认识,自我体验和自我调节,分别代表自我意识的认知形式,情感形式和意志形式。

(1) 自我认识就是平时所说的自我,即自己对自己的看法。自我认识包括自我感知、自我观察、自我分析和自我评价等。主要涉及"我是一个什么样的人?""我为什么是这样一个人?"等问题。自我认识的内容包括对自己的生理、心理和社会属性的认识。生理属性是指身高、体重、外貌等个人的身体方面的特征;心理属性是指能力、情绪、性格等方面的个人的心理特点,社会属性则是指自己在各种社会关系中的角色、地位、权利等。

自我认识的结果是形成自我概念,即对自己的整体意象或意识,为我们提供一种个人身份感,让我们产生我们是谁的意识。自我概念的形成会对个体的思想、感情、行为等各方面产生重大影响,而且这种影响常不被人们意识到,是一种无意识的动力。人们会进行自我验证,努力证明自己对自己的看法,比如,从事与自我概念一致的活动,选择性地寻找、接受和保留能证明其自我概念的信息。因此,我们要注意调整自我概念,尤其是不良的自我概念,以免以刻板的方式看待自己、他人和世界。

(2) 自我体验就是以体验的形式表现出个体对自己的态度,包括自我感受、自爱、自尊、自信、自卑、责任感、义务感、优越感等。自我体验涉及"我是否满意自己?""我能否悦纳自己?"等问题。自我体验对成长着的个体而言,具有不可替代的重要作用。同样的事件,他人的体验与自身的体验可能截然不同,而自我的体验对自己的意义更大。所以,大多数时候要相信自己的感觉,这样才不会失去自我。有些人的自我体验是有偏差的,这时就需要在专业人员的帮助下去修正自我体验。一般而言,从体验中获得的自我认识远远高于从理性中获得的认识。因此,大学生要勇于尝试去体验生活。大学生要学会用心去体会自我的成长,体会你成长中的每一份微笑,每一次受伤,这些都将构成你人生中美丽的风景线。

(3) 自我调节是指个体对自己的行为、活动和态度的调控,表现为自主、自立、自制、自觉、自律等。自我调节有时也称自我控制。自我控制涉及"我将如何规划我的人生?""我怎样才能成为理想的那种人?""我可以选择如何做?"等问题。自我控制是自我意识的关键环节。"知"与"行"之间有很长的路,大学生常常"心动而不行动",事实上心动是一件容易的事,而真正付诸行动则需要更多的自我控制。一般而言,成功的人都有较好的自我控制能力。

2. 从结构划分自我意识

从结构上看,自我意识主要包括个人自我、社会自我、理想自我、自我评价。

(1) 个人自我/私我意识。个人自我也称为私我意识,指个体对自己的看法(我们通常所理解的自我)。个体对自己本身各种特征的认识,包括对自己的躯体特点的认识和体验,对自身心理特征的认识和体验,对自己行为特点的认识等。个人自我是自我概念中最重要的内容,它对个体的影响是根本性的。

对个人自我研究影响最大的心理学家是弗洛伊德,他强调了自我中不可见的、内在的、隐私的方面。他认为人们很难觉察到自己真实的动机和愿望,因为我们的许多冲动和动机对自我形象太具威胁性(比如我们的攻击冲动),以至于我们无法正视它们,而将其压抑到无意识中去。由于个体常常不能意识到自己行为的真正动机,个人对自我的认识总是不够精确的。此外,由于个体习惯于避开那些不愉快的和对自我形象具有威胁性的想法和信息,常会使用各种防御机制来进行"自我欺骗",这也会让人们对自我认识不足。例如,有的学生非常想与别人建立良好的人际关系,但由于缺乏交往经验,便认为别人是不值得一交的,而不认为自己的人际交往能力较差。必要的时候使用"自我欺骗"的防御也是可以的,有助于保持对自我的积极看法,但这只能是暂时的策略,事后仍需进一步分析认识自己的本来面目,这样才能不断地完善和提高自己。

(2) 社会自我/公我意识。社会自我也称公我意识,指个体所认为的,他人对自己各种行为特点的看法。换言之,社会自我是对自己在社会关系、人际关系中的角色、作用、地位、义务和权利等的认识和体验。社会自我与个人自我有着密切的内在联系,很多情况下,个人自我受到社会自我的影响而发生某些变化。

社会心理学中有一个与社会自我相关的理论,称为印象管理理论。这个理论认为,个体在与他人交往的过程中,都有意或无意地试图去控制自己在他人心目中的印象。社会学家戈夫曼认为,人生就像一个大舞台,每个人都是一个表演者。每个人除了一生中要扮演各种不同的角色外,在日常生活中还要进行不同的表演。比如,我们会在某些场合采取与之相应的衣着打扮以获得别人的认可。总之,我们会避免把自己的弱点暴露给别人。

我们常说,作为一名大学生要注意自己的言谈举止,不要做与自己身份不相符合的行为。这句话的意思就是要注意自己的社会自我。大学期间,大学生的社会自我得到迅速发展,他们比较注意自己的言谈举止和表现,尤其关心自己在异性心目中的形象。但有的学生过于重视自己的社会自我,为此产生了许多不必要的烦恼,并且可能使得自己的行为显得不自然或过于做作,反而不能给别人留下良好的印象。

(3) 理想自我。理想自我是指个体理想中的个人自我,包括自己所希望达到的理想标准,以及希望他人对自己所能产生的看法。理想自我受到他人对自己的期望的影响,有些时候他人的期望可能与自己的实际情况不一致而产生冲突。主要以他人的期望为自己的理想自我,也许外在表现很好,但是可能不能感觉真正的快乐。一个人不可能完全不顾及他人对自我的期望和评价,需要把他人的期望与自己对自己的期望很好地结合起来,转化为自己的期望。对大学生来说,要形成恰当的理想自我,需要明确自己的期望是什么,这种期望的来源是从自我的本身能力和需要出发,还是从满足他人的期望出发。

(4) 自我评价。自我评价是指一个人自己对自己的想法、期望、行为和人格特征等的判断和评估。自我评价也涉及个体对自己是否达到理想自我及达到何种水平的评价。对自己认识不当,评价过高或过低,都可能造成自己在社会适应方面的困难。如果自我评价过高,结果是自傲,可能导致"孤芳自赏"。如果自我评价过低,其结果是自卑,可能导致"自暴自弃"。

个人自我、社会自我、理想自我和自我评价这几个方面构成了个体的自我结构。在自我结构中,不仅仅包括自己对自我的看法,还包括了对他人如何看待自我的期望,以及对自我现实表现和自我理想之间的关系的评价。每个人的自我结构并不是一成不变的,它处于不断的发展变化之中。无论是"个人自我"、"理想自我"还是"社会自我",都会随着个体的经验发展而不断地发生变化。心理健康者不仅其自我结构相对稳定,而且能够在新环境或新经验基础之上对自我进行适当的调整。相反,有心理障碍者则往往不能及时协调自己的自我结构,从而对行为和心理健康产生不利的影响。

美国心理学家罗杰斯认为心理健康者能够根据自己的各种经验,及时地修正和协调对自我的看法,使自我与经验处于相对一致、相对和谐的状态。例如,一个人认为自己很聪明,很自信,且不会遇到什么挫折和失败(自我结构)。假设他在某次考试中不及格(经验),就会与他的自我结构发生冲突。这时他可能出现三种不同的反应。

- 接受这一事实(经验),同时继续保持自信(自我结构)。他会认为这不过是"马失前蹄"。

- 接受这一事实,但自信受到严重影响,或根本失去自信。他会对自己自责,怀疑自己的能力。

- 不接受这一事实,以保持他对自己的看法。他会以种种理由来否认考试失败这一现实。

第一类反应是心理健康的表现,即对自己的经验持一种开放的态度,使自我保持一定的灵活性和可塑性,同时保持一定的稳定性。第二类反应是不恰当的。某一件事情没做好就全盘改变对自我的看法,是刻板的反应。这种反应的后果是一种冲突状态,对个体的心理健康会产生不利的影响。第三类反应,通过对自己的经验加以歪曲或否认而保持自我与经验之间的和谐,是一种防御。个体拒绝接受与自我结构不一致的经验,其后果是保持一种刻板、僵化的自我,影响自我的完善和成长(王登峰,张伯源,1992)。

(二) 大学生自我意识的发展

自我意识是人所特有的一种复杂的心理现象,它是在社会交往过程中,随着语言和思维的发展而发展起来的。个体的自我意识从无到有,最后达到成熟,有一段漫长的发展历程。在青春期前个体主要通过他人的评价来认识自己,在青春期到成人阶段,自我意识进入发展成熟阶段,个体从关注外部世界转向更多地关注内心体验。

青年早期是自我意识发展的关键时期,自我意识经过分化、矛盾和统一而接近成熟。这段时期内个体遇到的问题和困扰也最多,因为这是一个寻找自我的探索过程。这时,个体不再追随成年人(如家长和老师)的观点和做法,处处表现出自己的独立性和自我理想,对自己的心理品质和个性特点尤为关注,对自己的认识与评价也不再完全依赖于他人,在看法和行为上带有浓厚的个人主义色彩。

1. 自我意识的分化

自我意识的分化是指主体的"我"和客体的"我"的分化,即个体既是观察者又是被观察者,同时出现了"理想我"和"现实我"的分化。自我意识的明显分化,使大学生对自己的内心世界和行为,对自己的角色和责任有了新的认识,开始意识到那些自己从来不曾注意到的有关"我"的许多方面和细节,从而促进了大学生自我的发展。这时大学生开始关注自己在别人心目中的形象,开始设想自己应该成为怎样一个人,开始揣摩自己的心理活动、性格特点。这时,他们希望有一片属于自己的天地,可以静静地思考人生;渴望有一位知心的好友,可以倾诉自己的心事;期望有一位可以信赖的朋友,探讨怎样待人接物、如何为人处世。

2. 自我意识的矛盾

大学生对自我的认识常是不全面、不稳定的。他们有时看到自己的积极面,有时看到消极面。大学生经常思考"我应该成为怎样的一个人"这类问题,他们会有自己的生活目标、事业理想、个人抱负,但是却发现自己身上有很多缺陷与弱点,自己的实际状况与理想有很大差距。这些自我意识的矛盾常让大学生陷入苦恼、不安中。大学生的情绪波动与自我意识的矛盾有相当大的关系。

大学生自我意识的矛盾主要表现在以下几个方面:

(1) 理想自我与现实自我的冲突。常有大学生这样评价自己,我希望自己有毅力,可常常干事情虎头蛇尾;我希望自己豁达乐观,却不时要为小事生闷气,我真恨自己为什么不能成为希望的那样!这就是理想自我与现实自我的冲突。大学生对未来充满信心,具有远大理想,抱负水平高,成就欲望强,但是,大学生对社会实际的了解还不够,还不能很好地把理想与现实有机地结合起来,两者的冲突在所难免。理想自我与现实自我的差距是正常的,虽然会给大学生带来苦恼和不满,但正是这种差距激发了大学生的奋发进取。

(2) 独立意识与依赖心理的冲突。大学生的独立意识处于迅速发展时期,他们希望能在思想、生活、学习、经济等多方面独立,希望摆脱家庭、学校、父母、老师的管教和约束,自主地处理自己遇到的一切问题,但是事实上却不能完全独立。一方面,由于社会经验缺乏,能力有限,当面临不熟悉的情境或复杂的事态时,常感到无从把握,对自己作出的选择缺乏信心。另一方面,过去生活所形成的思想观念也不是一下就能消失的。这种独立与依赖的矛盾也是常常困扰大学生的问题之一。

这里顺便提一下对独立的认识。独立是指个体对自己负有全部的责任。独立并不意味着独来独往、独挡一切。独立也不是不需要任何人的帮助和指导,或者没有任何依赖别人的需要。独立的人更多地依靠自己的力量和努力去克服或解决自我的问题,而不是完全地依靠他人的帮助。有些大学生可能会认为独立就是"我行我素",完全不顾社会规范。实际上,与外界环境的分离和孤立,会让人们适应不良。

(3) 自尊心与自卑感的冲突。大学生的优越感和自尊心都很强,对自己的能力、才华和未来充满自信。然而进入大学后,许多大学生发现"山外有山,人外有人",尤其是当自己在学习、社交、文体等方面暴露出某些不足之处时,有些学生就会怀疑自己,否定自己,产生自卑心理。在这些大学生的内心深处,自尊心和自卑感常处于冲突状态。

（4）交往需要与自我封闭的冲突。大学生迫切需要友谊,渴望理解,寻求归属和爱,他们有强烈的交往需要,希望能有知心朋友倾吐对人生、对生活和学习的看法,盼望能有人分担痛苦、分享快乐。然而,由于害怕暴露自己的弱点,怕受伤害,怕被拒绝,大学生同时又存在着自我封闭的倾向。许多人不愿主动敞开自己的心扉,在与人交往中总是有意无意地保持一定的距离。这一矛盾使不少大学生处于孤独的煎熬之中。

自我意识的矛盾容易使大学生表现出某些思想、心理、行为上的不适应和困难,常常使矛盾突出的大学生感到焦虑、苦恼、痛苦不安,从而有可能影响到大学生的心理发展和心理健康,另一方面,这也促使他们设法解决矛盾,只要处理得好,这些冲突和矛盾就能成为促进发展的动力。

3. 自我意识的统一

自我意识的矛盾所带来的痛苦促使大学生努力寻求种种方法以达到自我意识的统一。自我意识的统一集中表现在理想自我与现实自我的统一。获得自我统一主要有三个途径:① 努力改善现实自我,使之逐渐接近理想自我;② 修正理想自我中某些不切实际的过高标准,并改善现实自我,使两者互相趋近;③ 放弃理想自我而迁就现实自我。

自我意识的统一会出现以下几种结果:

（1）积极的统一。积极的统一是恰当的理想自我与进步的现实自我的统一,并转化为积极的自我。这样的大学生对"现实自我"的认识比较清晰、客观、全面、深刻,"理想自我"比较恰当、积极,既符合社会要求,又符合自己的实际,是经过努力可以达到的。统一后的自我完整而强有力,既适应社会发展的需要,又有助于自身的健康成长。拥有这样自我的学生,心情舒畅,生活如意,容易成功。

（2）消极的统一。消极的统一有两类:一类是自我否定型,一类是自我扩张型。自我否定型的个体对现实自我的评价过低,理想自我与现实自我的距离太大,经过努力仍无法接近目标。这类学生自卑感重,自信心少,容易悲观失望,他们不是通过积极改变现实自我去实现理想自我,而是在一定程度上放弃理想自我,趋同现实自我。在实际生活中他们主要表现为无理想,无动力,日子得过且过。自我扩张型的个体往往过度高估了现实自我,理想自我与现实自我达到一种虚假的统一,其自我带有白日梦的特点,他们常常盲目自尊,爱慕虚荣,喜欢自吹自擂,在遇到重大挫折时容易产生病态的心理和行为障碍。

（3）难以统一。由于理想自我和现实自我无法协调,自我意识难以统一,从而内心苦闷,心事重重,无所适从。自我意识不统一的个体有两类:自我矛盾型和自我萎缩型。自我矛盾型的个体,自我意识矛盾的强度大,延续时间长,自我认识、自我体验和自我控制缺乏稳定性和确定性,这类大学生内心始终充满矛盾和冲突。自我萎缩型的个体极度自卑,自我拒绝,认为理想自我难以实现,于是干脆放弃对理想自我的追求,但对现实自我又深感不满，而且又觉得无法改变，这类学生常易陷入自责、自怨、自暴自弃、消沉沮丧之中。

专栏1：自我认同/自我同一性（self identity）的建立

自我认同是心理学家艾里克森提出的一个用于描述个人自我一致的心理感受的术语。自我认同是指对自我有一个恒定的认识，体验到自己的整体性，在过去、现在和将来的自己之间，在个体知觉到的自己和个体认为他人所知觉的自己之间，体验到恒定性和逐步前进的连续性。换言之，自我认同就是形成稳定和统一的自我概念。

自我认同包括自我肯定（我是谁），以及找寻自己的人生目标（我要往哪里去）。个体主要从自我现状、个性特征、社会期待、以往经验、现实环境、未来希望等方面去思考"我是谁"和"我将走向何方"这两大问题。自我认同能帮助个体明确而清楚地认识自己的生活现状、生活经历以及理想规划等方面的个体因素。

青年早期是个体自我认同发展和形成的关键时期。这一阶段的核心问题是自我意识的确立和自我角色的形成。青年人对周围世界有了新的观察与新的思考方法，他们经常考虑自己到底是怎样一个人，他们从别人对他们的态度中，从自己扮演的各种社会角色中，逐渐认清自己。此时，他们逐渐疏远自己的父母，从对父母的依赖关系中解脱出来，而与同伴们建立亲密的友谊，从而进一步认识自己，对自己的过去、现在和未来产生一种内在的连续之感，也认识到自己与他人在外表上与性格上的相似处与差异点，认识到自己的现在对未来在社会生活中的影响，这就是自我认同感。

对大学生而言，在大学阶段要建立起主动了解自我和探索世界的习惯。不了解自己的兴趣和志向，不了解社会状况，也就无法据此设定自己的人生目标。一个人越了解自我并肯定自我，越能自主地规划自己的生活，更好地适应社会。一个人如果只能被动地应付环境压力，一般不太可能取得很好的成就。

（三）自我意识与心理健康

个体心理健康的一个重要指标是对自我的接受和认可。研究发现，心理健康的人更多地表现出对自我的接受和认可，而心理障碍者则明显地表现出对自我的不满和排斥。心理治疗的经验也表明，若想使心理疾病患者恢复心理健康，重要的是改变患者的自我概念，即形成对自我的积极评价和看法，才有可能让患者成长和进步。

大学生在各个不同阶段所表现出的各种心理问题往往与其自我意识发展的特点有着某种联系。大学生中出现的心理问题或障碍很多时候源于对自我认识的片面性。很多大学生不能客观地看待自己，不能正视自己的长处与不足，甚至认为自己不能有任何的不足或缺点,不能受到任何限制。这可能来自他人的影响,比如,父母、老师的偏爱和过高期望;也可能来自个人经验不足的因素,比如,自己过去一直是受人关注的中心。大学生出现的心理障碍也与个体对自我经验的歪曲和否认有关,前面已提到,这是一种防御,虽然可以使个体保持刻板的自我,但同时也使其心理健康受到影响。另外,很多心理障碍都与自信心不足有关。个人的自信常与他人对自己的反应有关。很多人只能通过他人对自己的反应来保持自信,而并非具有独立的自信心。这样,在遇到较大的挫折时,其自信心就有可能被瓦解,并随之出现各种各样的心理问题。总之,只有恰当地认识和了解自我,并对自己的经验持接受和开放的态度,才有可能保持心理健康。

  心理学家发现,许多心理健康的人并没有完全正确地看待自己,其实,他们对自己的看法比真实情况更正面积极一些。为了保持对自己的良好看法,人们通常会寻找关于自己的正面信息,努力寻找正面的积极的反馈,回避甚至忽视负面的消极的反馈。这在心理学上称为正向偏见(positive bias)。与此类似的一个术语是积极错觉(positive illusion),即人们认为自己所具有的积极品质多于实际上所具有的,消极品质少于实际上所具有的,夸大自己产生预期结果的能力,过度积极地看待未来。适度的正向偏见或积极错觉让人有更多的幸福感,更满意的人际关系,更能从事建设性的工作,也更能够应对创伤和生活的挑战。然而,过度的积极错觉可能会带来严重的后果,比如,极端自我夸大的人是不受他人欢迎的,人际关系是消极的(乔纳森·布朗,2004)。

专栏 2:关于自信

  对自我的认识和评价中,自信心是影响个体心理健康的要素之一。自信,通俗地讲就是相信自己。在心理学上,自信指的是自己相信自己有能力实现自己所选择的目标。自信是一种积极的自我概念。自信的人对自己有积极的认识,认为自己是有价值的人,是独特的人,可以受到别人的重视和尊重,那么其在与人交往时,就不会过于在意别人的评价,会以一种宽容的态度对待别人,因而容易建立良好的人际关系,保持愉快、稳定的情绪。自信的人认为自己有能力解决所面临的问题,这就使其有勇气和胆量去尝试新的领域,尽力地发挥自己的潜能,因而会获得更多的机遇,更有可能获得成功。自信的人不惧怕失败和挫折,因为他相信自己有能力渡过难关,只要自己不放弃努力。自信的人相信自己,总是自己去努力,很平和、很从容地朝着人生目标一步步迈进。自信的人并不意味着什么烦恼都没有了,而是意味着他有足够的力量来处理人生中的烦恼。

  个体在一切顺利时容易保持自信心,但是在遇到较大挫折时,或外界对自己的评价和待遇较差时,要保持自信心就比较困难了。这时我们需要的是独立的自信心,即不受自己成败和他人评价影响的自信心。不管自己成功与否,处于顺境或逆境,不管他人对自己评价的好坏,都始终能对自我抱有坚定的信心,相信自己的能力,相信自己能够克服困难走出困境。独立的自信心的前提条件是对自我的客观认识。如果对自己的实际情况不甚了解,或者把他人的期望当成了自我的实际,而形成一种过高的"理想自我",这样的自信心很难保持。在每个人的成长过程中,都难免会受到他人的影响。如果一个人的自信心只能通过他人对自我的肯定来建立,那么他不仅没有真正的自信,而且在遇到困难时也很容易动摇。

如何才能建立自信呢?自信的基础是能力,能力的基础是经验,经验的基础是尝试。如果不去做第一次的尝试,就不可能有任何的经验积累。经验不一定是成功的,然而,失败的经验也会带给我们知识和能力。事实上,我们每一项小小的能力都是凭借不断的失败,不断的积累经验而学会的。能力需要经过肯定才能变成自信。肯定来自他人和来自本人。早年时来自他人的足够的肯定对培养自信是重要的,到了成人之后,来自自我的肯定可能更为重要。我们要学习对自己的每一份努力进行肯定,这样我们就能建立自信。

二、大学生常见的与自我意识有关的心理问题

大学生的许多心理问题的表现或多或少会涉及自我意识的问题,这里我们讨论以自我意识为主要表现而让大学生感到烦恼的心理问题,常见的问题有自卑、自负和过分追求完美。

(一) 自卑

自卑是因为感到自己有某些不足或缺陷而对自己不满意,觉得自己不如别人,是对自我的一种消极评价。心理学家阿德勒认为,人类普遍存在着自卑感,只是自卑的程度和自卑的内容有所不同。适度的自卑是个体超越自我、追求卓越的内在动力,对于个人和社会都有很大的建设性作用。但是过度的自卑,会使人丧失信心,怀疑自己的能力,忽视自己的优势,从而限制了自我的成长。当自卑成为一种心理问题时,自卑者对自己的能力或品质评价过低,轻视自己,担心自己失去他人的尊重。在许多的心理和行为问题中都能看到自卑心理的影响,所以恰当地处理自卑问题对维护心理健康有很重要的意义。

1. 自卑的具体表现

(1) 在认知方面表现为:自我评价过低和过分概括化。自卑者对自我的评价过低,也许只是某一方面或某些方面有不足,却会把这些进行过分概括化,认为自己什么都不好。比如,在一次考试失败的时候,自卑者会认为"我没有用","我是个失败者",而不是具体分析此次考试失败的原因,为自己的继续努力找到动力。

(2) 在行为方面表现为:过分的敏感性和掩饰性以及回避性。自卑者担心他人会

看不起自己,害怕暴露自己的弱点,想尽一切努力弥补或掩盖自己的弱点。自卑者对批评过分敏感,比如为自己出身贫寒而自卑,当他人谈论消费观时,对他人的一些评论容易联想为对自己的轻视或讥讽而愤愤不平。自卑者避免参加竞争性的活动,以避免预期的失败给自己带来的痛苦。实际上越是回避,就越没有机会提高和改善自己的情况。比如,在对异性的吸引力方面自卑,遇到自己喜欢的异性,不敢主动去认识或表达感情,从而丧失可能的机会。

(3) 在情绪方面表现为:易感到抑郁。自卑者容易产生抑郁情绪,因为低估自己的能力,并回避预期失败的活动,或对批评过分敏感,这样自然就容易心情不好。而抑郁情绪也会影响对自己的评价,并丧失参加活动的兴趣。

本章前面的个案就是大学生自卑心理的一个典型案例。该女大学生陷入了过度的自卑而影响了她的学习和生活。

另外,有些人因为自卑心理的影响而产生一些防御方式来维护自己的自信,有时可能导致行为的偏差。通常他们没有直接感受到自卑,但是他们的行为偏差可能会给心理健康带来一定影响。以防御方式维持自信的人常见有四种类型:

悦人型:常按照能给自己带来赞扬的方式去行动。如常向别人表示友善、宽容、赞许,取悦他人,以此来换取别人的认可,从而提高自信水平。他们有时需要委曲求全,可能损害了自我的权利。

回避型:对来自他人的评价采取回避的态度,从而达到保持自信的目的。回避对自己不好的评价,回避矛盾,回避失败,回避困难和挫折。这种人胆怯,不愿交往,因为太压抑而焦虑不安。

表现型:因为对自身价值感觉不充分而想方设法引起别人对自己的注意,从而增强自信心。这种人努力想获得地位和声誉,虚荣心强。这种人有时可能会以不够恰当的方法来获得他人的注意或满足自己的虚荣心,反而得不到他人的认可。

对抗型:因为常常听到不好的评价又不愿意接受,从而对别人产生敌意,以对别人的意见采取抵触、拒绝甚至贬低的态度来保持自己的自信心。这种人喜欢争执和狡辩,攻击性强。这种人在人际交往中常会不如意,他人常会对此类人敬而远之。

2. 产生自卑的主要原因

(1) 生理缺陷和社会条件的不满意。有一部分生理素质欠佳的同学,他们或者没有高大的身材,或者没有美丽的外表,这可能让他们产生自卑。大学生也可能因为社会条件不够好而自卑,如家庭出身贫寒、生活环境差、专业不如意等。

(2) 对自己能力的不满意。当理想自我与现实自我差距太大时,大学生可能低估自己的能力,而对自己评价过低产生自卑感。对自己能力的不满意还来自于与他人的比较中。在大学里,常常是"山外有山,人外有人"。

(3) 早年经验的影响。有些是教养方式不当,在成长中受到的批评、责备或者漠视较多,而鼓励与表扬较少。有些人在早年时由于某一事件而遭到父母的打骂或同伴的嘲笑和讥讽,久而久之便产生了很深的自卑感,而且这种自卑感可能会渗入其人格中。在遇到挫折和失败的时候,就有可能出现持续而广泛的自卑心理。虽然他们在克服自卑的过程中,取得了很好的成就,但他们内心的感受是自卑的。

3. 改善自卑的方法

了解了自卑的表现和自卑的原因,那么,如何才能克服自卑感呢?下面几种方法对改善自卑有很好的作用。

(1) 学会自我欣赏。我们要学会肯定自己的价值,每个人都是独特的,每个人的存在都是有价值的。我们可以经常回忆自己的长处和自己经过努力做成功了的事例,学习去发现自己的优点,肯定成绩,以此激发自己的自信心。通俗地说,就是要学会自我表扬。不要由于自己有某些缺点就把自己看得一无是处,不能因为一次两次的失败而以偏概全,认为自己什么都干不了。

(2) 努力改变现实的自我。克服自卑的最根本的方法是努力提高自己的能力,完善自我。完善自我不是追求完美无缺,而是通过自身的努力尽力达到自己的最大潜能。能力的提高在于不断地尝试与实践。积极的心理暗示有助于提高自信。在做一件事情的时候,心中默念:"别人行我也行","我可以,我一定能行"。一件事能不能做好,并不完全取决于你的能力,很多时候取决于你的信念。

(3) 修正理想自我。自己追求的目标不要定得过高,这样就更容易达到目标,从而

避免产生挫折。必须明白和做到:努力的目的是为了完成自己的既定目标,而不是为了打败别人。在追求理想的过程中,每一次获得的成功体验,都是对自己的一种激励,是有利于增进自信心的。理想自我是可以不断地修正的,根据你的现实自我的情况而变化。

(4) 利用补偿作用。通过努力奋斗以某一方面的成就来补偿自身的缺陷。比如,一个人在相貌上可能不如别人漂亮、英俊,但是他可以通过多读书提高自己的修养,通过在学习和工作上多努力取得成功而得到别人的认可。另外,要学会"扬长避短",可以通过致力于自己所擅长的活动来淡化和缩小弱项在心理上造成的自卑的阴影,缓解压力和紧张。

(5) 行为训练。通过外表和行为的一些练习,可以让我们从外在上给别人一种自信的感觉,进而增加自信。行走时抬头、挺胸,步子迈得有弹性,抬起双眼,目视前方,眼神要正视别人。心理学家告诉我们,懒惰的姿势和缓慢步伐,会滋长人的消极思想,而改变走路的姿势和速度可以改变心态;正视别人表露出来的是诚实和自信。我们还可以练习当众发言。当众发言是克服羞怯心理,增强人的自信心的有效突破口。

(二) 自负

自负就是自己过高地评价自己,自以为了不起。自负是自卑的对立面,但都源于不能恰当地评价自己。自负的人高估自我,自以为是,容易产生盲目的乐观情绪,可能对自己提出过高要求而受挫。自负的人以自我为中心,唯我独尊,看不起他人,不接受他人的批评,不能与他人和谐相处,只能"孤芳自赏"而孤独。不切实际的自负会影响我们的生活、学习和人际交往,严重的会影响心理健康。适度地对自己评价高一些,是健康的自恋,是所谓的"积极错觉",对心理健康有益,但过度的高估自己就是自负,更为极端的可能表现为自恋人格障碍。大学生中有些人容易出现或多或少的自负心理。

1. 自负的主要表现

(1) 自视过高。认为自己高人一等,别人都不如自己,看不起别人。总爱抬高自己贬低别人,把别人看得一无是处。固执己见,总是将自己的观点强加于人,明知别人正确,也不愿意改变自己的态度或接受别人的观点。

(2) 以自我为中心。时时事事都从自己的利益出发,较少顾及别人的感受和利益,不求于人时,对人没有什么热情,很少关心别人,与他人关系疏远。

(3) 不能接受批评。高估自己的能力而忽略自己的缺点,他们不会做自我批评,也不能接受他人的批评。

(4) 有明显的嫉妒心。看到别人取得一些成绩时,会产生嫉妒之心而打击、排斥别人。当别人失败时会幸灾乐祸。在别人成功时,常用"酸葡萄心理"来维持自己的心理平衡。比如,"学习好的同学只会学习不会其他"。

2. 形成自负的主要原因

(1) 过分娇宠的家庭教育。对于青少年儿童来说,他们的自我评价首先取决于周围的人对他们的看法,家庭则是他们自我评价的第一参考来源。父母的过分宠爱和夸赞,会使他们觉得自己"相当了不起"。

(2) 生活一帆风顺。大学生中有相当一部分人在过去的生活中取得了很好的成绩,有强烈的优越感,而对自己产生过高的评价。人的认识来源于经验,生活中没有经受什么挫折和打击,容易形成自负的心理。

(3) 对自我认识片面。自负的人夸大自己的长处,缩小或忽略自己的短处,过高估计自己的能力而低估他人的能力。当一个人只看到自己的优点,看不到自己的缺点时,往往会产生自负的倾向。自我认识不全面也与生活经验有限有关。

(4) 自负是对自卑的防御。有些自负的人在内心深处存在自卑感,通过自我放大和贬低他人,来补偿自己的自卑和不足,这是一种无意识的防御。

3. 克服自负心理的主要方法

(1) 提高自我认识,客观看待他人。全面地认识自我,既要看到自己的优点和长处,又要看到自己的缺点和不足。"尺有所短,寸有所长",每个人生活在世上都有自己的独到之处,都有他人所不及的地方,同时又有不如人的地方。与人比较时不能总拿自己的长处去比别人的不足,把别人看得一无是处。

(2) 改变自己的态度,接受别人的批评。自负者的致命弱点就是不愿意改变自己的态度或接受别人的观点。这不是让自负者完全服从于他人,只是要求他们能够接受别人的正确观点,通过接受别人的批评,改变自己固执己见,唯我独尊的形象。通过接受他人的批评,可以更好地完善自己,促进自己的进步。

(3) 平衡心态,与人平等相处。自负者常在思想和行动中都要求他人服从自己。自负者要有平和的心态,以一个普通社会成员的身份与别人平等交往。如果不能与他人和谐相处,在很多时候会得不到他人的支持而对自己的成功产生影响。

(4) 学会感激和赞美他人。每个人都有优点和长处,承认他人并且赞美他人,这会改变自负者的人际关系,同时自己也会得到更多的感激和赞美。发自内心地感激和赞美他人对自负者是不容易的事,但只要努力是可以学会的。

(三) 过分追求完美

追求完美是人类自身在渐渐成长过程中的一种心理特点或者说一种天性。应该说,这没有什么不好。每个人都希望自己是完美的,也都不同程度地追求自我完美。追求完美是一个人上进心强,严格要求自己的表现。人们正是在这种追求中,不断地完善着自己,获得各种成绩和成就。生活中过分追求完美的人是那种对自己要求很严的人,常常忽视自己的优点,对自己小小的缺点或不足却非常敏感,不允许自己有任何一点"不完美"的表现,活得特别累。他们即使在外人看来已经很优秀,但他们体验到的多是不满和不快,很少有幸福感和快乐感。

过分追求完美主要表现在三个方面:

(1) 对自己持有过高的要求,过高的期望,脱离了自己的实际情况,这样在现实中容易受挫折,增加了适应的困难。比如,总是要求自己把什么事情都做得尽善尽美,不能有一点疏漏。在行为上表现出极其认真,追求细节,甚至非常刻板,稍有一点事情做得不够完美,心里便惴惴不安。严重的甚至出现了强迫症症状。

(2) 对自己的"不完美"非常敏感,甚至把人人都会出现的,人人都会遇到的问题或挫折看成是自己"不完美"的表现,从而严重地影响了自己的情绪和自信心。比如,考试时希望自己总是考第一,如果一次没有考第一,就认为自己不好。组织班级活动,希望大家都满意,如果有少数人不满意,就感觉不好。过分追求完美的人比他人更容易发现、也更难接受不完美的事物,对现实中的不如意往往特别敏感。

(3) 对他人和环境的过高期望和要求,对生活不满。过分追求完美的人,不仅对自己的要求过高,对他人和环境也有过高的要求和期望。由于他人或环境常达不到自己的期望而感到失望,这样会导致与周围人相处的困难和对生活的不满。他们会对正常的生活环境和现象不能接受,不是抱怨周围同学素质低,就是埋怨环境、设施不尽如人意。

过度追求完美的主要原因在于过分受他人期望的影响。很多学生生活在他人的期望之中,多年的习惯已经把这些期望误以为是自己的需要。他们在童年受到了严格,甚至有些严厉的教育,家长过高的期望会导致孩子追求完美。

我们怎么做才能有效地改善过分追求完美呢?

(1) 不强求完美。为了从90%跨越到理想中的100%,需要为最终的那10%付出多出正常标准很多倍的时间、精力等资源。事情到最后的那10%最难获得,和前面根本不成比例,是得不偿失的,所以我们实在没有必要刻意地去强求它。

(2) 允许自己犯错误。在追求远大理想时,对细节不要过分在意,而且要允许自己不断地犯错误,接受自己的"不完美"。允许自己犯些小小的错误,会减少不少不必要的心理压力,从而做事会更有效率。另外,我们要恰当地看待失败。除了个人努力之外,决定成功的还有许多你无法控制的外部因素。

(3) 保持知足常乐的心态。追求完美是人的向上天性,可是不完美却是人生的真实和生活的真实。我们要知道,这世上没有十全十美的事物,要保持一颗平常心并知足常乐,才是恰当的心境。知足常乐不是不求上进,而是追求足够好就行了。如果过分追求完美,超过合理限度,则容易因为过大的心理压力而影响你的心理健康。

(4) 学会享受过程的快乐。过分追求完美可能让你关注于细节和成败得失的结果,而忽略了去体会努力完成一件事的过程和感受。真实地体会你的生活是件快乐的事。心理学家罗杰斯的一个重要观点是"人生就在于过程"。全身心地投入去实现你的目标,体会这个过程带给你的所有喜怒哀乐。当你学会享受过程的时候,你就不再过分追求结果的完美。

三、塑造健全的自我意识

自我意识在人格形成和人格结构中占有非常重要的地位,人的认知、情感、意志等都受到自我意识的影响,健全的自我意识是心理健康的具体反映。如何才能塑造健全的自我意识？我们可以从以下几点入手。

(一) 正确认识自我

如果一个人能对自我有一个全面、恰当的认识和评价,就能扬长避短,取长补短,控制自己,改变自己,完善自己,就能根据自己的实际情况,选择相应的目标为之努力奋斗。正确认识自我是建立健全自我意识的基础。正确认识自我要求我们做到对自己有深刻的了解,并能对自己进行客观的评价。

我们可以从我与人的关系中来认识自我,从我与事的关系中来认识自我,还可以从我与己的关系中来认识自我。自我认识的具体途径包括他人评价法、比较法、经验法和内省法等(贾晓明,陶勑恒,2005;樊富珉,王建中,2006)。

1. 他人评价法

通过与他人的交往,从他人对自己的态度和评价中认识自己。不是他人的所有评价都是有益的,我们要以恰当的态度对待他人的评价。要重视对自己比较熟悉和了解的人的评价(比如家人,好朋友等),要特别重视比较一致性的评价(比如,十人中有六七人持相同看法)。有些学生特别偏重他人对自己的负面评价,而忽略了对自己的正面评价,这是自卑的人。有些人听不进他人的批评意见,那么他就很难进步成长,完善自己。

2. 比较法

自我认识可以通过与他人的比较而实现。他人是反映自己的一面镜子,在比较中可以认清自己的优势和不足,扬长避短。认识到自己的不足,可以为我们提供努力的方向和前进的动力,我们也可以以自己的所长来弥补自己的不足。记住:"上天在关闭一扇门的时候,必定为你打开一扇窗。"然而,我们要注意比较的艺术。与谁比较,比较什么,怎么比较是有很大影响的。我们选择与自己条件相似的人进行比较,学习他人的优点和长处,这样会有激励作用。与我们相差太多的人比较,或者让我们沾沾自喜或者让我们灰心丧气,对自我的改善没有太大帮助。我们比较的是学习能力、工作能力、意志行为等,这些通过自身努力是可以不断提高和完善的,而家庭背景、生活条件等在很大程度上并不取决于大学生自身,在短期内也难以有很大改变,我们不必过分在意。与人比较还要从相对标准而不是绝对标准的角度看问题。有些学生来自农村,条件不如别人,很多方面可能没有学习和实践的机会,而你如果给予自己学习的机会,你很有可能就能赶上他们。

3. 经验法

通过自己参加各种活动时的动机、态度、表现以及取得的效果和成果来分析认识自己。活动成果的价值有时能直接标志着自身的价值,社会衡量一个人的价值主要是通过活动成果认定的。一次的成功会增加自己的自信心,但是一次的失败也可能让自己怀疑自己的能力。那么,怎么看待失败或挫折呢?最简单的一句话"失败是成功之母"。大学生具有各自潜在的天赋和才能,积极参加多方面的实践活动和社会交往,才有机会发现和发展自己的天赋和才能。

4. 内省法

个人自己的观察与思考是自我认识的一个重要方面。他人对自我的评价不等于自己对自我的评价。内省是指通过反省自己,分析自己来进行自我认识。孔子曰:"吾日三省吾身"。这里要注意的是,反省并不仅指觉察自己做得不好的地方,重点是对自己的言行思想保持觉知,鼓励自己做得好的方面,对于做得不够的地方,争取下次做得更好,努力完善自己。自己观察和分析自己,看似容易,其实是很困难的,我们难免会因为自己的情绪和愿望等而影响到对自己全面客观的评价。

在进行自我认识和自我评价的时候,要从多条途径收集信息,要讲究评价的艺术。评价应就事论事,在就事论人时,不以偏概全,不以一时一事下结论,要有发展的眼光;不把与别人相比较或别人的态度作为唯一的衡量标准;不把成就和成绩作为自己价值的唯一尺度。另外,在通过比较而评价自我时,要注意区分纵向比较和横向比较。我们通常的比较是指与他人进行比较,这是横向比较。我们更要注重的是自己与自己的比较,自己的今天与昨天的比较,即纵向比较。如果我们看到自己一天天地进步和成长会让我们对自己对未来充满信心。

专栏3:如何从批评中学习?

被批评时,你有什么感觉?你感到生气,感到被拒绝吗?即使错在自己,也会感到怨恨吗?大多数人会回答是的。人们通常认为批评是一种攻击,他们必须不惜代价地反击以维护自己的自我形象。因此,人们把很大的精力耗费在担心批评,证明自己正确,尽力避开批评上。

接受批评可以成为促进个人成长的有效方式。我们要以建设性的态度来对待批评。我们可以把批评当作获取新信息的宝贵来源。被批评的时候,不必马上采取行动去改变自己,而是看做可能需要行动的暗示。首先,你要问自己,"这个人想告诉我什么,他是真诚的吗?"其次,你要考虑批评的来源,"这个批评有多重要?"对你越了解的人,越有资格的人,他的批评就越重要。比如,你的老师对你学业方面的批评是很重要的。然后,考虑一下自己受到某个特定批评的次数。如果你常常由于同一个行为受到不同人的批评,那么这个批评很有可能是正确的。我们还要权衡按照批评行事的利与弊,即判断按批评行事的益处是否会等同于或大于所付出的努力。在受到批评时,要保持冷静,以避免因批评激发的情绪干扰你的表现。最后,积极行动做出需要的改变。不要浪费时间为自己辩护,而是要认真倾听别人说的话,询问更多的信息,向批评者询问他对解决这个问题的建议。学会听取他人的意见,从批评中受益而成长是不容易的。

(改编自卡伦·达菲,伊斯特伍德·阿特沃夫著《心理学改变生活》)

(二) 积极悦纳自我

悦纳自我就是喜欢自己、接受自己。首先要喜欢自己,对自己有价值感、愉快感和满足感;其次是无条件地接受自己的一切,欣赏自己的优点,接纳自己的缺点和限制,平静而又理智地看待自己的长处与短处,冷静地对待自己的得与失;最后不以虚幻的自我来补偿内心的空虚,不以消极回避漠视自己的现实,不以怨恨、自责或厌恶来否定自己。悦纳自我尤其要注意的是不能只看到短处而否定自己。短处有两种,一种是能够改进的,比如不良习惯、坏脾气等;一种是无法更改的,比如自己的先天身材与其貌不扬等。对于可改进的,努力完善;对于不可更改的,承认它、接受它,不以此为羞。

这里给大家讲个自我悦纳的小故事。原外交部长李肇星,人们都知道他相貌不算英俊,身材也不高大魁梧,但却很从容、自信。李部长有过一次与网友论相貌的对话,他做客一家网站时,有网民调侃说:"李部长,您的才华我们很佩服,但您的长相我们不敢恭维。"李部长幽默地回答:"我妈不这样认为!"经典的一句话,成了"相貌问题"的美谈。

在现实生活中,我们总会发现有些大学生可以喜欢朋友,喜欢知识,喜欢自然,却不愿意喜欢自己,不能真正地尊重自己、爱惜自己。下面有一些简单的策略可以帮助大家做到自我悦纳。

1. 检查自我期望

我们都会不断勾勒自我的理想形象,对自己有很多的期望。自我期望促使我们努力让自己变得更好。自我期望的合理性如何会对自我发展和自我实现有影响。如果期望与现实自我反差太大,期望是为了追求完美,追求虚荣,追求时尚,期望来自同伴压力,那么这样的期望会成为自我发展的负担和阻力。比如,一个内向不善交往的人期望自己成为社交能手,这样的期望可能不太恰当,他可能发现自己达不到目标而受挫,甚至放弃努力。恰当的自我期望,经过一定的努力,能够实现,会增进你的自信心,是自我激励的动力。

2. 不过度自我批评

自我批评是必要的,在传统文化中强调通过批评和自我批评来改善自我,但是过度的自我批评就是对自己的苛求,可能养成自我否定的习惯。我们要学习适当的自我表扬。在自己有所进步,表现不错的时候,即时地表扬自己,是对自我的鼓励。以前我们更多地依赖他人的鼓励和表扬来肯定自我的价值,现在逐渐独立,我们需要自我鼓励来肯定自我。

3. 寻求有效的补偿

每个人都不是完美的,但我们并不需要彻底地"改造"自己。我们性格上的优点与缺点是矛盾统一的,好像一个硬币的两面。比如,你也许比较粗心,这样你可能不那么敏感,在交往中既可能没有留意他人的需要,也可能对他人的不恰当的反应不那么斤斤计较。我们只要注意制约自己,尽力让自己性格上的弱点对自己和他人产生较少的不良影响。对于自己的短处和弱点,我们可以做的是在认真分析自我的基础上做有效的补偿,扬长避短,努力发挥自己的长处来增强我们的自信心和自我价值感,并从环境中寻找对自己成长有利的条件,让自己有效地利用资源发掘自己的潜能。

(三)有效控制自我

有效控制自我是大学生健全自我意识、完善自我的根本途径。我们可以主要从以下两个方面来尝试有效地进行自我控制。

(1)建立合乎自身实际情况的抱负水平,确立适宜的理想自我。大学生对自我抱有很高的期望,希望实现自己的理想。怎样的理想是恰当的呢?我们要面对现实,确定自己具体的奋斗目标,由近到远,由低到高,循序渐进,逐步加以实现。关键是每个目标都应是适当合理的,是经过努力可以达到的,以免失去信心。

(2)从积极乐观的角度看问题。在生活中,我们难免会遇到各种困难和挫折,以什么样的态度去面对,结果会有很大的不同。从积极乐观的角度去看问题,我们会继续努力解决问题,因为我们相信好的结果可能出现,即使无法改变,我们也从挫折中学习到对我们有用的东西。这样,我们对自己的生活更有控制感。反之,从消极悲观的角度看问题,我们可能很快就放弃了希望和努力,也放弃了成功的可能性。如果我们在思想上认为一件事是不可能的,我们就会为不可能找到许多理由,例如:"我的智商没有别人高"、"我吃不了苦"、"我天生记忆力差",从而使这个不可能显得理所当然,我们当然也就不会采取积极有效的行动,最终的结果肯定是这件事真的成了不可能了。培养积极乐观的态度需要长期不懈地学习。

专栏 4:积极乐观的心态助你成功

为了研究心态对人的行为到底会产生什么样的影响,心理学家做了一个实验。

首先,他让十个人穿过一间黑暗的房子,在他的引导下,这十个人都成功地穿了过去。

然后,心理学家打开房内的一盏灯,在昏黄的灯光下,这些人看清了房子内的一切,都惊出了一身冷汗。这间房子的地下水池里有十几条大鳄鱼,水池上方搭着一座小木桥,刚才他们就是从小木桥上走过去的。

心理学家问:"现在,你们当中还有谁愿意再次穿过这间房子呢?",没有人回答。

过了很久,有三个大胆的人站了出来。

其中一个小心翼翼地走了过去,速度比第一次慢了许多,另一个颤巍巍地踏上小木桥,走到一半时,竟趴在小桥上,再也不敢向前移动半步。第三个人才走了三步就吓趴下了。

心理学家又打开房子内的另外9盏灯,灯光把房里照得如同白昼。这时,人们看见小木桥下方装有一张安全网,只是他们刚才根本没见。

"现在,谁愿意通过这座小木桥呢?"心理学家问到,这次又有五个人站了出来。

"你们为何不愿意呢?"心理学家问剩下的两个人。

"这张安全网牢固吗?",这两个人同声地反问。

很多时候,成功就像通过这座小木桥,失败的原因往往不是能力低下,力量薄弱,而是信心不足,还没有上场,就已经失败了。

积极乐观的心态能够助你战胜恐惧,成功地通过一座座小木桥。

(摘自:《心态——成功的基石:心态决定你的一生》)

(四)努力成为自己

成为自己是我们的追求,即按照社会的要求和个人的特点来自我发展,自我实现。成为自己就是做一个"自如的你,独特的你,最好的你"。"自如的你"指不给自己提出脱离实际的过高要求,使自己总是陷入自责、自怨、自恨的境地,而是坦然面对自己的客观存在,给自己设计只要付出相当的努力就能达到的目标,愉快自在地生活。"独特的你"指不一味地追求时尚,在刻意模仿中失去自我,而是接受自身,追求自己的特性,积极地生活。"最好的你"指立足于现实而又不甘落后,充分利用自身的禀赋,积极发挥自己的特长,根据自己的条件规划自己的生活,选择适合自己的人生道路,充分实现自我,不断超越自我。

小结

自我意识是个体心理发展水平的重要标志,而且影响和制约一个人的人生选择与行为方向。本章介绍了自我意识相关的心理学概念,探讨了自我意识如何影响心理健康,阐述了大学生自我意识发展的过程。本章还探讨了大学生常见的与自我意识有关的心理问题,重点讨论了自卑的表现,自卑形成的原因,以及克服自卑的方法。本章也介绍了自信的概念,以及如何建立自信的问题。最后,还探讨了塑造健全的自我意识的原则,即正确认识自我,积极悦纳自我,有效控制自我,努力成为自己。大学阶段是自我意识发展的关键时期,建立恰当的自我概念是大学生心理健康的保证。

本章要点

（1）个体心理健康的一个重要指标是对自我的接受和认可。
（2）自信的基础是能力，能力的基础是经验，经验的基础是尝试，能力经过肯定变成自信。
（3）自我认识的具体途径有他人评价法、比较法、经验法和内省法。
（4）努力成为自己：自如的你，独特的你，最好的你。

小练习

（1）"小小动物园"
如果用一种动物代表自己，你会选择哪种动物？说明你为什么会选出这种动物代表自己。互相交流分享。
（2）自我肯定练习
做下列一个或多个练习，当自我感觉不好时，重新阅读那个练习和你的答案。
- 列出自己的五个优点。
- 列出你钦佩自己的五件事情。
- 到目前为止，你生命中最大的五个成就是什么？
- 描述五种你对自己的成功的奖励方式。
- 说明五种你可以使自己笑的方式。
- 列出你善待自己的五件事情。
- 你能够为别人做的使他们感觉良好的五件事情是什么？
- 你最近参加过的带给你快乐的五个活动是什么？

思考题

古代有个国王，他拥有无数的财宝、无限的权利，但还是觉得不快乐不幸福。于是，他去问哲学家，究竟谁是最快乐最幸福的人。如果你是哲学家，该如何回答这个问题？

推荐阅读

（1）〔美〕乔纳森·布朗著，陈浩莺等译.《自我》，北京：人民邮电出版社，2004
（2）李中莹.《重塑心灵》，北京：世界图书出版公司，2006

8

职业发展与规划

> 我再讲一下成功与幸福的定义。幸福包含三个层次,第一个是,稳定而可以发展的就业。第二个定义是稳定而且可以增长的收入。幸福的第三个层次,稳定而可以选择的人生。就业分三个层次:为谋生工作是就业,为终生工作是职业,为梦想献身工作是事业。
>
> ——徐小平在北大讲座《为当代青年规划人生》

"你还没进实验室?你就不着急吗?"

卧谈的时候,同宿舍的小张终于向小周提出了他的疑问。已经不是第一次了,小周总是不大顺应潮流,别人都做的事情,他很可能不去做,别人不做的事情他倒做得出来。大二时他和大家一样选了经济学双学位,一个学期后又毅然退掉;大三的时候大家迫于学业,纷纷退出社团,他却偏偏加入了广告协会;一个学期以前,全班几乎每个同学都报考了GRE,他却没有动静……

现在已经是大三下学期了,每个人都找好了自己的导师和实验室,开始着手从事科研工作,个别同学甚至已经发了论文,可是小周好像完全没想过进实验室的事情,每天优哉游哉,甚至还在外面做了一份兼职!

"搞不懂你是怎么想的。"小张承认。

其实小周自己心里也没底,被小张问到的时候,他几乎不知道该怎么回答。"我觉得进实验室对我没用。"他想这么说。可是这想法一定正确吗?周围几乎所有同学都进了实验室……保险起见,也许自己也该进一个?

不过他咬了咬牙,他不想把精力花费在科研上。

早在刚进大学的时候,小周就确定自己对系里的专业方向不感兴趣,来这里只是迫于高考分数。他认为自己的能力和兴趣在于经济学,这就是他大二选经济学双学位的原因。然而通过一学期的学习,他发现经济学的研究内容和他的设想存在很大差距,经过半年的反思和确认,他发现自己真正感兴趣的原来是营销和广告专业。于是他退掉了双学位,并加入了广告协会,同时还积极旁听广告系的几门课程。他不愿出国,也不认为自己适合做研究,他只想本科毕业就工作,找一家中型的广告公司。于是他既没有报 GRE,也没有进实验室,这为他赢得了大量的空余时间,他利用这时间到一家广告公司做实习。

大四开始定方向的时候,小周早早地拿到了一家广告公司的签约,月收入在同班同学中是最高的。他对这份工作感到很满意。

职业活动是人生历程中的重要环节,人需要工作,工作是生活的重要组成部分,人们都在一定的职业中进行工作。有的大学生对职业抱以无所谓的态度,仅仅把它作为一种谋生的手段,希望在职业以外去寻找人生的乐趣和幸福。在我们看来,这种观点是片面的。我们承认一个人的生活应该丰富多彩,但职业生活对人的影响终究是摆脱不掉的。按八小时工作制计算,成人的生活中大约有四分之一的时间是花在工作上。一份理想的职业可以铸造一个辉煌的人生。选择职业,就是选择自己的未来。

大学的学习是为了将来的职业生涯做准备的。现代社会,就业压力不断增大,大学生需要在求学期间尽早开始职业规划,有所准备才能在竞争中获胜。

一、大学生职业生涯规划

职业生涯指的是一个人一生中所有与职业相联系的行为与活动,以及相关的态度、价值观、愿望等的连续性经历的过程,也是一个人一生中职业、职位的变迁及工作理想的实现过程。职业生涯规划则是针对决定个人职业选择的主观和客观因素进行分析和测定,确定个人的奋斗目标并选择实现这一目标的职业(程社明,卜欣欣,戴洁,2003)。

二十年前,职业生涯规划对于中国的大学生而言,还是一个非常陌生的概念。而今,这个名词几乎家喻户晓。可是,仍然有不少大学生认为,职业生涯规划只是大四学生才需要考虑的问题,只有到那时才会面临着选择的犹疑。"职业"这两个字,距离低年级学生还过于遥远。真是这样吗?其实,远在你跨入大学校门之前,在你填报专业志愿举棋不定的时候,甚至就在高二文理分科时,你已经开始对职业生涯有了一个模糊的规划。

在这一节中所要讲的,就是怎样把这种模糊的规划确定下来,使之更清晰,更明确,更具有可操作性,同时,也更符合你的兴趣和利益。美国职业指导之父帕森斯提出了职业选择的"三步范式"法。第一步:必须对你自身、天赋、能力、兴趣、志向、资源、限制条件等考虑清楚;第二步:要对不同行业工作的要求、成功要素、优缺点、薪酬水平、发展前景以及机会有明确的认识;第三步:在这两组要素之间进行最佳搭配。这里,我们从四个方面来探讨进行职业生涯规划的步骤:确定职业价值观,分析自我条件,评估职业环境,确定职业目标。

(一)确定职业价值观

要想使职业符合你的理想,首先需要明确,自己喜欢的职业是什么样的职业,重视从职业中获得什么。这就是在职业生涯规划时必须做的第一步——确定职业价值观。

职业价值观就是与工作满意状况有关的价值观,比如利他主义、美感、创造力、刺激、成就感、独立性、威望、管理、经济的报酬、安全感、环境、同伴关系等。或者说得更简单,就是什么样的工作你认为是好工作。

"好工作?当然是挣钱越多越好!"

这是最常见的误解。持有这种观念的人,把收入高低作为衡量职业好坏的唯一指标。然而,等真正踏入职场之后,他们往往会痛心地感到现实与想象的差距,收入高的工作并不一定适合他们,也未必能给他们带来更多的愉悦。我们当然需要关注收入,但更为重要的也许是先确定一个适合你自己的职业领域。

这份工作的社会地位如何?是否受人尊敬?工作中具体我要做什么事情?跟人打交道多吗?还是只要对着电脑处理数据就行?工作强度大不大?工作环境在市中心还是郊外?老板对人好不好?同事间的关系怎么样?竞争激烈吗?有无培训职业技能的机会?升职的可能有多大?这个行业未来二十年内的前景如何?是否方便将来跳槽到其他更好的单位?……

这么多问题,每个问题的答案都非常重要。然而不同的人,对每个答案的重视程度也不尽相同。大体来说,职业取向可以分为以下五种类型(肖建中,2006)。

1. 技术型

持有这类职业取向的人,出于自身个性与爱好考虑,往往不愿从事管理工作,而愿意运用自己学得的专业技术(理、工、农、医等)谋生。近来越来越多的用人单位已经发现,当行政领导和当技术人员需要的是两种不同的才能。而按照中国过去的传统,有些单位喜欢将技术拔尖的科技人员提拔到领导岗位,但他们本人往往并不喜欢,也很难胜任这一工作,因此才有了现在职业经理人的诞生。需要说明的是,有人认为技术人员听起来似乎低人一等,因此尽管自己更适合做技术,也不愿面对现实。这种认识是错误的,技术和行政仅仅是两种不同的社会分工,不应该也本不存在社会地位上的差异。

2. 管理型

持有这类职业取向的人,善于跟人打交道,有愿望去当管理人员,同时也具备相应的能力,因此他们将职业目标定为承担相当大职责的管理岗位。成为管理人员需要的能力包括三方面:一是分析能力,在信息不充分或情况不确定时,判断、分析、解决问题的能力;二是人际能力,影响、监督、领导、应对与控制各级人员的能力;三是情绪控制力,有能力在面对危急事件时,不沮丧、不气馁,并且有能力承担重大的责任,而不被其压垮。

3. 稳定型

有些人最关心的是职业的长期稳定性与安全性,他们持有的职业取向是稳定型。稳定型的人希望通过自己的努力,能够获得安定的工作、持续增长的收入,优越的福利与养老制度等。他们通常会选择教师、公务员等风险相对较小的职业,一旦稳定下来了,就不再寻求改变。他们对于将来的职业发展有一定的预期,但更希望的是平平稳稳,不打破他们目前已经获得的安全的感觉。在当前我国的经济形势下,很多大学生都倾向于采取这种职业取向。

4. 创造型

创造型的人需要创造完全属于自己的东西,或是以自己名字命名的产品或工艺,或是自己的公司,或是其他能反映个人成就的私人财产。他们往往灵气飞扬,极具才干,他们相信自己能创造出属于自己的东西。适合他们的职业有艺术家、作家,或者下海经商,自己创业。然而,大学生限于年龄和阅历,未必能在一开始就做得很好。很多富有创造力的人,毕业后不愿意找工作,只愿意建立自己的事业。他们当中有一些成功了,但也有很多人在竞争中惨败。因此,对于有意向自己创业的大学生,尝试着先被雇佣工作两年,积累一些经验和阅历,会很有帮助。

5. 自主型

有些人喜欢独来独往,不愿像在大公司里那样忍受各种制度和人际关系的约束。他们当中有很多人非常聪明,有能力,是难得的技术人才。因此,这种职业取向和技术型职业取向有着某种程度的重合。但自主型的人又比技术型的人更加追求一种自由不受束缚的感觉。他们做一份工作可能坚持不了多久就会辞职,然后开始寻找一份更自由的职业。自主型的人不愿意在组织中发展,而宁愿独立从业,或是与他人合伙开业。因此,自主型的人往往会成为自由职业者,或是在家里上班,开一家小店或是自己的诊所。

我们许多人不是典型的某种职业取向的人,而是一种混合型,重视好几方面的价值。这种情况下,需要寻找的职业职位可以尽量兼顾各方面的需要,以优势价值观为主导。例如,你是技术型,同时需要稳定和自主,也许大学老师或科研工作是个不错的选择。

(二) 分析自我条件

分析完你的职业取向("我看重一份职业的哪些方面?"),不妨再来分析一下你的自身条件("哪种职业我更感兴趣?同时又能做好?"),它包括三个方面:职业能力、职业兴趣和人格特点。分析自我条件的作用是全面认识自己,发挥自己的优势和特长,必要时放弃那些与自己不擅长的技能相关的职业。

职业能力包括与一项职业有关的各方面的素质,包括身体素质(体力、视力、肢体协调程度等)、智力素质(记忆能力、语言表达能力、数理能力、逻辑推理能力、信息分析能力等)、专业素质(在校成绩、科研成果、培训经历等)以及心理素质(情绪控制能力、情绪感知能力、人际交往能力等)。职业能力反映的是"我能做什么事"。

职业兴趣是指对不同类型的工作任务感兴趣的程度。职业兴趣反映的是"我想(喜欢)做什么事"。职业兴趣和职业能力这两个概念并非截然分开,而是相辅相成,互相促进的。试想:假如一个学生对某种职业感兴趣,在学习时投入的时间和精力比周围的人更多,阅读大量的相关资料,参与了多次实践活动,显然他在工作以后,在该项职业上表现出的能力也会比别人高;另一方面,如果一个人的能力更高,他受到的关注和赞许会更多,他对该项职业的兴趣也会比别人更加浓厚。

同时,一个人的职业能力和职业兴趣又都会受到他人格特点的影响。不同的人具有不同的人格特点,人格特点之间并无高下之分,只是特征不同。美国心理学家和职业指导专家霍兰德(Holland)提出过职业人格理论。他把人格划分为六种类型,分别与六类职业相对应。如果一个人属于某一种人格类型,便易于对这一类职业发生兴趣,从而也适合于从事这类职业。这六种人格分别是:现实型、研究型、艺术型、社会型、企业型、常规型(白利刚,1996)。这六种人格类型所对应的职业领域见下面的专栏。

专栏 1:霍兰德的六种职业人格

(1) 现实型:现实型的人动手能力强,擅长完成各种需要基本技能的工作。他们偏好有规则的、具体的劳动任务。他们适合从事的职业一般是熟练的手工业行业的技工作，通常要运用手工工具或机器来进行劳动，适合的职业包括木匠、技师、工程师、机械师、鱼类和野生动物专家、车工、钳工、电工、火车和长途公共汽车司机、机械制图员、电器师、机器修理工等。

（2）研究型：研究型的人喜欢智力的、抽象的、分析的、推理的、独立的任务。这类职业主要指科学研究和实验方面的工作，他们的智力功能通常比较发达，喜爱长时间的思考。研究型的人适合在大学或研究所工作，适合的职业包括生物学家、天文学家、气象学家、药剂师、动物学家、化学家、科学报刊编辑、植物学者、地质学者、物理学者、数学家、实验员等。

（3）艺术型：艺术型的人喜欢不受常规约束，以便从事创造性的活动。他们天资聪慧，创造性强，不拘小节，自由放任，具有特殊的才能和个性，渴望表达自己。他们通常会具有语言、美术、音乐、戏剧、写作等方面的技能。他们爱好能发挥创造性的职业，比如：音乐、舞蹈、戏剧等方面的演员、艺术家编导、教师、文学、技术方面的评论员、广播节目的主持人、编辑、作者，绘画、书法、摄影家，艺术、家具、珠宝、房屋装饰等行业的设计师。

（4）社会型：社会型的人喜欢与人打交道，参与到社会工作中去。他们经常出席社交场所，扩大朋友圈子，并在此过程中感到愉悦。他们关心社会问题，关心他人的感受，愿意为别人服务。他们具有社会道德感和社会责任意识。社会型的人适合当导游、福利机构工作者、社会学者、咨询人员、社会工作者、学校教师、精神卫生工作者、衣食住行服务行业的经理、管理人员和服务人员等等。

（5）企业型：企业型的人善于交际，喜爱权力、地位和物质财富，喜欢领导和左右他人，具有领导能力、说服能力及其他一些与人打交道所需要的重要技能。他们一方面雄心勃勃，一方面也表现得友好大方，精力充沛，信心十足。他们喜欢竞争，敢冒风险，爱好商业或与管理人有关的职业。适合他们的主要职业有：经理企业家、政府官员、商人、行业部门和单位的领导、管理者等。

（6）常规型：常规型的人喜欢照章办事，习惯接受他人的指挥和领导，不喜欢冒险和竞争。他们在工作中的表现尽职尽责，忠实可靠。他们善于完成系统地整理信息资料等一类需要耐心和细心的任务，在办公室工作和数字等方面具有出色的能力。他们爱好记录，整理文件，打字，复印及操作计算机等职业。适合他们的主要职业有：会计、出纳、统计人员、打字员、办公室人员、秘书和文书、图书管理员、保管员、旅游、外贸职员、邮递员、审计员人事职员等。

霍兰德认为，每个人都是这六种类型的不同组合，只是占主导地位的类型不同。他还认为，每一种职业的工作环境也是由六种不同的工作条件所组成，其中有一种占主导地位。一个人的职业是否成功、稳定，他的职业生涯是否顺心如意，很大程度上取决于其人格类型和工作条件之间的适应情况。为此,他编制出了在职业生涯规划领域非常流行的"霍兰德职业人格能力测验"。这种测验通过对受试者在活动兴趣、职业爱好、职业特长以及职业能力等方面的测试,可以确定出此人在上述六种类型中的组合情况(按六个方面的得分从高到低排序,排在首位的就是受试者的占主导地位的类型),并根据其人格类型寻找适合受试者的职业(根据六种职业人格的不同组合将职业分类,每种组合类型都能从中找到适合于该种类型的职业),以帮助受试者做出职业生涯规划。

霍兰德的职业选择理论,其实质在于从业者与职业之间的互动关系:相互适应,相互配合。某类型的从业者与相同类型的职业结合,更容易达到适应状态。从业者找到适宜的职业岗位,其才能与积极性才会更好地发挥。

(三)评估职业环境

职业环境的评估主要是评估各种环境因素对自己职业生涯发展的影响,分析与职业相关的环境特点与发展变化情况、环境对自己提出的要求以及环境对自己有利和不利的因素等。在评估职业环境时还需要特别留意社会环境对职业的影响。

环境会对职业产生巨大的影响。由于社会人才需求、劳动力市场变化发展的不确定性,今天的热门,很可能就会变成明天的冷门,今天看起来非常稳定的职业,也许二十年后会变得充满风险。比如,十年前心理学在中国还是冷门专业,就业前景并不被大众所看好,然而十年后的今天,心理学这一专业已经炙手可热,很多院校心理系的录取分数线一路攀升。因此,在进行职业规划时,千万不能把某种职业看做一个静态不变的东西,而应当多听、多看、多想,结合环境特点,衡量社会需求,对它的发展前景做出自己的判断。

同时,来自社会环境的很多信息,连带其产生的一些心理效应,还可能会对职业生涯的规划造成很多误判。对于大学生来说,因为缺乏社会阅历,也就更容易受到这些环境信息的影响,从而产生以下这些心理。

1. 急功近利心理

在这种心理的影响下,短期利益成了求职者竞相追逐的目标。很多大学生想当然地认为,"从事的第一份工作就要挣很多钱",从而忽略了更多潜在的长远利益。比如存在两份工作,仅从收入来判断,一份月入三千,另一份月入五千,那很多人当然选择后者。然而如果再综合考虑一下两份工作的其他信息:第一份工作提供良好的职业培训机会,新入职的员工可以在未来的三年内受到全面的职业能力培训,培训效果能够得到整个行业的认可。那么选择了这份工作的毕业生,三年后也许可以凭借他培训所得的能力,跳槽到新的单位,领取一份高得多的薪水,甚至还可能创办自己的事业。而收入五千的工作没有提供更多的系统培训机会,而且发展前景也很有限。因此,从长远利益的角度看,第一份职业显然更可取得多。然而这样简单的道理,却迷惑了许多非常优秀的大学生。

2. 从众心理

每个人或多或少,都会有一点从众心理。当大多数人都做出同一选择时,坚持不同选择的人就会非常犹豫,怀疑自己做得对不对。坚持一段时间后,他们当中的一部分人终于会放弃自己的选择,站到大多数人的队伍中去。然而事实上,并没有谁能保证大多数人一定是对的。假如这种情况发生在职业生涯的规划中,那误判的可能只会更大,因为正如前面所说,每个人都有最适合的职业,因此,别人做出的选择不见得对你适用。在高考选填志愿时,那些趋之若鹜地填报"计算机"、"管理学"的考生,有很多并没有经过慎重的思考,也从未认真想过职业和自己的匹配程度,而仅仅只看重这些专业最"热门"。等到真正入职学习之后,有些人也许会遗憾地发现,自己做出了一个不够恰当的选择。

3. 攀比心理

在时代的大背景下,"好攀比"、"好争胜"已经成为了一股社会潮流。一旦让这一层虚荣的面纱蒙住了你的双眼,你的职业规划就可能产生一定的误判。比如,也许某一份职业适合你的兴趣和能力,然而其外在的待遇却不能满足你的虚荣,比如报酬不高,社会地位一般,或者报酬和社会地位虽然也不错,却及不上你所要攀比的对象。于是,在攀比心理的驱使下,你很可能会放弃掉这份工作,而另选一份可能不太适合你的兴趣和能力的工作。显然,这是一个不够明智的决定,因为从两份工作中你所获得的幸福感会有很大不同。从事那份不适合你的工作,也许可以暂时满足你的虚荣,但可能感觉上班的时候度日如年,而自己的能力也不足以胜任该项工作,绩效上很难出彩,也就不容易有升职的可能。因此,当你在职业决策的时候,一旦感觉到自己是含有"争口气","不能输"等一类想法,千万要警惕攀比心理的苗头。切不可因一时意气而害苦了自己的一生。

(四)确定职业目标

当把这一切评估都完成之后,就开始进入职业规划的最后一个阶段——确定个人职业目标。一旦把职业目标明确下来,就可以成为追求成就的推动力,有助于排除不必要的犹豫,一心一意致力于目标的实现。

那么如何确定职业目标呢?进行职业选择时,需要考虑的是自己能力与职业的匹配,性格与职业的匹配,兴趣与职业的匹配,内外环境与职业的适应等。在进行自我定位之后,把评估所得的结果写下来。再根据社会的需要和环境的许可程度,将自我动机和需要以奋斗目标的形式与社会需要相结合,从而制定职业发展目标。

众所周知,职业是一种有经济报酬的,在社会中承担一定的职责,并得到社会认可的劳动。因此,在制订职业目标时,除了自身的兴趣和特长,也应当关注职业的这三个重要条件:职业的经济条件——这份工作收入如何?这样的收入水平是否能满足我对物质生活的基本要求?职业的社会地位——社会大众对这份工作怎么评价?我对这种评价的反应如何？职业的社会意义——这份工作对社会有意义吗？我从事这份工作，是否能实现自己的价值？

综合考虑这三点，才能找到那些你真正满意的工作。

下一步的工作，是将你的职业目标具体化和细化，制订出一套具体的行动计划。首先，写出你刚定好的职业目标；然后思考，你愿意付出什么努力和代价去换取你所要达到的目标，把每一件事都写下来（"你确定做到这些就可以实现目标了吗？"）；接下来，给每件事确定一个固定的期限（既不要太紧，以至于让自己无力完成，也不能太松，以至于使自己懈怠）；最后，根据你所定的期限和期限前所要完成的事，进一步细化就可以得出你的行为计划表。

按照大学四年来分，你的行动计划大致可以制订如下：

大一：试探性地接触自己所学的专业，开阔眼界，增进和周围同学及高年级学长的感情，增长人际交往能力；

大二：探讨学业，发展专业知识和课外知识，参加社会实践等；

大三：通过两年的观察、比较与思考，正式确立自己的职业目标。并根据目标职业不同，提高自身在相应方面的求职能力，比如参加专业性更强的实践，阅读专业书籍，参加各项专业考试等。

大四：进一步完善求职准备，写简历，应聘，参与工作实习。

如果你在大三的时候决定读研究生或出国留学，那么你就先关注专业知识的学习，具体求职准备可以延缓考虑，但是你要留意、收集、了解有关的就业信息，为将来求职做准备。

现在你已经制订好你的行动计划了。那么，从今天开始，你可以试着照这个计划行动，向着你的职业目标，努力吧！

专栏2：职业规划的黄金法则

职业生涯规划专家程社明在接受某媒体采访时，将职业规划的原则总结为以下四句四字短语，人们称其为黄金法则。

择己所爱：首先强调的还是兴趣。从事一项喜欢的工作本身就能给你一种满足感，你从此的生活也会变得妙趣横生。相反，选择一份没有兴趣的工作却无疑是在自己脖颈上套上枷锁，从今往后只有度日如年。请记住这句首要的原则，认清自己的特点，珍惜自己的兴趣，选择真正喜爱的职业。

择己所长：每个人都具有不同的特长，每个职业也都需要不同的特长。所有的技能中总有你的短处，也必有你的强项。有些人善于钻技术，有些人则更适合做管理。老话说"三百六十行，行行出状元"。那么，在你所从事的行业当中，你是否具备成为状元的潜力？在设计自己的职业生涯时，一定要注意选择最有利于发挥自己特长的职业。

择世所需：最热门的行业，永远是那些社会需求最大的行业。因此，假如你的职业规划正好与社会需求相契合，无疑会为你带来最大的收益。然而，这一原则并不是号召我们盲目跟风，去赶追社会的热潮。事实上，社会的需求同样也在不断变化，旧的需求不断消失，新的需求也在不断产生，昨天的抢手货可能在今天会变得无人问津，而昨天的丑小鸭也可能变成今天的白天鹅。因此，在分析社会需求时，应当放眼全局，纵向分析。

择己所利：毋庸讳言，谋生是从业最重要的目的之一。因此，个人的福利同样是职业规划中的一个重要原则。从职业中获得的利益多少，会极大地影响你的职业选择。然而，利益的最大化应当只是职业规划时的考虑因素之一，却不应当是首要原则。只注重利益而不顾自己的兴趣、特长，那么这份职业未必能做得长久；反之，如果针对自己的情况做出合理的职业规划，兼顾自己的爱好与专长，同时选择了社会需要的职业，那么个人的利益当然也不成问题。

二、大学生择业的心理问题

（一）择业的心理矛盾

虽然也许你已经做出了一个理想的职业规划，并且在大学四年里也做了足够的准备。可是真正到走出校门，走向社会的那一天，你大概还是会有一种无所适从的感觉。外面的世界很精彩，外面的世界很无奈。想走的路也许走不通，不想走的路却又敞开了一道门。前方那么多个路口，你究竟选哪一个？以下这些矛盾都有可能在你身上发生：

1. 理想与现实

职场现实与职业理想，这两者的碰撞几乎每个初出茅庐的年轻人都会碰到。在校园里的时候，我们早已制订好自己的职业规划，根据这个规划我们一直在按部就班地准备着，为了达到理想中的职业目标而努力。然而，当我们走出校园的时候，在我们的规划中未曾料到的麻烦出现了。

——现实根本跟我想象的不一样！

我想进的那个公司根本就不招人；我梦想中的那份工作，实际干起来根本就不是那个样子；我以为做人力资源很轻松，谁知道连喘口气的工夫都没有；我梦寐以求的公司答应了要我，可是却要我做一个完全不喜欢的职位……

怀揣着满腔的抱负，却根本做不到理想的工作？于是怎么办呢？有的人索性不就业，坐等理想职业的出现；有的人随便谋个有收入的工作打发日子，从此胸无大志；也有的人接受了手头的工作，却怨天尤人，无所作为……

其实,在大学生毕业后的头两年,大多数人都会感觉到现实与自己职业理想的落差非常大,这段时期被我们称作"职业探索期"。这段时间里,职业理想与现实发生冲突很正常。这时候既不要怨天尤人,也不要心灰意冷,而是要冷静地看待这一对矛盾。认真分析一下自己的职业理想是否定得过高,以致脱离实际?自己的职业素质是否符合理想的职业要求?另一方面,利用"职业探索期"这段时间,我们也可以更好地认清行业现状、社会环境、发展前景,再结合对自己各方面的进一步认识,对自己的职业理想做出调整,同时积极积累经验,寻找机会,从而为自己的长期发展奠定基础。

2. "鸡头"与"凤尾"

"鸡头"与"凤尾",也就是进小单位还是大单位的矛盾。同样一名毕业生,在小单位里也许是"鸡头",到了大单位就只能当上"凤尾"。

很多人是"宁为凤尾,不为鸡头",大学毕业后,都希望能进入有一定知名度和规模的单位。毕竟这是人生的第一份工作,是从学校迈向社会的第一步。对大学生们来说,大单位吸引人的地方主要有:规范的用人机制、明快的办事作风、先进的管理理念和方法、完善的培训系统、稳定的报酬和福利,以及良好的社会声誉。"某某特别牛,一毕业就在IBM找了一份工作。"比起一家名不见经传的小型电脑公司,这句话听起来实在要威风得多。不但自己脸上荣光,就连父母亲友讲起来也觉得特别带面子。然而,大单位选择员工,要求也是非常高的,除了专业知识和自身能力之外,一般都还要求有一到两年的相关经验。因此,对于刚刚毕业的大学生来说,想要进大单位并不容易。另一方面,中小单位越来越成为了吸纳大学生就业的主力。小单位有自己独特的优势。在一家小单位,很多框架是要你去搭建的,需要你发挥更大的创造力和更强的适应环境的能力,一方面压力很大,另一方面回报也很高。比如,相对于大公司"一个螺丝一个钉"这样的人事制度,小公司在人事调动上更灵活,可以在"身兼数职"的打拼中学到更多的技能。同时,进小公司工作,个人的发展空间更大。例如,在一家小公司,你很可能会有机会参与到公司的运作、全面了解到营运一家企业的细节。一个初出茅庐的毕业生,也许几年后就能升为部门经理。对于那些渴望挑战,渴望实现自我价值的学生来说,也是一个不错的选择。

究竟是到大单位当"凤尾",还是到小单位当"鸡头"?其中利弊如何权衡取舍?这需要大学生根据自身的特点和需要去决定。

3. 渴望竞争环境,缺乏竞争勇气

现代社会说到底是一个竞争的社会,"大锅饭"的年代已经一去不复返。我们都在亲身经历中体会过竞争的好处。从某种意义上说,没有竞争就没有进步,没有竞争就没有成长,没有"千军万马过独木桥"的激烈,就不会有那么多的大学生脱颖而出。可以说,几乎每一个大学生,从小到大都一直是学业竞争中的获胜者。在步入职场之后,理所当然也应当面临一场新的竞争。

然而,一方面对未来的职业生涯充满期待;另一方面,当这一场竞争开始时,有的大

学生则表现出回避和退缩的态度。

"我和我的室友同时去面试一个职位,参加面试的一共有八个人,录取两个。我想,我和她两个,最多只能有一个选上吧,而我肯定不如她优秀。何况我跟她关系一直很好,也不想跟她争。临出门的时候我对她说:你去吧,我不去了。"

参与竞争需要极大的勇气,因为面临竞争就可能面临失败的打击。有些大学生怕竞争失败失了面子,有些人怕竞争失败伤了和气,有些人认为不正之风干扰太大,竞争肯定会失败。这些其实是我们主观努力不够,缺乏勇气的表现。很多时候,大学生良好的择业机会白白错过,就是因为在竞争面前犹豫了,退缩了。在职场的竞争中,你面对的是那些跟你一样同是大学生的对手,每一个人都是那么出色,在这样的情况下,你敢不敢站出来和他们同台竞技?——要知道,也许他们在某方面确实比你优秀,可是对特定的职业而言,他们却未必比你更适合!

4. 就业与求学

读到大四以后,就业并不是唯一的出路,也有相当一部分比例的学生会选择继续求学(读研或出国)。跟所有的矛盾一样,两种选择同样各有利弊。

本科毕业之后选择就业,一方面可以更早地获得经济上的报偿,减轻自己和家庭的经济压力,另一方面,又比继续求学的同窗多出了好几年的工作时间和工作经验。有时甚至听说这样的情况:本科时的两个同窗,一个工作,一个继续念研究生,研究生毕业以后进入一家公司工作,却发现本科时的同窗竟然是他的顶头上司。显然,在这个企业及行业之中,学历的重要性要低于资历和工作经验。当然并不是每个行业都是这样,有的单位甚至会只招聘硕士或博士以上学历的人,这在技术型的岗位上尤其常见。

就业的另一个弊端在于,如果你觉得学历不够,想重新投身到学习中来,所花费的成本(金钱、时间、精力、难度)都会高于那些直接继续深造的。

对于那些毕业后直接继续学业的人,他们的收益在于进一步扩充了知识,提升了专业能力,为未来的就业打下了更坚实的基础。一旦他们毕业以后,跨入门槛更高的单位,获取更高的报酬都是不难实现的事。同时他们也有更多的时间来冷静思考,找准自身的特点和社会环境的发展趋势,做出更加合理的职业规划。然而,他们为此付出的代价是时间和金钱。他们必须把最富有生机和创造力的几年光阴用在学业之上,而以同样的机会成本投入职场,也许可以换来升职、工作经验的累积和名望的增长。另外,继续学业的人不但要支付高昂的学费,也暂时没有了获得工作报酬的可能,对于有的家庭而言,这是一笔不小的投资。

总之,选择就业或继续深造,最主要是取决于个人的职业规划。有些职业需要更多的专业知识的准备和积累,而有些职业更重视实际的工作技能和经验。

5. 亲情与爱情

"我父母让我毕业后回老家工作,我女朋友却希望我留在大城市。"

"我想本科毕业就工作,一方面我觉得自己不适合做研究,另一方面也及早挣钱,缓解家里的经济压力。可是父母坚决不同意。他们说如果没有研究生文凭,以后在职场中处处受歧视。还说,钱的事不用你操心。"

"我男朋友要出国攻读博士学位,至少需要五年时间,读完也不一定回来。而我在国内工作,目前我们最明智的选择就是分手。"

选择一份职业,不像选择今天晚餐吃什么这么简单,这一选择对一个人的一生都有极其重大和深远的影响。它涉及你生活的地点、收入的多少、社会地位的高低,甚至可能颠覆你过去的整套生活模式。也正因为如此,当我们做出这一选择时,也必须考虑到我们生命中很多重要人物的意见。

这当中,父母和爱人的意见最值得考虑。听不听?听谁的?听多少?他们的意见之间有了冲突怎么办?他们的想法和自己的想法完全不同又怎么办?是得罪父母,是结束恋爱关系,还是顺从他们的意思?解决这一系列冲突的基本原则是首先要想清楚自己的需要和职业规划,然后是努力争取家人和爱人的理解和支持。通常情况下,都能有一个折中的解决方法。

(二)择业的心理困扰

考虑到大学生在择业的过程中,有可能面对这么多的矛盾冲突,每一种冲突都会带来数不清的心理困扰。对于这些困扰,我们应当有一个清醒的认识。一方面,产生这些心理是正常的,任何一个人在面临如此重大的抉择时,都不可能做到心平气和;另一方面,这些心理本身对决策没有好处,且会为恰当择业带来负面的影响,因此,应有意地加以识别和克服。

择业过程中最常出现的心理困扰主要包括以下四种:

1. 焦虑心理

在择业过程中,几乎每个学生都会产生不同程度的焦虑,其中一部分格外严重一些。引起他们焦虑的主要问题有:自己的理想是否能实现?是否能找到一个适合自己专业特长、工作环境优越的单位?用人单位能否选中自己?屡屡被拒绝怎么办?自己选择的单位是否是最佳的选择方案?……

其实,焦虑心理的产生,是因为职业选择自由度大大增加,从而导致职业选择所承担的责任也越来越重,使学生越来越不堪重负。学生面临择业时,一方面渴望获得理想的职业,另一方面却是患得患失,忧心忡忡,以致心理失衡,难以自控,表现出焦虑、恐惧和烦躁。更何况,择业时绝大部分学生的个人愿望、能力等自身条件与市场需求总会有一段距离,个人的自我期望值与社会期待亦不完全吻合,在这种反差对比面前,大学四年所建立起来的对自己能力的信心,以及对职业规划的坚持,难免会经历一次巨大的挑战。

一般说来,适度的焦虑是有好处的,它能使学生产生压力,促成改变。从某种意义上说,焦虑是对自身惰性的进攻,可以增强人的进取心和积极行动的能力,产生求胜的心态和行为。但是,如果焦虑感产生得太多太强,又不能在短时间内化解这些消极情绪,就会出现情绪上紧张烦躁、心神不宁、意志消沉、萎靡不振等情况,反而会影响学生本人主观能动性的积极发挥,埋没他的潜能和才华,给就业带来不必要的困难,影响择业的进程,甚至导致择业的失败。

应对择业时的过度焦虑最基本的方法就是在平时就要做好职业规划,并付诸努力做准备。其次,在选择职业时要脚踏实地,更多依据自身的特点进行选择,而不是外界标准,这样就不会轻易为外界的变化而影响自己的选择。

2. 自卑、怯懦心理

对涉世不深的大学生来说,在择业问题上非常容易产生自卑,尤其是那些在校期间没有经过社会工作、社团活动的锻炼,或者不善于人际交往的大学生。在择业时,他们常常缺乏自信和勇气,不敢竞争。稍微遇到一点挫折,这些大学生就很容易产生强烈的悲观心理,对自己感到绝望。

他们胆小、畏缩,觉得自己事事不如人。然而,隐藏在自卑心理背后的,往往是对自我认识的偏差。也许他们实际上非常优秀,但是因为自卑,他们不能把最出色的一面展现出来,过低的自我评价压制了能力的发展和表现。因此,在求职过程中,克服自卑是走向成功的必经之路。

在求职应聘时,自卑心理往往容易表现为怯懦。这些大学生在面试中常常表现出面红耳赤、张口结舌、语无伦次的问题。那些在面试前辛辛苦苦准备的"台词"、腹稿,一开口便忘得一干二净。他们谨小慎微,生怕一句话说错,一个问题回答不好,就会破坏自己留给用人单位的印象,为此他们不敢放开说话,或者说话声音过小,底气不足,以至于表现不出自己的特点和长处。由于怯懦,他们错过了许多原本不应该错过的机遇。

要解决择业时的自卑心理,最重要的是在平时多锻炼,这样才能了解自己的能力和特长,另外,要选择恰当的参照标准来评价自己和他人。在求职时尽量展现最好的自己,注重求职过程,笑看结果。

3. 自负心理

自负是自卑的反面。大学生中有的人不能正确认识自己,在择业时他们常常过高地估计自己的能力,把自己的愿望和社会需要割裂开来。由于与社会接触不多,他们对用人单位的要求知之甚少,对自己在求职市场中的真实位置认识不足,而把学历和文凭作为资本,认为自己只会被用人单位"抢着要"。这种心理尤其以名牌大学的毕业生为多。

这些大学生自认为高人一等,傲气十足;或认为自己满腹经纶,各方面条件都不错,应该有个好的归宿。在择业时,他们往往好高骛远,对用人单位提出种种过高的要求,给对方留下非常不好的印象。另外,有些学生在求职时高不成、低不就,也是受自负心理的影响。

事实上,大学生在如今的就业市场上,早已不再是人人称羡的天之骄子,工作经验不足,社会阅历不够,唯一值得骄傲的只是一纸文凭而已。然而随着时代的发展,能力和综合素质越来越取代了学历本身的地位,成为了用人单位优先看重的标准。如果大学生不能及早对社会的人才需求形势有足够清醒的认识,并对自己有一个全面、客观、公正的评价,那么有些学生将会坐失择业的良机,耽误自己的前程。

4. 依赖心理

时下,有些大学生求职时缺乏自信心,往往喜欢走捷径,千方百计、挖空心思地寻找、疏通各种关系,托人情,找门路,都希望靠关系找到一份理想的工作。有的甚至直接由家长出面,与用人单位洽谈。殊不知,这恰恰让用人单位对这些毕业生产生缺乏能力,难以胜任工作的不良印象。

有这样的例子:入学时成绩还不错的大学生,总想在毕业求职时走捷径。父母答应了他的要求,花了很大代价替他疏通,终于通过了面试。但到单位报到后工作不到半年,就因为不能胜任工作而被单位辞退。

造成这种状况的原因就在于依赖心理。这些人把求职的愿望完全寄托在人情关系、父母的门路之上,而不注重培养自己本身就业竞争的实力,这仿佛是在说:"凭我自己的努力是不行的,我还得依靠别人。"这种心理尤其值得警惕!一旦屈服于这种心理,那意味着你一辈子都会受制于人。

产生这种心理的学生,认为自己的努力是没有用的,也就会放弃掉一切改变自己,提升自己的机会。他们在大学期间,既懒于为自己的将来做出规划,也没有心思上课学习。如果一个大学生过度依赖社会关系,而忽视自身素质的培养和提高,即使有了一份好工作,也不一定能稳稳当当地做下去。

三、大学生职业指导

(一) 关于择业的建议

在《大学生就业现状及发展 2006 年度调查报告》中,在对"解决当前大学生就业难的方法"的认识上,大学生和企业有着截然不同的看法。大学生认为,要解决就业难的问题,应该从知识和能力层面提升自己,认为"提高技能"和"提高职业素质"是最主要的;而在企业界看来,知识和能力上的不足尚在其次,最先要解决的问题却是——"调整学生的就业心态"(中国人力资源开发网,2006)。因此,对于那些正处于择业过程中的毕业生,以及即将走入职场的新鲜人,给予如下一些建议也就显得十分必要了。

1. 职业不等于就业

对个人来说,职业一般具有三个功能:谋生的手段、为社会作贡献的岗位、实现自我价值的舞台。三者密不可分,其中"谋生"是基础,"奉献"是过程,"价值"是结果。在人生旅途中,职业是幸福生活的源泉之一。

而"就业",则是获取一种狭义上的"职业",即获得谋生的手段。因此,就业的过程体现了职业一个首要的功能,但它决不是职业的全部。

把职业生涯和"就业"、"谋生"等同起来的大学生,一方面忽视了自身的价值,另一方面也低估了职业带给个人的意义。即使他们能够成功就业,在日后工作的过程中,这样的人也很难体验到自我价值的实现,他们不会努力去追求自身的成长,对社会做出应有的贡献。从某种意义上说,他们把自己异化为工具的一种,这种"工具"投入劳动,只为了换取一定量的报酬,那么工作对他们再没有什么意义可言,也不能带来持久稳定的幸福感。

2. 选择最适合自己的职业,而非最好的职业

正如第一节中所提到的"从众心理"和"攀比心理",在求职过程中,很多大学生会过度地在意他人的选择和评判,认为"职业有高低之分",过分追求职业的社会地位和报酬。事实上,职业并没有好坏之说。即使是某种意义上的冷门职业,只要交给一个适合的人来做,也完全可以得到社会的认可。相反,热门职业虽然看上去很诱人,可是一旦遇到完全不适合的从业者(比如,一个内向、羞怯的人去做销售),也很可能做得一塌糊涂。因此,只要自己感兴趣、适合自己,而且自己能胜任的职业就是好职业。在选择职业时,这类职业才应该是我们最优先的选择。

3. 尽量多地了解职业对我们的要求

社会的进步对职业提出了新的要求,同样,职业也对人才提出了更高的要求。这些要求包括:知识和能力要求、身体要求、职业道德要求、心理素质要求等等。有调查指出,在企业对大学生的素质及能力的要求中,首先是大学生的"适应能力",其次是大学生的"专业水平",再次为大学生的"品德"。适应能力是心理素质的综合表现;品德,从某种程度上看就是最基本的为人处世的态度。有不少大学生可能忽略了自己的个人修养,其实,这是除学业之外,在求职中胜出的很重要的一个因素。很多大学生在择业之前,如果对这些要求了解不够,也就不会有针对性地按照这些要求训练和完善自己,不免会痛失先机,在竞争中处于下风。

4. 增强职业风险意识

在20世纪80年代,中国大多数职业都是"铁饭碗",一旦找到了一个岗位,很多人会从入职干到退休,完全不必担心单位发生任何变动。

然而,时至21世纪的今天,中国的就业模式已经发生了巨大的变化。然而很多大学生仍然保持着"铁饭碗"时代的思维,在选择职业时缺乏风险意识,表现得过于保守,过分强调职业的稳定。因此在选择职业时顾虑重重,患得患失。而在事实上,因为他们过多地计较得失,迟疑拖延,往往造成坐失良机。缺乏风险意识是当前大学生就业困难的原因之一。

另一方面,在找到职位之后,很多大学生没有社会淘汰的观念,误以为自己的前途已经安定,从而失去了继续学习的动力。这同样是一种缺乏职业风险意识的表现。事实上,一个技能已经落后于时代的员工,随时可能被整个行业开除。因此,增强风险意识,不断激励自己学习是十分必要的。

5. 保持恰当的择业心态

为什么在中国,大学生就业越来越成为一个问题?有时并非因为缺少职位,而是因为缺少一双发现职位的眼睛。因此,改换一种更科学合理的择业心态,也许会起到"山重水复疑无路,柳暗花明又一村"的效果。

改变心态,就要破除传统就业观念,实现多元化就业。大学生在择业时往往承受着来自传统观念和传统心理的压力,仍然把留在大城市、端上"铁饭碗"作为首要选择,也有不少大学生倾向于选择外企、合资企业等薪酬较高的职业,却很少有人选择西部和基层。这更加剧了大学生就业的矛盾,出现了一部分大学生"无业可就"和有些单位"有岗无人"的两难局面。

有些大学生的求职心态仍停留在原来"一次择业,终身就业"的观念上。当获得理想职业的时机还不成熟时,可以向"先就业后择业"的观念转化。我们可以先选择一个相对满意的职业,不断增加工作经验,提高自己的生存能力,遇到合适的机会,再通过正当的职业流动,逐步实现自己的职业理想,即生存和发展兼顾。

专栏3:求职过程与策略

下面列出的是在求职过程中应注意的一些事项和策略。

1. 了解具体的求职程序
(1) 学校方面的各种规章制度和流程(尤其要注意最后期限)。
(2) 招聘会和网上招聘的信息及方式。
(3) 求职目标单位的招聘过程。
(4) 整个求职期间时间的大致安排。

2. 利用人脉
整理一下手头的"人力资源"情况,通过他们获得各种对自己的评价及求职有关的信息。这些"人力资源"包括:
(1) 父母、亲戚及一切沾亲带故的人。
(2) 导师及师兄师姐等一切与"师"字有关系的人。
(3) 同学和朋友,以及朋友的朋友的朋友。
(4) BBS等网站上各类有经验的网友及他们的经验之帖。

3. 制作简历
(1) 简历的具体制作可参照专门网站或书籍上的范本。

(2) 清晰明了可能比视觉效果更重要,还要注意量入为出。
(3) 不要在关键能力和经历上作假。
(4) 最好针对你的目标单位制作简历,不推荐一稿百投。

4. 面试须知

(1) 千万不要迟到,最好能提前10分钟左右。
(2) 多举例子,少说套话。
(3) 不要和你的简历有出入。
(4) 注意时间的把握,如果是团体面试,不要企图一个人霸占所有人的时间。
(5) 注意识别面试官的肢体语言所传达的信息。
(6) 起始的薪酬并不一定要提得很高,重要的是看上升的空间。

总之,找工作是一个过程,请保持良好的求职心态,不求最好,只求最适合自己。请好好抓住你能抓住的,不要去过分在意那些由别人决定的事情。

(二) 就业的心理准备

需要注意的是,顺利毕业和找到工作,并不等同于大学阶段的任务就已经结束。可以预见的是,当你走出校园,走上工作岗位之后,还将遭遇到大量的压力和挫折。如果你对这些没有考虑并进行相应的准备,那么你的职场适应能力就会很差,失望、沮丧、愤怒、消沉等一系列负性情绪很可能会一直缠绕着你。因此,在正式踏入职场之前,做好就业心理准备是十分必要的。就业前心理准备主要包括以下几个方面。

1. 期望值要适度

首先,调整好对你那份职业的期望值,这是最重要的一个准备。心理期望和现实的差距越小,这段时期就越能平稳地过渡。

依照经验,对刚毕业的大学生来说,期望低于现实的情况比较少见,而期望远远超出现实的情况却屡见不鲜。确实,大学生都很珍视自己得到的第一份工作,都希望它完美无瑕,找不出任何缺点:待遇要好,工作强度要适中,同事要亲切,上级要宽容,最重要的,自己要能在工作中得到乐趣,并尽情发挥自己的专长……显然,抱着这样的憧憬踏入职场的人,会被现实狠狠地敲一闷棍。

工作之前,多方面地收集一下与那份工作有关的信息,会对建立合理的期望值有所帮助。这些信息包括:早先入职的同事有什么感受?他们如何评价工作的待遇和强度?和自己同样专业的人在单位里干得如何?如果是在异地工作的,还需要了解工作地区的气候、风俗、生活习惯、方言等信息。

如果发现理想和现实的职业相去甚远,也不应沮丧,可以采取"分步达标"的办法,一方面调整现阶段的期望值,使期望与现实接轨,另一方面也可以做出更长远的职业规划,考虑在未来的若干年内升职、跳槽,甚至自我创业,把目光投到更遥远的将来,以达到理想中的职业目标。

2. 不奢谈专业对口

所学专业与现实工作有时是存在于择业阶段的一对心理矛盾。事实上,在新行业新岗位不断涌现的今天,对于大学毕业生来说,专业不对口已经成为一种常态,网上的一份调查显示,如今有超出一半的大学毕业生正在从事着与他们所学专业基本无关的本职工作。对此,我们建议你做如下一些准备:

调整心态:专业不对口并不意味着大学四年所付出的时间和精力都会完全荒废。在大学里,我们学到的不仅仅是专业知识,还有思维方法、学习能力、人际交往能力以及开阔的眼界和见识。这些都可以在工作中大派用场。大学的培训更多的是训练一种思维方式,即使是与专业相关的工作,很多工作技能和知识还是要从头学起。你的工作与所学专业不相关,也许你的思维方式能为你的工作带来新的思路和启发。另外,你可以从工作中找到对发展有利的一面,以发展的眼光看待工作。树立信心:"专业不对口"同样可以干出惊人的业绩。一些跨国公司的人事经理们认为,除了一些特殊岗位,一般岗位直接运用课堂知识的机会并不太多。很多大型企业表示,毕业生的综合素质是关键,至于专业是否对口并不重要。例如,美国通用电气塑料中国有限公司人力资源经理单伟航就曾说过,他们在招聘人才时最看重的是综合能力而不完全是专业知识。这里的综合能力包括与人沟通的能力、英语和计算机等基础能力。

积极学习:在走入职场之前,抓紧时间学习掌握与新工作有关的知识和技能,争取从陌生到熟悉,从熟悉到精通。学得越多,上手工作时的感觉就越好。这种学习有时可以利用用人单位提供的机会,例如参加专门的入职培训,但更多时候还是要依靠自己,去图书馆借阅一些相关书籍,在网上查阅资料,或者报名参加一些相关的辅导,这些都是可以利用的途径。

3. 抓紧素质的训练和提高

现在的就业竞争就是人才能力的竞争,是我们自身综合素质和能力的竞争。从某种角度上说,综合素质是你求职成功的关键。综合素质包括道德素质、文化素质、专业素质、身体素质和心理素质等。这些素质会综合体现在你的交际能力、创新能力、运用知识的能力、适应能力等各个方面。大学生应充分利用好大学四年时间对自己的综合素质进行培养,提前做好就业的准备。

大学生在校期间除了打好基础理论和专业知识的功底之外,可以从下面的三大实践活动中去锻炼和提高自己的综合素质。第一就是做人的实践。大学生要学习为人处世的原则,这是最基本的。大学生要学会关爱他人,团结互助,知道恰当地遵守有关规章制度,这样在未来的工作中才能获得他人的基本认可和接纳。大学生还要学会恰当地评价和看待自己,妥善处理自己遇到的有关问题。第二就是专业技能的实践,职业能力的培养仅凭书籍和课堂讲授是远远不够的,应积极参与到与专业相关的实践活动中去,在实际工作中边干边学。第三就是社会实践。无论是社会调查还是假期兼职,这都将是你找工作的"财富",因为用人单位需要那些有实践经验并吃苦耐劳的员工。通过这些实践,你也能够或多或少地知道作为一名职业人的基本要求。此外,尽可能多地去参加社会实践活动,采用一种介入社会的主动姿态,而社会需要这样的姿态。

4. 做好遭遇挫折的准备

即使你已经定下一个合理的期望值,即使你已经尽可能地提升自己的专业能力。然而等你信心满满地踏入职场之后,还是会遭遇很多未曾预料的挫折,上司的批评,同事的嘲笑,绩效没有达标……在做就业心理准备的时候,一定要充分做好遭遇挫折的准备。这一点,怎样强调也不为过。一个人抗挫折的能力越高,找到好工作的机会就越大。

首先,要意识到挫折是客观存在的,并没有人可以幸免。职场中的挫折更是随处可见,我们刚开始找到的工作也不一定是让人满意的。要对可能遭遇的挫折有一个预期,遇上之后才不会惊慌失措。

其次,要意识到挫折有两重意义。一方面可能使人产生心理的痛苦,行为失措;另一方面它又可给人以教益与磨炼,带来新的转机。

要培养积极乐观的人生观。要有愈战愈勇的精神。歌德曾说过:倘不是就眼泪吃过面包的人,是不会懂得人生之味的。所以,经历挫折之后,要树立坚定的目标,培养乐观精神,这样一来就能从逆境中奋起。

最后,要进行合理的宣泄。人们在遭受挫折时产生的负性情绪,必须通过某种形式宣泄:找朋友聊天,写日记,或者从事一些自己喜欢的活动,都是不错的选择。同时还可以寻求心理工作者的帮助,达到稳定情绪的效果。

小结

职业生涯是一个人一生中职业、职位的变迁及工作理想的实现过程。大学生应当学会为自己制订出一份合理的职业生涯规划。制订职业生涯规划的步骤包括:确定职业价值观;分析自我条件;评估职业环境;确定职业目标。在这个过程中,可以使用一些心理测量的方法,明确自己喜欢和适合的职业类型。定好职业目标以后,就需要制订实现目标的行动计划,帮助自己在一个合理的时间安排下,一步一步实现理想。在充满选择与竞争的当今社会,大学生择业时可能会出现各种各样的心理困扰,包括焦虑、自卑、怯懦、自负、依赖在内的各种心理,会严重阻碍大学生达到理想的目标。因此,尤其需要我们对职业和职业生涯有一个合理的认识,知道如何调整自己的看法、期望、心态,并训练与职业相关的素质。

本章要点

(1)进行职业选择时,你需要考虑能力与职业的匹配,性格与职业的匹配,兴趣与职业的匹配,内外环境与职业的适应等方面。

(2) 根据霍兰德的职业人格理论,他划分了六种职业人格:现实型、研究型、艺术型、社会型、企业型、常规型,每种人格适合于不同类型的工作。

(3) 求职中很重要的是保持适当的求职心态,个人的综合素质和能力是求职成功的关键。

小练习

(1) 两三人一组讨论你的职业取向。你心目中的好工作具有哪些特点?你觉得自己属于哪种职业取向类型?

(2) 两人一组,一人扮演面试官,一人扮演求职者,模拟求职面试的过程。感受在这当中是否有表现出自大或者自卑的心理?该如何克服?

思考题

(1) 请根据有关理论尝试为你自己进行职业生涯规划。你可能会选择怎样的职业,你准备好了吗?你在五年内的职业发展计划是什么?

(2) 假设你最好的朋友即将走入职场,他将要从事的工作一方面具有很高的风险和挑战性,另一方面也有很高的回报。然而,这份工作与他本人的专业无关。在他入职之前,请你对他提出一些建议,包括他现在应该做好哪些心理准备?他在职场中有可能遇到什么样的困难?解决方法是什么?

推荐阅读

(1) Waldroop,J. & Butler,T. 著,赵剑非译.《哈佛职业生涯设计:哈佛职业生涯兴趣测验手册》,北京:中国商业出版社,2004

(2) 程社明.《你的船,你的海:职业生涯规划》,北京:新华出版社,2007

(3) 许玫,张生妹.《大学生如何进行生涯规划》,上海:复旦大学出版社,2006

9

情绪与心理健康

> 在成功的路上,最大的敌人其实并不是缺少机会,或是资历浅薄,而是缺乏对自己情绪的控制。愤怒时,不能制怒,使你的合作者望而却步;消沉时,放纵自己的萎靡,把许多稍纵即逝的机会白白浪费。
>
> ——约翰·米尔顿

　　当小林踏入大学校门的时候,他满怀对大学生活的憧憬,这时的他似乎还意识不到未来四年将会有多少苦恼。现在小林已经大三了,正是为了前途奋力拼搏的时候,小林的状态却很奇怪。他整天窝在宿舍里,除了看小说就是打游戏,连买饭都让室友代劳。班主任找他谈了好几次话。"你对未来没打算吗?"她总是这样问小林,而小林总是答复说:"不知道。"小林曾经是个很有抱负的孩子,但他现在却像是瘫在了宿舍里。他也想好好学习,也想参加社团活动,可他就是提不起精神。小林觉得大学生活是沉闷而灰暗的,他强烈地怀念高中。高中虽然很辛苦,但至少有目标、有乐趣。说到这里小林叹了一口气,他真的很想重新来过。

　　小林的问题是典型的情绪困扰。在生活中我们总是在和情绪打交道,时而开心,时而失望,时而感动,时而悲伤。你和情绪相处得是否还算和谐? 它是让你的生活变得多姿多彩? 抑或黯淡无光?

一、情绪概述

我们在日常生活中随时都能体验到情绪。情绪的产生是由于人的需要是否得到满足而引起的一种心理体验。人们的喜怒哀乐,表示着生活的酸甜苦辣。人们的心理活动都伴随着一定的情绪状态。情绪也许是我们心理健康最直观的晴雨表。

(一) 什么是情绪

情绪是指人们对客观事物的态度体验及相应的反应。它包括了情绪的主观体验、情绪的生理反应和情绪的外在表现三个要素。

情绪的主观体验是个体对不同情绪状态的自我感受。人们在受到伤害时会感到痛苦,与亲朋好友聚会时会感到快乐。当我们体验到某种情绪时,也会伴随着相应的生理反应。比如,人在焦虑状态下会出现心跳加快,呼吸急促等生理变化。另外,不同的情绪体验也会同时伴随着相应的外部表现,比如面部表情和身体姿态等。人在高兴的时候可能会喜笑颜开,手舞足蹈。一个完整的情绪体验过程需要这三部分同时发生。

谈及情绪,我们还常常会涉及情感这一概念。一般来说,情绪是短暂而强烈的具有情景性的感情反应,如愤怒、恐惧、狂喜等;而情感是指稳定而持久的、具有深沉体验的感情反应,如自尊心、责任感、亲情等。情绪和情感有时不易区分,且常会通用,包含于通常所说的感情中。

情绪状态可以分为心境、激情和应激三种状态(樊富珉,王建中,2006)。心境是指一种深入持久但比较微弱的情绪状态,具有渲染性和弥漫性的特点。心境对我们的心理活动起到一种背景作用。当一个人心情舒畅时,他的心理状态是积极乐观的;而当一个人心情郁闷时,他的世界是黯淡无光的。激情是指一种短暂的、强烈的、急风暴雨式的情绪状态。比如热恋时的如醉如痴,观看比赛时的热情激动。激情具有强烈的冲动性和爆发性,发生的时间短,会随着时过境迁而弱化或消失。在激情状态下容易导致暂时的理性的丧失,情绪和行为的失控。应激是指由于出乎意料的紧张或危险情境所引发的情绪状态。应激状态可以增加身体的应变能力,做出平时难以做到的事,使人尽快转危为安。但是,过于强烈的应激,可以导致心理创伤,长期或频繁地处于应激状态中,可以导致心身疾病和心理障碍。

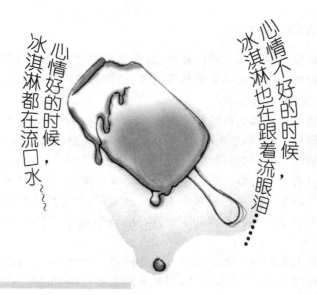

专栏1:情绪智力

近年来,有不少学者提出"情绪智力"(emotional intelligence)的概念,通俗的说法是"情商"。情绪智力是指个体监控自己及他人的情绪和情感,并识别、利用这些信息指导自己的思想和行为的能力。在某种意义上,情绪智力是与理解、控制和利用情绪的能力相关的。

情绪智力包括五个方面的能力:认识自我,管理情绪,激励自我,认知他人情绪,处理人际关系的能力。1995年,丹尼尔·戈尔曼在《情绪智力》一书中指出"真正决定一个人成功与否的关键是情商而非智商。"有研究表明,学习最优秀的大学生和成绩一般的大学生相比较,在智力水平上没有显著的差别,但是优秀学生的优势在于他们的心态,他们在情绪稳定性方面要比一般学生强很多。情商水平高的人具有如下的特点:社交能力强,对工作很投入,心情愉快,不易陷入恐惧或伤感,为人正直,富于同情心,情感生活较丰富但不逾矩,无论是独处还是与大家在一起时都能怡然自得。

培养情绪智力,需要我们能觉察自己的情绪,学习分析自己的情绪,并能妥善处理情绪。努力做到保持情绪的稳定:顺境的时候不忘乎所以,得意忘形;逆境的时候不垂头丧气,消极萎靡;遭受打击的时候能泰然处之。我们还要敏于感受了解他人的情绪,并善于利用对情绪的了解,与他人进行良好的人际互动。一个人的幸福与成功最基本的就是处理好自己的事,处理好与自己的关系,而且能与他人和谐相处。情绪智力的提出,从某种程度上看,是对于我们为人处世的要求。

(二) 情绪活动的特点

要管理情绪就要了解情绪活动的特点,这样才能利用情绪本身的规律性来调控并管理情绪。情绪的特点主要包括情绪的两极性、情绪的过程性和情绪的非理性。

1. 情绪的两极性

情绪可分为正性情绪和负性情绪,这被称之为情绪的两极性。给我们带来愉快体验的情绪叫正性情绪,又叫积极情绪,比如喜欢、自豪、满意、欣慰等;给我们带来痛苦体验的情绪叫负性情绪,又叫消极情绪,比如愤怒、恐惧、悲痛、羞愧等。情绪的正负性通常和需要是否满足有关,一般说来,当一个人的需要得到满足时,他体验到正性情绪,反之则为负性情绪。由于人的需要是多层次多方面的,需要之间还可能有相互矛盾,而实现和满足这些需要会受到各种条件的限制,因此,我们会体验到各种情绪,产生情绪的波动。

情绪的两极性具有相对性和矛盾性。对待同样一件事物,可以产生正性情绪体验,也可以产生负性情绪体验。"塞翁失马,焉知非福",就反映了情绪的相对性。不同的心境,不同的认知,不同的期望,可以产生完全不同的情绪极性。这种情绪的相对性使得我们减少负性情绪,增加正性情绪成为可能。任何事物都有正反两面,如果我们同时感知到事物好的一面和不好的一面,我们就会体验到一种矛盾的情感,这就是所谓的"痛并快乐着"。矛盾情感反映的是心理冲突,如果心理冲突不能妥善处理,可以引发心理障碍。

2. 情绪的过程性

情绪的过程性是指任何情绪都有其发生、发展、高潮、下降和结束的过程。我们不可能为一件事高兴一辈子,同样也不可能痛苦一辈子。只要我们不重复给其能量,不让其形成恶性循环,这些情绪都会被时间冲淡。因此,当你处在某种负性情绪状态中并为之深感痛苦时,要相信这种情绪是会过去的,时间可以帮助你平复。

情绪是一个过程,与情绪相关的心理生理症状也是一个过程。人们也许可以理解情绪的过程性,但是常常会过分关注与情绪相关的生理心理症状而忽略其过程性,不断注入能量,致使症状固着下来甚至加重。比如,人在焦虑时常常会失眠,一般会随着焦虑的消失而好转。但是,有些人由于失眠的痛苦和担忧失眠对第二天工作生活的影响,使得焦虑的情绪得以持续,而对"睡不着"的担忧使得持续性失眠变成现实。如果失眠者认识到失眠的过程性,耐心等待失眠的过去,那么失眠也就会不知不觉地溜走了。

3. 情绪的非理性

情绪具有非理性的特点,情绪的非理性是指情绪不能完全受理智控制的情况。情绪的非理性首先表现为情绪的不可控性。试想一部让你流泪的电影,从理智上,你清楚它的情节是虚构的,你告诉自己不必为一个虚构的故事动感情,但你依然会从心里感到悲伤,这种悲伤是不受理智所支配的。我们在日常生活中常常会"情不自禁"。另外,某种情绪产生后,理智也不能将其直接消除。比如,在重要演讲时感到紧张,告诫自己"别紧张",我们还是会紧张。如果非要让自己控制不可避免要产生的情绪,只能是表情上的掩饰或内心的压抑。也许你会问:不对啊,情绪若不受理智支配,那我们是否就可以任由它失控了呢?其实,需要控制的不是情绪,而是情绪的表达。另外,理性在一定程度上能控制我们产生什么样的情绪。

情绪的非理性还表现为情绪对理智的损害。在情绪状态下,人的理智会下降。在情绪越强烈的时候,理性离我们越远。这就是我们所说的"感情用事",思维被感情所左右。情绪的非理性还表现为在情绪状态下行为的冲动性,这也与理性不足有关。在情绪越强烈的时候,做出冲动性的行为反应的可能性越高。比如,热恋时做事情容易冲动,不计后果。愤怒会使人丧失理智,出现冲动性的攻击行为。在强烈的内疚、羞愧、激愤等情绪状态下,可发生冲动性自杀(或称情绪性自杀)。因此,处于强烈的情绪状态,尤其是负性情绪状态时,要尽量避免做重要的决定。

另一方面,从引发情绪反应的刺激物上来看,情绪活动又具有这样几个特点:泛化作用、扩散作用、象征作用。

(1)泛化作用。泛化作用指的是与引起情绪反应的刺激相似的刺激,可能产生同样的情绪反应。这方面的经典例子是所谓"一朝被蛇咬,十年怕井绳"。蛇会咬人,可以导致人的恐惧情绪,因为井绳和蛇外形相似,看到井绳也就会产生同样的情绪了。

(2)扩散作用。扩散作用是指引起情绪反应的刺激情境中的一部分,可能会引起完全的情绪反应。这方面也有一个例子,就是"惊弓之鸟"。射箭可以让鸟产生恐惧情绪,弓弦的响声是射箭的一部分,它同样可以让鸟恐惧。有些人对某一特别的情境有情绪反应,虽然这一情境是中性的、无害的。原因在于在那情境中曾发生过一些事情引起了强烈的情绪反应,也许具体的引发情绪的事件忘记了,由于情绪的扩散作用,却可能对此情境有情绪反应。

(3)象征作用。象征作用是指具有情绪色彩的刺激物,可能引起情绪反应。比如,红色象征着喜庆,红色也能让人联想到血液而感到不舒适。在日常生活中具有象征意义的事物多种多样,个人对此的情绪反应也不尽相同,而且个人也会有些独特的具有象征作用的刺激物。

由于泛化作用、扩散作用和象征作用等,使得环境中可引发情绪反应的事物大量增加。另外,情绪刺激物的这几种特点,也有助于理解病理性情绪的产生。

(三)正常情绪与不良情绪

在谈到心理健康时,似乎只有正性情绪才是健康的。其实,正性情绪与负性情绪之分,绝不等于正常情绪反应与不良情绪反应之分。正常情绪并不是指那些愉快的情绪,也同样包括那些让我们痛苦和不愿提起的体验:葬礼上的悲哀、考场上的轻度焦虑、战场上的恐惧……那么什么是正常的情绪呢?正常的情绪反应符合下面的三个条件:

（1）情绪的产生是由适当的原因引起的。情绪反应都是有一定的原因的。一般，当事人能觉察到情绪产生的原因，并且周围的人也能对其情绪的产生有一定的觉察和理解。自己不能很好地理解的情绪反应是有一定问题的。

（2）情绪反应的强度与引起该情绪的情境相称。情绪反应的强度和引起它的情境要相适应，过于强烈或过于淡漠的情绪反应都是不合适的。

（3）情绪作用的时间随情境而变化。当引起情绪的因素消失后，情绪反应就会消退。但情绪反应的持续时间会因情绪的诱因不同而有所不同，比如亲人亡故，需要较长时间才能恢复到常态。

例如，在一次期末考试中失利，你会为之难过好几天，这是正常的，但是如果你因此而陷入抑郁好几个月，那就不合适了。

正常的情绪反应，不论是正性的（愉快的）还是负性的（不愉快的），都有助于个体的行为适应。愉快的情绪能使人精神振奋，提高效率，而且对身体的健康发展有积极的促进作用。同样，负性的、不愉快的情绪，只要适当，也是正常而有益的。个体在适度的焦虑情绪之下，大脑和神经系统的张力增加，思考能力亢进，反应速度加快，因而能提高工作效率和学习效果。适度的惧怕，可使人们小心警觉，避免危险，预防失败。愤怒的情绪可以使人在被伤害时奋起反抗，自我保护。适度的抑郁情绪可以让我们暂时放下脚步，自我审视，有助于更好地应对生活中的难题。

不良情绪主要包括两种情绪体验形式。一种是过于强烈的情绪反应，情绪反应强度与引发情绪的情境不相称，情绪表现过于激烈，超出了一定限度，如狂喜、暴怒等。情绪反应要适度，即使是正性情绪也要适度。在日常生活中"乐极生悲"的情况时有发生。另一种是持久性的消极情绪体验，它是指在引起悲伤、恐惧等负性情绪的因素消失之后，个体仍数周，甚至数月沉浸在负性情绪状态中不能自拔。总之，不良情绪是过度的情绪反应，尤其是那些过于持久或过于激烈的消极情绪。这样的情绪不仅会影响人的心理健康，也可能对身体造成伤害。

（四）情绪对身心健康的影响

愉快而平稳的情绪，能使人的大脑处于最佳活动状态，保证身体各器官系统的活动协调一致，使得食欲旺盛，睡眠安稳，精力充沛，从而提高脑力和体力劳动的效率。积极乐观的情绪还能使别人更喜欢接近自己，有助于建立良好的人际关系。愉快的情绪还可以提高机体的免疫系统的功能，从而增强对疾病的抵抗力。

不良情绪会对身心产生损害。中医经典《黄帝内经》里早有"情志致病"的论述，明确提出过度的情绪反应对健康有损，"喜伤心，悲伤肺，怒伤肝，思伤脾，恐伤肾"。人们常说的"积郁成疾"就反映了不良情绪对身体的损害。现在我们常提及心身疾病，其中情绪因素对疾病的发生和治疗都有很大影响。不良情绪还会影响记忆、思维等心智活动，使学习和工作的效率降低。

由于情绪体验都会涉及生理反应,如果过分压抑了情绪,某种情绪症状可以转化为某一躯体症状,而该情绪感受会有所减轻,甚至意识不到。这就是我们常说的躯体化问题,即心理情绪问题用躯体症状来表达。由于我们的社会文化更鼓励躯体症状的表达,并能得到同情和理解,而诉说情绪烦恼常得不到支持,甚至可能被视为软弱无能,这样,躯体化就成为许多人心理情绪问题的一种应对方式。在日常生活中,如果出现躯体症状而又找不到器质性的病变,那就要考虑情绪问题。

二、情绪的认知理论

认知在人的情绪体验中是非常重要的因素。相同的情境,如果对其做出不同的认知评价,就会产生不同的情绪体验。要管理情绪,最基本的在于恰当控制情绪的产生,通过调整认知,可以控制我们产生什么样的情绪,或者改变情绪反应的程度。在这一节,我们将主要讨论情绪的认知理论中的一种理论,合理情绪理论,并学习怎样运用这一理论来调节自己的情绪。

(一)合理情绪理论

美国心理学家艾利斯(Albert Ellis)于20世纪50年代创立的合理情绪行为疗法(rational emotive behavior therapy,REBT),直至今日仍享有盛名。这一疗法的基础便是解释情绪产生的合理情绪理论。这一理论可以很好地解释,为什么经历过同样的事件,有人心情舒畅,有人却会郁闷很长时间(钱铭怡,1994)。

1. 理论概述

合理情绪理论的核心观点是：情绪并非如我们通常想象那样，只由诱发性事件本身引起，而更多取决于经历事件的个体对它有怎样的解释和评价。正如古罗马哲学家马可·奥勒留所说："如果你对周遭的任何事物感到不舒服，那是你的感受所造成，并非事物本身如此。借着感受的调整，可在任何时刻都振奋起来。"为了更好地阐释这一观点，我们从一个生活中的场景讲起。

两个同学一起走在校园的林荫路上，迎面遇到班上的另一个同学，他们微笑招呼，然而对方的眼神盯着另一个方向，仿佛没看到他们一样走了过去。对于这同一事件，第一个同学是这么想的："这家伙干嘛呢？想事情想得这么专心，居然都没看到我们。"于是他摇摇头，事情就算过去了，情绪上没有波动。而另一位同学则不然，他的想法是："好啊，他肯定是故意的，明明看见我了，就是看不起我。"于是他勃然大怒，发誓要报复回来，接下来一天他的情绪都很激烈，完全没法集中精力做事。他们两个经历了一模一样的事情，由于他们对事情的解释不同，他们后续的情绪及行为反应都会截然相反。

合理情绪理论，也称为 ABC 理论——ABC 其实是三个英文词组的首字母。A—诱发性事件(activating events)、B—信念(beliefs)、C—情绪及行为的结果(consequences)。

先说诱发性事件 A，即会引发情绪变化的事件，在上面的例子中，即是指"同班同学迎面碰上后没有回应我的招呼"，这只是一个客观事实。

再说结果 C，是否事件 A 发生之后，个体立刻会产生唯一对应的情绪作为结果呢？如我们所见，答案是否定的。同一事件引发不同情绪，关键在于对事件的解释和评价。前者是"居然都没看到我们"，后者则是"他肯定是故意的"。以至于出现了不同的 C，前者在情绪上没什么波动；而后者则发展成勃然大怒。

在解释和评价的背后，往往贯穿着一个相应的信念，即个体对类似事件持有的一贯的和恒定的看法，这就是我们说的信念"B"。不难看出，第一个同学的信念是乐观的、宽容的，"他肯定是在思考什么事情没看到我，否则不会不招呼我的"；而第二个同学持有的信念则是怀疑的、苛刻的，"他不应该没看到我，只要我和他互相经过，他必须招呼我"。信念有合理与不合理之分，合理的信念引起人们适当的、适度的情绪反应；而不合理的信念则相反。显然，第二个同学的信念就是不合理的，它导致了不必要的情绪负担。不难想象，假如他总是坚持这样不合理的信念，那他的生活一定会很不开心。

艾利斯认为，不合理的信念是一个人产生情绪困扰的主要原因，因此每个人都要对自己的情绪负责。改变不合理的信念，建立合理的信念，就可以改善自己的情绪。下面介绍一些常见的不合理信念及其特征。

2. 典型的不合理信念

艾利斯根据自己的临床观察，总结出了 11 种典型的不合理信念。

（1）在生活中，自己必须得到所有重要人物的称赞与喜爱。在这里，"必须"二字必须得到强调。因为一般意义上的希望正面评价是人之常情，就像每个学生都希望给老师和同学留下好印象一样。然而，如果把这当作是绝对"必须"的要求，就是一个不合理信念了。因为它是不可能实现的。再优秀的人，也不可能做到令所有人或者所有重要他人都满意，他总会有碰壁的时候。假如一个人持有"必须"的信念，他就会花很多的心思与时间曲意取悦他人，时时担心自己能否被别人接纳，或接纳的程度如何，并且一旦得知有人不接纳自己，就会体验到程度强烈的受挫沮丧等负性情绪。

（2）一个人必须能力十足，尽善尽美，在各方面都不能表现得比别人差，这样才是有价值的。这又是一个"必须"而求全责备的要求。比如有一位就读于名校的男生，长得帅，成绩好，各方面都很出色，只是篮球打得不如同宿舍的某位同学，结果每场篮球赛前后他的情绪就很低落，因为他被"比下去了"，尽管他在别的方面有那么多优势，他还是无法原谅自己。艾利斯认为，一个理性的人，凡事都尽力而为，不会过分计较成败得失，重视过程胜于结果。如果要求自己十全十美，或过分要求自己在某一方面有成就，为自己制订不能达到的目标，只能让自己永远当个失败者，在自己导演的悲剧中徒自悲伤。

（3）有些人是坏人，他们犯了不可原谅的错误，所以必将遭受严厉的责备与惩罚。假如这些"坏人"生活顺利，没有任何遭报应的迹象，持有这种信念的人就会愤怒，认为世界不公平。比如一个学生，发现某个同学考试时有作弊，非常生气，但是又没有证据举报他，于是就想尽一切办法去"制裁"这个同学，给他使绊子，在别人面前讲他坏话，等等，可是这些办法效果都不好，这位富有正义感的同学只好日复一日地跟自己赌气。艾利斯认为，每个人生活在这个世界上，都有犯错误的可能，责备与惩罚不仅于事无补，只会使事情更糟。因此，对犯错误的人，我们要做的是接纳、帮助他，而不能把一种惩罚的恶意加诸其身，甚至把自己的情绪好坏建立于此，否则只是在自己跟自己过不去。

（4）生活中的每件事都应该符合预期，如若不然，则是糟糕至极的灾难。一个同学闹钟坏了，耽误了起床上课的时间，他为此郁郁不乐，一整天的学习都耽误下来。在他心里，生活必须井井有条地安排好，每一件小事都容不得半点差错。然而，对一个有理性的人来说，我们应该正视不如意的事，寻求改善之法；纵然无力改变，也不必因心情的郁闷而影响今后的生活。

（5）人的不快乐是外在因素引起的，人无法控制自己的痛苦与困惑。可以说，这是使人放任沉溺在负性情绪中的信念。艾利斯认为，外在事物并不能伤害我们，是我们自己的信念与态度让自己受到了伤害。所以，只要我们尝试改变有关的非理性思维，就可以有效地改变自己的情绪状态。

（6）对未来可能发生的危险与可怕的事情，应该牢牢记在心上，如果自己不随时顾虑着，似乎就会增加它发生的概率。艾利斯认为，考虑危险事物发生的可能性，计划如何避免，或思虑一旦发生后如何补救，确实不失为明智之举。但对于暂时无力改变或无法控制的事过分忧虑,像所谓杞人忧天,则反而会扰乱一个人的正常生活,使生活变得沉重而缺乏生气。

（7）对于困难与责任,逃避比面对要容易得多。艾利斯认为,逃避困难与责任,固然可以得到暂时的解脱,但问题并未解决,而且会因贻误时机而变得越来越难以面对。所以,理性的人会通过实际的行动解决问题,一劳永逸。

（8）一个人必须依赖他人,而且依赖一个比自己更强的人。艾利斯认为,由于现代社会中人与人的社会分工不同、知识结构各异,有时我们确实需要他人的帮助。然而,这并不成为我们时时事事都要依赖他人的理由。在生活中,任何人都是具有独特价值的个体,多数时候我们需要独立面对生活中的种种问题,所以,独立自主能力的发展对一个人的成长至关重要。

（9）一个人过去的经历是影响他目前行为的决定因素,而且这种影响是永远不可改变的。这常常成为一些人回避面对将来的理由。他们总是说"我以前没有好好学",或者"都是家庭把我害了",从而安于现状——其实他们也并不安于现状,他们讨厌现在的状态,但他们以过去经历为由拒绝发生改变,他们把时间浪费在后悔上,他们的情绪越来越糟。艾利斯认为,无可否认,过去的经历对人有一定的影响,有的影响还比较大,但这并不是说它们就此决定了一个人的现在与未来。

（10）一个人应该关心别人的困难与情绪困扰,并为此感到不安与难过。关心他人诚然是一种美德,但我们无须为别人的困难与不安感到难过,我们只需要尽自己所能,帮助他们面对自己的困难与情绪困扰,并早日走出阴影。

（11）碰到的每个问题都应该存在一个正确而完美的解决办法,如果找不到这种完美的解决办法,那就糟糕透顶。艾利斯认为,世界上有些事物根本就没有答案,凡事都要追求完美的解决是不可能的。完美主义只能使自己自寻烦恼。

3. 不合理信念的特征

心理学家总结出不合理信念有三个共同特征,即绝对化要求、过分概括化和糟糕至极。

（1）绝对化要求。指人们以自己的意愿为出发点,认为某一事物"必定"发生或"不准"发生。这种信念通常与"必须"、"应该"等词语联系在一起。比如"我必须成为一个完人","坏人应该受到惩罚",等等。怀有如此绝对化信念的人极易陷入情绪困扰。因为我们都知道,客观事物的发生和发展都自有其规律,不可能随个人意志转移。再出色的人,都不可能在每件事上都取得成功;周围的人事也不可能完全如他所愿发展。如果他怀有绝对化的要求,一旦事物的发展与其要求相悖,他就会感到难以接受、难以适应而陷入情绪困扰。

（2）过分概括化。即以偏概全、以一概十的归纳方式。艾利斯曾打比方说,过分概括化就如同根据一本书的封面来判定一本书的好坏一样,是完全不合逻辑的。过分概括化一方面体现在人们对自身的不合理评价上。比如,当他们面对自己某一方面的失败时,往往会彻底否定自己,认为自己"一无是处""一钱不值",从而导致焦虑和抑郁情绪的产生。另一方面,过分概括化也表现在对他人的不合理评价上。持有这种信念的人,一旦看到别人稍有差错就认为他很坏,坏得无可救药,进而产生强烈的敌意和愤怒。按艾利斯的观点来看,以一件事的成败(通常是败)来评价整个人是一种理智上的"法西斯主义"。因此,他主张不要去贸然评价整体的人,而只评价人的行为和表现。比如,"我是一个优秀的学生,虽然这次考试的成绩不太好",这就是一个比较合理的评价。在这个世界上,自己和他人都是有可能犯错误的人类中的一员。

(3) 糟糕至极。这是一种将可能的不良后果无限严重化的思维定势。如果发生了任何不好的事,会认为一定是极端可怕的,是世界末日般的灾难。这种想法会导致个体陷入负性情绪中难以自拔。举个例子,对有些学生来说,"考试不好"就是一件糟糕至极的事情,他们不敢去设想这样的情境,比如某门考试没有及格,自己如何应对?在他们看来,假如真的发生了,似乎那就是灭顶之灾!于是满心焦虑,复习时也看不下书。然而事实如何呢?不及格确实是糟糕的,但是,远没有糟糕至极!假使它真的发生了,还可以补考,可以重修,还有补救的办法,生活总还可以继续。艾利斯指出,对任何一桩不幸来说,都有比它更坏的情形存在。契诃夫在散文《生活是美好的》中说过,"要是有一颗牙痛起来,那你就该高兴,幸亏不是满口的牙都痛。"假如人人都能有此信念,哪里还会有那么多的不快呢?

需要指出,不合理信念的这三个特征是彼此关联,相互促进的。正因为人们有过分概括化的倾向,容易把缺点泛化到对整个人的评价上来,人们才会提出绝对化要求,要求每个细节都尽善尽美;当绝对化要求中的"必须"和"应该"并未如他们所愿发生时,他们便会感到无法忍受,事情已经糟糕到了极点。正因为已经糟到极点,人们便有了更强的过分概括化信念。

4. 根据合理情绪理论自我调节

其实,每个人都或多或少具有上述某些不合理的信念,即使在意识层面上,我们都相信自己是足够理性的。当然,对大多数人来说,我们体验到的不合理情绪是轻微的,不会对生活造成多少困扰。然而,对那些具有严重情绪困扰的人而言,不合理信念对于生活造成的损害非常严重,就需要干预和治疗了。

合理情绪行为疗法的目标和手段,就是帮助人们改变那些极端的思维方式,代之以更合理的信念,以减少他们陷入情绪困扰的机会。这种治疗要帮他们认识绝对化要求的不合理之处,不现实之处,并帮助他们学会以合理的方式去看待自己和他人。要认识到,不好的事情确实有可能发生,尽管我们都很希望不要发生,但我们并不能完全左右。我们唯有努力去接受现实,在可能的情况下去改变这种状况,在不可能时,则学会在这种状况下生活下去。

对普通人来说,合理情绪理论和合理情绪行为疗法也能帮我们更好地处理生活中遇到的不良情绪,改善心态,以一种更加乐观和开放的态度面对生活。具体说来,我们可以遵循如下四个基本步骤：

第一步，清楚地内省自己心里还留存有哪些不合理信念。可以说，这是最为关键的一步。进行这一步的时候，最好是一个人呆在安静的地方，静下心来审视自己。先找出近期一桩让自己心情不快的事件，依照合理情绪理论进行分析，事件是什么，情绪是什么，起到中介作用的信念又是什么？信念可能是非常隐蔽的，因此，请随时记得三个关键词：绝对化要求、过分概括化和糟糕至极。最好拿一张纸，把找到的信念都记下来。

第二步，想想这样的信念是否还出现在其他的生活事件中，是否也给自己造成了情绪困扰，情绪的强度有多大。比如，当你发现自己有完美主义倾向时，你不妨回忆一下，自己通常在什么时候表现出这一倾向。当自己未能很好地控制事情进展的时候，自己体验到了多大程度的挫败、愤怒或者羞耻？

第三步，就是与自己的不合理信念进行辩论，让理性彻底说服自己，从而放弃这些不合理的信念。按照前面我们对三个特征的质疑方式，在辩论时，可以采用这样的问题："真的是绝对必须如此吗？假如事情不按我所期望的发展，又如何呢？""局部的不完美真的可以代表整体的失败吗？""这件事情真的有那么糟糕吗？我的生活因此就无法继续了吗？"

第四步，当理性获胜以后，牢记这一刻的胜利。在今后的生活中，一旦再次遇到相似情境，不要让不良情绪吞噬你的整个思维，要记住，你有一部分信念是不合理的，你已经证明了它的不合理。要有意识地去用相对合理的信念来进行思维，从而改善自己的心情。

请记住：在生活中我们快乐与否，并非完全取决于事物本身，在更大程度上取决于我们自己，取决于我们对事物的认知与态度。掌握合理情绪理论及其应用，不仅可以帮助我们在遇到情绪困扰时认识和摆脱不良情绪的困扰，而且有助于我们保持恰当的心态，避免不良情绪的发生。

三、大学生常见的情绪问题

大学生的生活其实并不如外人想象的那样阳光明媚，他们也可能被各种负性情绪所困扰，脱身不得。这里所指的情绪问题是指过于强烈或持续时间过长的过度的情绪反应。由于篇幅所限，我们在这里只论述四种对大学生影响最大的负性情绪，它们分别是：焦虑、抑郁、愤怒、羞耻。

（一）背着包袱上山——焦虑情绪

简言之，焦虑就是对未来的一种担忧。由于预期某种可怕的情境将会发生，又感到自己无法采取有效的措施加以预防和解决，从而感到害怕、忧心忡忡、紧张不安、烦躁、易激惹等，同时可伴有手足心出汗、坐卧不安、失眠、食欲不振、疲倦乏力等生理症状。

焦虑的人总会害怕有些不好的事将降临到自己身上,从而终日惶惶。对当代大学生来说,焦虑可能发生在学习生活中的各个方面:期末考试的成绩、人际关系的处理、老师布置的任务、出国、考研、找实习、找工作……机会和选择太多,不确定性也实在太多,自己似乎总也算不清,看不明,更做不到最好。这样想的时候,焦虑情绪就产生了。

焦虑在大学生当中最为常见。在它背后隐藏着一种完美主义的诉求。高焦虑的人需要掌控感,需要精确地控制自己的生活,容不得意外的发生。比方说,一个焦虑的人可能会担心自己考试不及格怎么办,为了减小这种可能,他会付出极大的精力在学习上,从而保证自己成绩优异。所以焦虑的人学业成就通常会比较高,而大学生也就往往是焦虑的易感群体,在名牌大学里尤甚。从这方面看,焦虑是有其积极意义的,或者说,适度的焦虑是必须的。假如我们失去了对未来的担心,也就失去了前进的动力。然而,在另一个极端上,假如我们把时间和精力都投注给了对未来的担心,焦虑就是一种危害严重的情绪了。

打个比方,焦虑就好像一个旅游者在登山之前,首先担心自己"爬不上怎么办"。他于是愁眉苦脸地担忧着,越是看这座山,越觉得高而陡峭,越是对自己没有信心。过度的担忧积累下来,变成一个沉重的包袱,牢牢地拴在他的肩上。原本上山不吃力的,背上这包袱以后也变得吃力了。

焦虑可能是明显的,也可能是隐蔽的。当一个人为了找工作的事心烦意乱,寝食不安的时候,我们知道他正在焦虑;当一个考生在考场上汗如雨下,心跳如鼓的时候,我们知道他正在焦虑;当一个同学红着双眼,告诉你昨晚他通宵失眠的时候,我们知道他正在焦虑……对于这些焦虑,我们认识得很清楚。然而,当你的室友每天坐在电脑前面打游戏,看上去懒洋洋提不起精神的时候,你知道他很可能也正在焦虑吗?这种焦虑是极隐蔽的。对这些人,也许再过两天就是上交论文的期限,他心里分明很慌,他有强烈的焦虑感,但是焦虑的后果可能是回避,因为任务太重了,他害怕去面对,于是他选择了扭头不看。他打开电脑却烦躁得不想动笔,结果他又开了一局游戏。这样磨蹭下来,时间越来越少,该做的事没做,焦虑越来越高,形成了一个恶性循环。这时的焦虑就完全是一种有害的情绪了,它不再能起到促使人积极采取行动的作用。

克服此种焦虑情绪的方法,就是所谓"积极采取行动",把精力从对未来的担心,转移到现实层面的应对上来。少去想"未来会发生什么",多去想"现在我能怎么做"。记住:担心无助于问题的解决,解决问题唯有依靠行动。

例如,当一个人担心考试成绩的时候,最有效可行的应对办法就是多加复习。如果他把时间花在担心"考试失败怎么办",那他的担心永远不会消除,而一旦他开始采取行动,真正着手复习了,焦虑就会迅速减轻,因为他的掌控感增强了,他可以通过控制自己的行为,去减少未来发生风险的概率。

最后,我们还应该学会妥协。总有些事是无论自己怎么努力都未必能办到的,能做的也许只能是降低自己的期待。古话说得好:"岂能尽如人意,但求无愧我心"。我们已经积极尽力了,剩下不能控制的,又何必枉费心思呢。

(二)生活不见阳光——抑郁情绪

"郁闷"已经成了当代大学生的口头禅,它是否就等同于我们所说的抑郁?答案是它们既有相似之处,又有明显的区分。那些大呼"郁闷"的人,通常是撞上了倒霉的事,一时不快,说说也就过了。而抑郁却沉甸甸的挥之不去,它不仅是指对一个负性事件的反应,更包含了一种持续低迷的情绪状态。具体地说,它包括情绪低落,心境悲观,兴趣减退,回避交往,躯体不适,睡眠改变,食欲改变,思维和行动迟缓等各种可能的反应。那种感觉就像是成天都看不到阳光一样。

从认知上讲,抑郁的人对自己,对世界,对未来,持有一种远比现实状况更糟糕的评价。一个各方面都不错的大学生,抑郁时可能会觉得自己是最差劲的,自己的人生简直是一事无成,而任何一个旁观者都知道事实显然并非如此。身陷抑郁情绪中的人,往往无精打采,认为生活中没什么值得高兴的事情,饭菜不好吃,活动不好玩,甚至连笑话都不好笑。他们感觉未来是没有出路的。他们的言谈中流露出一种深深的无助和无望感。严重抑郁时可有自杀的念头和举动。

抑郁情绪通常是由某些负性生活事件引起,比如亲人或朋友去世,恋爱挫折,朋友背叛,成绩下滑,竞争失败,等等。这些事件的共同特点是给人带来丧失,丧失使人心情低落。其实这是正常的,正常人在遭遇丧失时都会感到哀伤,大多数人都可以通过一段时间的调整来恢复常态。

需要强调的是,抑郁情绪并不等于抑郁症。之所以特别强调,是因为现在的媒体大力宣传抑郁症的知识,有时反而给人一种错觉,以为抑郁症无处不在,造成了一种谈"郁"色变的恐慌,稍有消沉就疑神疑鬼,反而无助于正常生活的维持。其实抑郁症作为心理疾病的一种,有严格的诊断标准,并非完全如我们的想象(参见第 11 章)。大学生抑郁情绪比较常见,并且具有多种形式,大多数属于一般的情绪反应,有一些属于心理障碍的范畴,极少数属于严重精神疾病范畴。总之切记,抑郁不等于抑郁症,任何人都会有情绪低落的时候,大可不必把抑郁与"抗抑郁药"、"自杀"联系到一起。

虽然抑郁不等于抑郁症,抑郁也不是愉快的情绪体验,并且有进一步损害身心健康的可能。抑郁时会对各种活动丧失兴趣,生活没有动力,学习和工作效率可能严重受损,所以,当我们感觉心情低落时,为了减少抑郁对我们社会功能所产生的不良影响,要特别注意及时调整自己。抑郁的产生主要是由于不合理的认知和观念,所以对于负性生活事件要有恰当的认识,要以积极的、建设性的认知取代消极的认知,这是改善抑郁情绪最重要的方法。抑郁时还要学会通过与亲朋好友交流或记日记等方式主动宣泄不良的情绪,积极参加活动,寻找一些开心的事。如果觉得自己无力改变自己的情绪状态,可以寻求心理咨询师的帮助。当我们发现周围同学心情低落时,应主动接近并关心他们,为他们提供一定的社会支持,让他们感到有人关心,有人同情,有人理解,并积极倾听，帮助他们宣泄痛苦。另外，如果感觉有人有自杀的可能，要及时向老师报告。

专栏2：自杀及其防治

自杀永远是一个沉重的话题，但它又无可回避。在大学校园里，自杀的悲剧时有发生，给当事人自己、家长、老师、同学，都带来巨大的伤害。这篇专栏旨在普及与自杀有关的基础概念，增强大家的识别和干预能力。

自杀背后包含着不同的原因，一般来说，可以分为冲动型自杀、理智型自杀以及精神障碍导致的自杀三种类型。

冲动型自杀常由于爆发性的情绪所引起，诸如委屈、悔恨、内疚、羞耻、激愤、烦躁、赌气等等。这类自杀通常进程较快，常突然发生，并且能够找到较为明显的导火索，是情绪失控状态下的冲动行为，有时也称为情绪型自杀。冲动型自杀最为常见。

理智型自杀不是因为偶然的刺激唤起，而是由于自身经过长期的评价和体验，作了充分的判断和思考之后，逐步萌发出自杀意向，有目的、有计划地执行自杀措施，其进程通常较缓慢，对其自杀意念的识别也更困难。理智型自杀是由于长期对生活的负性感受所引发的种种不良情绪和消极认知的累积所致。

精神障碍也可能会导致自杀，其中最为常见的是重症抑郁症患者。其他如精神分裂症中的某些症状（如妄想、幻觉）也可能导致自杀行为，但较少见，某些人格障碍的患者可能会以自伤和自杀行为作为一种要挟手段，通常他们不是真的想死，但处理不慎也可能导致自杀成功（如割腕未得到及时救治）。

说到自杀危险性的评估，加拿大的黄蘅玉博士曾总结过一个4P模式，即痛苦（pain）、计划（plan）、既往史（previous history）和附加情况（plus），这是一个比较全面的评估标准。"痛苦"是问这个人受了怎样的伤害，对他而言是否是不可忍受的？他的情绪如何？"计划"包括他是否定下了自杀的时间、地点、方式？其方式是致命的吗？他是否真的可能实施这个计划？"既往史"包括他过去是否有过自杀计划或行为？是否有重要他人的丧失或其他身心上的创伤？"附加情况"涉及这个人的社会支持，他有没有朋友？有没有活下去的理由？通过对这些方面的综合考查，可以大致评估出一个人自杀的风险究竟有多高。

我们常常对自杀存在一些误解。最明显的莫过于，我们总是回避与有自杀可能性的人谈到"自杀"这两个字，仿佛这样就不会促成他们的行动一般。事实上，和他们谈论这个话题，并对其危险性作出评估，较之缄口不谈更能起到保护和帮助的作用。

另一个误解在于，那些口口声声说自己想要自杀的人，都是故作姿态而已，真想自杀的人是不会说出来的。这话只讲对了一半，确实有一部分计划自杀的人会保持沉默，但这绝不意味着谈论自杀的人没有危险。如果你身边有人直接或间接地谈论自杀，或者行为反常,比如无故向朋友道谢等,千万不要掉以轻心,悲剧可能就发生在不经意间。

(三) 以愚蠢开始,以后悔告终——愤怒情绪

愤怒情绪的定义无须赘言,当遭遇到不愉快的刺激,或者说自己不希望发生的事情,我们的反应要么是抑郁,要么是愤怒。抑郁是指向自己,愤怒是指向他人。当我们体验到愤怒的时候,那是一种伴有强烈生理唤起的反应,沉浸于愤怒的人通常会感到情绪不受控制,会有强烈的攻击冲动。

当我们感到"你凭什么那么对我!"、"这太不公平了!",感觉血往脑门上冲,浑身肌肉紧张,我们正处于愤怒的情绪中。我们可能会拍桌子、跺脚、大声吼叫,我们可能会说出最绝情的话,目的是为了最大程度地伤害让我们愤怒的对象,我们甚至会挥出拳头,让事态失去控制。然后,等我们的情绪平息下来,会感到后悔,虽然也许已经迟了。

一对热恋中的情侣,就因为有一天约会时男方迟到了半个小时,女方愤怒不已,从数落到吵嘴,逐渐升级,最后失手打了男友一个耳光。后者一怒之下赌咒发誓,拂袖而去。原本甜蜜的一段感情就为了这一件小事而结束,事后双方都很黯然,却再也没有破镜重圆的心情。——愤怒摔碎的碗永远也补不回来,关系的裂痕也是一样。

为什么会产生这样激烈的情绪?

有时,愤怒是因为我们有错误的认知,认为不愉快的事件是别人蓄意造成的。以迟到失约为例,没有人喜欢在约定地点孤零零地等半个钟头,但我们至少能考虑一下,也许对方另有苦衷?会不会有什么重要的事?总之,这行为并不是对自己的蓄意攻击。

有时,愤怒是因为我们经历了错误的强化。也许在童年的时候,每当遇到不合心意的安排,我们就通过愤怒的吼叫去迫使大人屈服。愤怒带给我们很多收益,获得掌控感。我们以为这一模式也可以在成年沿用,然而事与愿违。作为成人,我们的愤怒只能给自己带来伤害。

有时,愤怒是因为我们不够宽容,当我们太执著于从自己的角度看问题时,往往会忽略别人这样做的道理。每个人都有一套价值观,谁都无权将自己的思维和行动方式强加于人。所以,当你因为和别人出现了意见上的分歧而准备愤怒的时候,请告诉自己:节制,节制,节制。

在气头上时,我们一定要保持沉默,告诉自己"现在还不合适,过十分钟再表达"。如果自觉有控制不住的趋势,那最好能离开现场。虽然这会让我们感到相当的委屈和难受,然而,等愤怒的情绪消退下去,你会为这一选择庆幸不已。永远记住:"愤怒以愚蠢开始,以后悔告终。"

(四）别人在看着自己——羞耻情绪

羞耻是一种指向自我的痛苦、难堪、耻辱的体验。这种情绪不同于"害羞"、"腼腆"等自然性的反应，而是一种与文化关系密切的情绪。我们对羞耻最直观的印象就是：自己的缺陷正暴露于别人的目光之下，从而脸红耳热，愧恨难当，既对自己憎恨，又对环境无奈，更对别人的看法不敢揣测，甚至"恨不得找个地缝钻进去"（逃离现场）。羞耻情绪是跟场景高度相关的。通常来说，这种情绪产生时需要有外人在场，并且自己正被外人关注。一个人独处时，犯了错误，或者虽然有外人在场但外人并不知情，这时的悔恨感觉被称为"内疚"，而不是"羞耻"。内疚是基于一个人对自我的道德要求，羞耻是基于外人对自己可能有的评价。羞耻会引发对自己整个人的负性评价，认为自己在别人面前丢了脸——无能、无力、无价值。

羞耻情绪可能转化为愤怒。例如，一个领导在被下属指出自己的缺点以后，因为感到羞耻，觉得自己的权威受到了挑战，可能会以大发雷霆的方式表现出来（即"恼羞成怒"）。同时，羞耻情绪也可能转化为抑郁。例如，一个学生觉得自己当众丢了脸，很多天以后仍然认为别人会看不起自己，因此不敢出门见人，不敢与以前的熟人打交道，每天忍受孤独和抑郁的折磨。羞耻还可能引发焦虑，一个人因为某一次在众人面前讲话遭到嘲笑，从此回避当众说话的情境，一旦需要上台做报告就会满头大汗，心跳加速，感觉极度焦虑。同时，严重的羞耻感还可能导致自杀行为，极端的耻辱会让当事人觉得"没脸活下去"。

羞耻并不是一种完全的负性情绪，正常人都应该有适度的羞耻（"不知羞耻"是一个贬义词），因为适度地体验到羞耻可以有效地规范我们的行为，让我们适当地按照社会规范生活，适应社会。然而，和其他的负性情绪一样，过度的羞耻就是一种有害的体验。尤其是一些称为"羞耻易感性"很高或"易羞耻"的人，可能会在一些实际不用体验到羞耻的场景中体验羞耻，并转化为对自身的伤害。例如，某女生在课上回答问题时说错了一句话，全班哄堂大笑，女生便因此觉得非常丢脸，接下来好几节课都低着头不敢见人，以为每个人都还记得她刚刚闹出的笑话。这就是对羞耻过于敏感。事实上，在这种场景中，大多数人都只会感到轻微的羞耻或尴尬。

克服"过度羞耻"的办法，一是要认识到自身有容易羞耻的倾向性，二是尽可能地悦纳自我，增加自信，相信自己是一个有价值的人，不会因一两件具体的事而否定掉整个人的价值；三是在自己体验到羞耻时，不妨在脑子里做一个"换位假设"：在刚刚的那个场景中，自己只是一个旁观者，自己会有什么样的想法？前面提到的那个女生，在进行这样的假想时，很容易便想到：如果是自己听见别人说错了一句话，可能也会哈哈大笑，但并不会因此讨厌或鄙夷那个说错话的人，并且，一节课还没结束，很可能就已经把这件事忘在脑后。既然如此，别人看待自己刚才的错误也是同样。所以，自己的羞耻感是毫无必要的。

四、情绪的控制与调节

法国作家蒙田说过:"恰如其分的感情才最容易为人们所接受和珍惜。"对大学生而言,培养管理自己情绪的能力无疑是十分重要的。管理情绪,一方面,是要控制好自己的情绪,不能毫无节制地表达;另一方面,则是学会调节情绪,能够很快地从负性情绪中恢复过来。

(一)情绪的控制

情绪控制是指选择情绪反应的方式和情绪反应的程度。首先需要澄清的是控制情绪不等于抑制情绪,更不等于无限制地抑制情绪反应。我们中国人向来是倾向于抑制情感的,似乎始终保持平淡温和的状态才是智慧和修养的表现。这固然有其内在道理,但是,处于这样文化氛围下的我们就会形成一种心理,仿佛见不得自己或别人有情感反应。比如,我们是不大接受别人哭的,哪怕小孩子挨了打,委屈得号啕大哭,父母也会强制他"不许哭","不要哭了!"这时候,我们似乎在为他人的负性情绪感到焦虑,总觉得有义务替他们抹去,至少让他们把它藏到心里。

"不哭"等于我们所说的控制情绪吗?答案是否定的。在特定的情境下,比如亲人离世,有强烈的情绪反应是很正常的事,我们不但不应抑制,还应当鼓励这种情感表达。如果一个人在应该悲哀的时候看起来一点都不悲哀,神色如常,我们反而会觉得他是不正常的。所谓控制情绪,不等于抑制那些正常的情绪反应。纵然它看上去是不愉快的、令人担忧的,但是在此时此刻,这个人需要这样的情绪体验。

对待情绪的态度是允许产生,允许存在,知道它们是正常的反应,但是情绪反应的强度要适宜,情绪的表达要适当。还是举亲人过世的例子,在经历丧失后的一段时间里,谁都会很悲伤,要承认悲伤的存在,也要认识到它是正常的。但是,这种悲伤应以一种合理的形式和强度表达出来,可以哭,但不能哭得彻底失去节制,要是像晋代的阮籍一样,一面喝酒一面悲号,至于"吐血数升",那就悲伤太过了;又或者,事情已经过去了很多年,自己犹然沉浸在它带来的悲伤里,终日戚戚,这种情绪反应的强度就超出了正常范围,这就需要专业的心理帮助了。即便是正性的情绪,我们也应学会有节制地去体验和表达它。如果表达得超出限度,哪怕是喜事也可能乐极生悲。《儒林外史》中的范进,中举之后大喜若狂,结果险些疯掉,就是一个例子。

情绪的控制还表现在情绪的表达要符合社会的规范。比如说,当你和朋友之间发生了误会,你可以愤怒,也不必去压抑这种愤怒,你可以严肃地告诉他你很生气,但你不可以直接一拳打过去。一般来说,喜怒哀乐是人之常情,但是要根据时间、地点、场合、对象,根据社会的道德规范,采取适当的表达方式。

控制情绪也指在承认情绪存在的前提下,不感情用事,不让情绪彻底吞噬自己,以至对生活造成负面影响。要恰当地控制自己的情绪,首先要学会觉察自己的情绪,要承认某种情绪的存在。我们常说的"积怨"就是情绪被忽略,没有得到恰当的表达和处理,以致某天忽然爆发而失控。其次,在强烈的情绪状态下为避免说出日后会后悔的话或行为过火,需暂时冷静一下。暂停法或冷却法对控制情绪是很有效的方法。此外,在向他人表达自己的情绪时要注意选择恰当的时机谈论自己的感受,这样会有助于进行情感沟通。

(二) 情绪的宣泄

当产生了激烈的负性情绪以后,比如强度很大的悲伤,或者不可遏止的愤怒,我们能做的除了控制它的表达,就是及时把它宣泄掉。当情绪反应发生时,人体内潜藏着一股能量,过分压抑只会使情绪能量积聚起来,产生情绪困扰。对情绪的适度宣泄,有利于身心健康。宣泄是有技巧的。倘若不得其法,宣泄情绪的过程也可能对自己造成伤害。

我们从案例说起。白丽是一个大学二年级的女生,前不久,她刚结束了一段失败的感情。白丽和男友是高中时谈的恋爱,两人不在同一城市念大学,只通过电话和网络保持联系。然而,就在他们恋爱快要满三年的时候,白丽意外地发现男友在学校里和另一个女生关系暧昧。经过反复的质疑和争吵,白丽选择了结束这段关系。这之后的一段时间,她的情绪一直在悲伤和暴怒中交战。如何帮白丽平稳度过这段时期?

最简单的一个建议是:她必须"说"出来。也就是我们通常所说的倾诉。倾诉的对象可以是亲朋好友,可以是心理咨询师,也可以仅仅是记日记,用这种方式自己对自己倾诉。倾诉可以给她一定的社会支持,同时叙述也是一个整理和再加工的过程,这个过程会有利于她情绪的稳定化。有时我们作为听众可能会很烦,因为这个人可能总是在反复说一件事情,一见面就说,说了很多遍还说,像祥林嫂一样絮叨。但是我们应当给予接纳和包容,不要嫌烦,把它看做这个人自然康复的一个过程,给予一定的积极关注和倾听,适时表达出你对她的理解。这些简单的反应对她来说都会是莫大的支持。

也可以通过体力消耗来释放一点能量,比如参加体育运动。有很多人处在一种激烈情绪状态下时,常常会有种愤懑无法言说的感觉,比如想大声哭喊,想打人,恨不得把浑身的劲都给发泄出来。这其实是生理上的一种自然反应,当然我们不能真的打人,因为这是不被社会规范所允许的,但我们可以打沙袋来替代,我们也可以通过跑步,或其他强度较大的体育运动,来寻求这种"发泄"的感觉。总之,可以找到既适合自己,亦不违反社会规范的宣泄方式。

如果能把这种能量运用在更有建设性意义的领域,那就更好。这种建设可以是艺术方面的,比如写一首诗,画一幅画,弹一支曲,把感情放进去;也可以是学业和事业方面的,即所谓"化悲痛为力量",让负性情绪为生活带来积极的成果。这种方式在心理学中称为升华,升华也是情绪宣泄中一种重要的方法。

(三) 情绪的有效调节

我们都希望自己的生活能够更加愉快,这就要求我们学会情绪的调节。它能让我们不在负性情绪中流连沉溺,在最短的时间里恢复如常。

以下一些建议都是可行的:

1. 转移注意

发生情绪反应时,可以有意识地转移话题或做些别的事情来分散注意力,可以把注意力转移到使自己感兴趣的事情上,或暂时避开令人伤心的地方。比如,外出散步,看电影,听音乐,读读书,找朋友聊聊天,换换环境等。这些活动有助于使情绪平静下来。另外,通过参加新的活动,并在活动中寻找到快乐,有助于增进积极的情绪,以对抗消极的情绪。

2. 培养幽默感

学会用幽默来化解生活中遭遇的不快。弗洛伊德认为,幽默给人们带来快感,它把充满能量和紧张度的有意识过程转化为一个轻松的无意识过程。而我们所谓的幽默感,并不完全是一种语言上的机智,更多的是一种心态上的轻松和潇洒。真正富有幽默感的人,每每能在最紧张或尴尬的时刻,展颜一笑,怡然自得。善于幽默的人,不开庸俗的玩笑,不随便拿别人开心,在非原则的问题上,宁可自我解嘲,而不去刺激对方。

3. 增加愉快的生活体验

学习培养生活的趣味。有时我们在校园里呆得久了,我们的生活只剩下书本、作业和考试,再就是电脑和网络,生活总显得枯燥。但其实生活并没有变,它永远是灵动而富有趣味的,只是我们失去了找寻趣味的心思。若我们在疲于奔命之余,愿意留心欣赏,那么一朵白云,一片树荫,都可能是开阔心胸的契机。宋朝诗人黄庭坚有句诗:"坐对真成被花恼,出门一笑大江横。"传神地写出从烦恼到豁然的情绪变化过程,导致这一变化的与其说是江水,倒不如说是他本人对自然和生活的热爱。一个人若有这样的趣味,还会被什么烦恼困扰住呢?

积极参加各种有益身心的活动。体育锻炼、音乐会、美术馆、朋友聚会……活动中不但易于结识志同道合的朋友,而且也让生活变得丰富,变得富有乐趣和生机。当你把兴趣投注于喜欢的事物上时,负性情绪也就没有容身之地了。

多交朋友,建立自己的社会支持系统。有了它,就意味着有人随时在尊重、照顾和爱护你。处于负性情绪中时,朋友不但可以给你最有效的帮助,也能让你重新看到生活积极的一面。爱交朋友的人,终日都是开朗而愉快的,纵然常有意料之外的事件发生,却很少会被负性情绪所击垮。

4. 学会自我安慰

当我们在学习、就业、人际交往中遇到了困难和挫折,在经过最大努力仍不能改变状况时,可适当地进行自我安慰,要说服自己适当让步。可以找一个借口或理由,将不成功归因于环境条件和客观现实。比如,可以用"胜败乃兵家常事"、"塞翁失马"等进行自我安慰。自我安慰有助于人们在重大的挫折面前接受现实,接受自己,避免精神崩溃,有助于保持情绪的安宁和稳定。

5. 培养积极乐观的心态

学会从光明的一面看待事物,把注意力放在积极的令人愉快的事物上,而非消极的令人烦闷的事物。即使同样的事物,不同的眼光也会关注到不同的属性。一个故事早已家喻户晓:两个人看同样半瓶水,一个想:"真好,还有半瓶水呢!"另一个想:"倒霉,只剩半瓶水了!"他们的眼光不同,看到的东西自然不一样。第一个人可以自得其乐,第二个人却只能空自叹息。心态决定我们的心情,甚至改变我们的际遇。

6. 不自寻烦恼

生活中烦恼是不可避免的,如疾病、失恋等会让人烦恼,但有些烦恼却是自找的。有些人把目标定得高不可攀,有些人轻易就贬低自己的价值,有些人总料想会有什么坏事,有些人喜欢小题大做,鸡蛋里挑骨头,有些人总觉得自己受苦受难,有些人认为事事都该比别人强。这些人很容易就陷入烦恼的境地。不自寻烦恼就是不要苛求自己。遇到烦恼时分析一下是否是自寻烦恼,这些烦恼通过自己的主观努力是可以消除的。

小结

情绪时刻伴随着我们的生活,对我们的身心健康有着直接的影响。本章介绍了情绪的一般心理学知识,包括情绪的基本概念,情绪活动的特点,正常情绪反应和不良情绪的概念,以及情绪对身心健康的影响,希望大家能够了解情绪活动的规律,并据此妥善管理自己的情绪。由于认知对情绪的重要影响作用,重点阐述了情绪的一个认知理论,合理情绪理论,及其在自我调节情绪中的应用。本章还论及大学生常见的一些情绪问题,包括焦虑、抑郁、愤怒、羞耻,及其应对方法。最后,讨论了情绪控制与调节的原则与具体的方法。通过这一章的学习,愿大家能够提高自己情绪管理和调控的能力,以积极的心态感受大学生活的酸甜苦辣。

本章要点

(1) 情绪的产生与个人需要的满足有关。情绪包括了主观体验、生理反应和外在表现三个要素。情绪具有两极性、过程性和非理性。

(2) 无论是积极或消极情绪,只要由适当的原因引起,情绪反应的强度与引起该情绪的情境相称,情绪作用的时间随情境而变化,都是正常情绪。不良情绪是指过于强烈的情绪反应或持久性的消极情绪。

(3) 合理情绪理论认为情绪的产生是由人们对诱发事件的解释和评价所引起,改变不合理的信念,可以改善情绪。

(4) 控制情绪不是对情绪的抑制,而是控制情绪反应的强度,选择恰当的情绪表达方式。情绪需要适度的宣泄。

小练习

写出最近一件让你产生负性情绪的事,运用合理情绪理论进行分析,分别写出诱发性事件、情绪结果,可能的不合理信念,并说明为什么该信念是不合理的。

思考题

想象你的室友最近一段时间心情低沉,作为他(她)的朋友,你可以用哪些方式来帮助他(她)?

推荐阅读书目

(1) 〔美〕Albert Ellis 著,广梅芳译.《别跟情绪过不去》,成都:四川大学出版社,2007

(2) 刘翔平著.《感觉良好:认知改变心情》,北京:中国经济出版社,2007

(3) 唐登华著.《与烦恼相处:精神的主客观分析》,北京:民主与建设出版社,2000

10

与压力握手——压力与心理健康

> 希望与忧虑是分不开的,从来没有无希望的忧虑,也没有无忧虑的希望。
>
> ——拉罗什夫科
>
> 人们生命中的成功,不是由我们能忍受多少压力来决定的,而是由我们欢迎生命中有多少的压力,以及我们承受压力的程度来决定的。
>
> ——周伟鸿,职业经理人

1995年10月,美国某海军军舰和加拿大当局在纽芬兰岛海面上通过无线电进行了下面一段对话。

美军舰:请把航线转向北15度以防止碰撞。

加拿大当局:建议你把"你的"航线转向南15度以防止碰撞。

美军舰:我是美国海军军舰舰长,我再说一遍,改变"你的"航线。

加拿大当局:不,我再说一遍,改变"你的"航线。

美军舰:这是密苏里号航母,我们是美国海军的大军舰。现在改变你的航向!

加拿大当局:这是一座灯塔,请你下令改变你的航线。

在我们的生活中,或许都会和某些"美国航母"遭遇,它们会向我们施压,让我们不得不改变自己的"航线"。可是对于一座"灯塔"来说,无论再大的军舰都必须绕行。或许我们可以问问自己,在我们的生活中,究竟什么是真正的"美国航母"?在面对压力时,我们又能否选择去做一座坚实的"灯塔"?或许读完本章之后,你对上面的问题会有一些全新的答案。

(故事来源:《心理压力与应对策略》)

一、撩开压力的"面纱"——压力概述

对于生活在当今大学校园里的众学子而言,"压力"早已不是一个陌生的字眼。"最近压力好大啊!"几乎已经和"最近很郁闷!"一起成为了校园中交流彼此生活和心情状态的流行语。按照这个趋势发展下去,或许有一天,校园里彼此打招呼的客套话也将变成"最近压力大吗"?

每个人在生命的历程中都不免会要面对各种各样的要求、变化、挑战和障碍,这些要求、变化、挑战和障碍中有些是来自外界环境的,有些则源于我们的内心。生命从一开始似乎就是和"压力"相伴的,每一个自然分娩的婴儿在降临到这个世界前都会经历母亲产道的挤压,在母亲拼尽全力的努力下离开温暖的母体,进入这个陌生的"美丽新世界",开始自己的人生之旅。无论从书本上,还是在我们的日常生活里,把"压力"等同于"动力"的例子比比皆是。古语有云:"天将降大任于斯人也,必先苦其心智,劳其筋骨,饿其体肤,空乏其身,增益其所不能",这一励志名句传达给我们这样的信息:逆境磨砺意志,压力催人奋进。但另一方面,近年来国内媒体频繁报道了从商界精英到知名大学的顶级教授,以及著名IT企业里的新员工英年早逝的现象,还让专门描述这类死亡现象的"过劳死"一词迅速为大众所熟知。这些事例则在提醒我们这样一个残酷的现实:压力是一把双刃剑,它既能让你上天堂,也能让你入地狱。

压力到底是什么呢?它是一粒"大补丸",一剂"强心针",还是一帖"慢性毒药",一道"催命符"?或许每个人都有不同的答案。在这里,不妨让我们先借"心理学"之手,撩开它的面纱一看究竟。

(一) 压力的概念与分类

在心理学中,压力也被称为应激,它既可以指要求机体进行调整和适应的需求,也可以指机体在面对这些需求时,其内部所做出的生理和心理的反应。有的心理学家认为,为了避免概念上的混淆,可以把那些要求机体进行调整和适应的需求称为压力(应激源),把这些需求对机体所造成的影响称为压力(应激)。此外,还有一个与压力(应激)有关的重要概念,那就是应对,它指的是机体为处理和面对压力(应激)源所做出的努力(Butcher, Mineka, & Hooley, 2004)。

这一长串的科学定义看起来似乎有些复杂,我们也可以通过三个关键词来把握压力的概念。第一个关键词是"刺激",也就是那些要求机体做出调整和适应的需求。刺激既可以是让人感到紧张的事件或某个特定的环境(比如高考),也可以是来自内心的某个自我期望和愿望(比如"凡事都要做到最好"的自我期望)。第二个关键词是"紧张状态",由于刺激的作用,我们与环境之间出现了某种"失衡"的状态,这种状态既会引发主观情绪上的紧张感,也会引发一系列的生理反应。第三个关键词是"应对策略",为了消除这种由刺激带来的紧张状态,我们会努力采取不同的方式,也就是不同的应对策略。在面对相同的刺激和紧张状态时,每个人的应对策略则会有所不同,甚至会执著于使用某一种策略。应对策略也有好坏之分,有些应对策略虽然在短期内可以有效地消除紧张状态,但是长此以往却会给我们带来更为不利的后果(比如借烟酒消愁)。简言之,压力的含义主要包括以下几方面:压力是使人感到紧张的事件或环境刺激;压力是内部主观的情绪紧张;压力是需求与处理需求的能力之间的关系,需求超过处理能力就导致压力。

不同学者也尝试通过对压力进行分类来研究压力对人们的影响。其中一种分类方式是将压力源分为三种:挫折(frustration)、冲突(conflict)和压力(pressure)(Butcher, Mineka, & Hooley, 2004)。挫折通常是由自外界或内心的障碍和困难引发的,疾病、升学失败、工作差错、遭遇不公正的待遇都会成为挫折的来源。挫折之所以让人难以面对是因为它尤其容易给人带来自我贬低的感觉。冲突则是指同时出现两个或两个以上无法互相调和的需求或动机,即所谓"鱼和熊掌不可兼得"。冲突还可以进一步分成三种类型。第一种是趋避冲突,即对于同一个目标既想接近又想回避。在舞会上看到心仪的异性,想上前打招呼但又怕被拒绝而丢了面子便是一种趋避冲突的情境。第二种是双趋冲突,即在两个或多个理想的目标中进行选择。毕业在即,是继续留在北京大学深造,还是接了知名外企抛来的橄榄枝?这种左右为难的抉择便是一个双趋冲突。第三种是双避冲突,即所面对的都是不尽如人意的选择,我们只能选择那个带给我们损害相对小的选择。在恋爱情境中,你希望的是相互的爱慕,但是你遇到的追求者却不是你喜欢的人,而你又害怕孤独,身处这种窘境中的你便是在面对一个双避冲突情境。作为第三类压力源,压力(pressure)的意思和我们日常生活中使用的"压力"一词的意思可能最为接近，指的是促使或迫使我们达成某个特定的目标或做出某个特定的行为的要求，这些要求既可以是外界施加的，也可以是我们自己给予自己的。以每一个大学生都必然会经历的高考而言，来自父母的"望子成龙，望女成凤"的期望便是一种外在的压力，可能也让不少学子深感沉重。但另一方面，上了重点大学的分数线却因为"不上北大清华便不算读大学"的信念而复读的也大有人在，这种信念便是一种内源性的压力。

另一种分类方式同样也是把压力源分为三类，即生活事件、日常烦扰和心理困扰（李虹，2004）。生活事件是指非连续的、有清晰起止点，并且可以观察到的明显的生活变化。生活事件有积极和消极之分。通常我们会认为，消极的生活事件，例如亲人亡故，和心理问题有更密切的关系。我们容易忽略的是，积极的生活事件也会造成压力，让我们疲于应付。有人总结了所谓的人生四大乐事："久旱逢甘霖，他乡遇故知，洞房花烛夜，金榜题名时"，其实若根据上文所提到"刺激"的定义来看，这四大乐事无疑都满足定义的要求，都需要我们从身心各方面进行某些重大调整。所以，虽说"人逢喜事精神爽"，但"节日疲劳综合征"的存在也在提醒我们，切莫乐极生悲。和生活事件不同的是，日常烦扰是一种长时间的、连续的烦扰、挫折和应对的需求，属于慢性的压力源，包括生活中的小困扰和长期的社会事件（如经济衰退）所带来的烦恼。同时，和生活事件相比，日常烦扰和各类心理问题也有着更密切的关系，这些日常的烦扰有着"滴水穿石"的效应，不断让我们感受到情绪上的困扰，同时也耗损我们的心理能量和应对资源。生活事件和日常烦扰更多涉及外在因素，而第三类心理困扰则来源于个体内心，是内在心理因素的困扰所形成的压力源，是一种自我的压力和紧张感。

当然，上面这两种分类都带有一定的随意性，其实在生活中，我们在某一时刻所感受到的压力很可能来自不止一种压力源。在这里介绍压力的分类并不是为了给我们的头脑再多增加一些条条框框，而是希望借助分类能让我们更容易识别和评估自己的压力，从而能更好地应对它。

（二）如何看待压力

当我们谈及压力时，常想到的是负面感受，比如，过多吸烟和饮酒等行为问题，头痛、失眠、消化功能失调等身体不适，焦虑、抑郁、愤怒等情绪困扰。在一些常见的心理和生理疾病中，压力都是很明显的致病因素。许多人谈压力色变，唯恐避之不及。那么，压力一定是不好的吗？

压力对人的不良影响主要有三方面：(1) 压力过大，人们会由于无力应对而感到焦虑抑郁，导致情绪困扰和行为混乱；(2) 压力不大，但持续时间过长，会不知不觉地影响人们的情绪和行为，累积起来会对个人身心造成不良影响；(3) 如果承受力高而压力不足，人们会感到空虚无聊。有些人会因为空虚无聊而寻求刺激，从而走上了不良的生活道路；或者由于生活的目标和意义减少而感到自己是无用或无价值之人。这里我们可以看到，有时候压力不足也是一种不良状态，生活可能会变得单调乏味，人们会感到空虚无聊。

适度的压力是有益的。心理学研究表明,与未体验到压力相比,适当的压力能促使人们有更好的行为表现。许多人在一定程度的压力下,其表现会更出色,成就更大。这样的例子在成功人士中最常见。许多大学生面对考试压力时也让他们比平时的学习更有成效。压力可以促进我们的成长。在许多情况下压力性事件对个人是一种挑战,个人是有能力应付需求的,但包含一定的冒险性和不确定性。我们的许多技能、经验等都是在压力之下学习到的。比如,大学里对英语学习有一定的要求,因而大学生的英语水平有很大的提高,虽然有不少人学习英语时遇到很多困难而有压力感。另外,现实的压力可以锻炼我们的能力和心智,让我们在未来的压力事件中有更好的表现。那些经历过很多磨难并成功地应对了所面临的压力的人,在面对新的压力时往往更从容,更有信心。

总之,压力在生活中是很难避免的,适度的压力是一种挑战,促使我们不断提升自我,取得更好的成就,而压力过大可以把人压垮。本章所讨论的对压力的管理主要是为了预防压力过大而产生的不良影响。

二、遭遇压力之后:压力的反应

在介绍了压力的概念和分类之后,现在让我们来看一看当和压力遭遇之后,我们究竟会有什么样的生理和心理反应。

(一) 压力的生理反应

谈到压力的生理反应,我们便会提到两个人的名字,其一是美国生理学家坎农(Cannon),其二是被称为压力之父的加拿大内分泌专家薛利(Selye)。坎农用"是战斗还是逃跑"的形象比喻让我们开始关注在面对急性的应激或危险的情境下,人的自主神经系统所做出的一系列反应;薛利则用他的一般适应综合征(general adaptation syndrome,GAS)模型诠释了在持续不断的过度压力之下,我们所经历的生理失调过程。

1. 坎农:是战斗还是逃跑?

在20世纪20年代,坎农开始研究动物和人类在面对危险时的反应。他发现,当机体面对危险时,机体的交感神经系统便会分泌肾上腺素类物质来帮助机体做出两种最基本的反应:战斗或逃跑。此时,机体会经历一系列的生理变化,包括:(1) 心跳加快,血压升高,从而提高主要肌肉群对外在的威胁做出反应的能力;(2) 瞳孔放大;(3) 皮肤收缩,以防止在受伤的情况下失血过多;(4) 血糖上升,从而为机体提供更多的能量。

这种应激反应当然远比我们在上面所提到的生理变化复杂得多,但其实质可以被表述这样一句话:在受到外力作用时,机体会努力维持"稳态",即维持机体内环境的平衡状态。虽然与在非洲草原上躲避猎豹的羚羊相比,生活在现代社会中的我们很少遭遇到这种"生死危机",但现代生活给予我们的压力却不见得让我们比那些羚羊悠闲多少。当压力持续时间过长,或是压力过大的时候,回到机体稳态的状态便越发困难。也许我们会认为,当危险或压力不再时,我们便可以通过休息来恢复原先的状态。在这里需要提醒的是,其实任何应激反应的启动都会给机体系统造成一定的损害。事实上,众多研究已经表明,交感神经系统所做出的应激反应会给我们的心血管系统造成很大的伤害,持续的血压升高将不可避免地损害我们的心脏和血管组织,从而增加罹患高血压、心肌梗塞和中风的危险。

2. 薛利:一般适应综合征

作为压力研究的先驱,薛利注意到压力或应激反应会不可避免地造成某些机体系统的损害:"动物实验清晰地呈现给我们这样一个事实,每一次暴露(在应激情境之下)都会留下一个永久的伤痕……鉴于我们在生活中会不断重复经历压力和进行休整的阶段,甚至某个微小的适应失衡都会一天天地累积起来——这便是我们称之为衰老的过程"。

薛利的这一模型源于一系列针对大白鼠的压力实验研究。薛利将大白鼠置于不同的压力情境下,如让大白鼠生活在不同温度的环境内,给它们喂食有毒食物等,然后观察在压力持续时间不一的情况下,大白鼠的身体状况会发生什么样的变化。薛利发现,大白鼠对于应激的反应可以被划分为三个阶段:警觉反应阶段、抗拒阶段和衰竭阶段,并据此提出了他的一般适应综合征模型。

在警觉反应阶段,个体应对压力或危险的资源被唤醒。这个阶段又可以分为两个亚阶段。首先是震撼期,由于刺激的出现(无论是真实的还是想象中的),个体产生情绪上的震撼,伴随体温、血压下降和肌肉松弛,这样一来在短时间内个体的防卫能力会低于正常水平。然后,个体会进入反击期,心跳、呼吸、新陈代谢等频率均会有所提升,即进入了某种类似坎农所说的"战斗或逃跑"的反应状态。如果警觉反应有效,我们便会恢复到"稳态"状态,但如果反应无效,则会出现某些生理和心理症状,比如持续的焦虑感,胃肠道不适,效率下降等。

如果压力继续存在,那么个体就会进入第二个阶段,抗拒阶段。在这个阶段中,我们通常能够找到一些应对压力的手段,从而在一定程度上维持对生活的适应和控制。这一阶段的特征是把应对压力源作为首要的任务。即使能够暂时应付所面对的压力,我们仍可以发现某些特征,提醒我们在个体身上正发生着生理和心理损耗,比如"杯弓蛇影"的现象。如果无法使用更有效的应对策略,就只能维持"一条路走到黑"的状态。

如果压力持续时间过长或者压力过重,个体的应对资源不可避免地出现消耗殆尽的状况,此时,个体便进入了耗竭阶段。个体可能会使用非常夸张或是有问题的应对策略,或者出现和现实世界脱节的状况,如出现幻觉、妄想、无诱因的暴力行为、麻木、恍惚等,甚至最终导致个体死亡。

（二）压力的心理反应

薛利的一般适应综合征模型描述了在面对持续存在的压力时，机体所经历的不同生理反应阶段，事实上，个体面对压力时的心理反应也可以整合到他的模型中去。许多心理学的理论也都涉及了压力的心理反应问题，但和身为内分泌专家的薛利所不同的是，对于心理学家来说，他们更为关注的问题是压力到底如何改变个体的行为，个体的应对行为又如何起到成功应对压力的效果。

作为心理学的重要流派之一，认知心理学主要运用信息加工的观点来考察和理解人的行为，认知心理学家的主要任务是揭示个体获得、储存、加工和使用特异信息背后的心理机制。对于认知心理学家而言，压力是某种特定的信息，他们对压力的理解着眼于作为主动的、有理性的、有决策能力的个体是如何感知、评价、储存、提取和使用有关压力的信息的。拉扎罗斯（Lazarus）的认知—交互模型便是在这一基本假设的基础上诞生的具有代表性的压力心理反应模型。

在拉扎罗斯看来，压力源是真实存在或个体所知觉到的心理社会压力，而压力则是因为需求与应对源之间的不匹配而产生的。这一压力模型的核心是对压力的认知评估。当我们遇到压力时，我们会做以下两方面的评估：(1) 压力的严重程度：我是否有麻烦了？(2) 周围资源的有效性：我能够做些什么呢？拉扎罗斯把这两方面的评估称为初级评估和次级评估（Sarafino, 2006）。

以感冒为例，在初级评估中，我们首先会判断它对我们是否造成了威胁。你可能会得出三种不同的判断：(1) 它是一种应激：如果你明天要参加一个重要的面试，又害怕感冒会影响你的发挥，感冒无疑便会成为一种压力；(2) 它是有益的：如果你明天要参加某同学的婚礼，而你最近手头很紧，拿不出凑份子的钱，那么感冒便成为了一个不参加婚礼的借口，这样一来感冒便成为了好事；(3) 它无关紧要：如果只是轻微的伤风，休息一下就没事了，那么它对于你便是无关紧要的了。

次级评估是我们审视自己是否有能力应对压力的过程，它不一定紧接着初级评估发生，但两者是密切相关的，次级评估还会反过来影响初级评估。回到上面参加重要面试的例子中，如果你手边有一种很有效的感冒药，它能极大地缓解症状而且又不引起副反应，那么感冒药在手的你再去重新审视感冒对你的影响时，便可能认为它"无关紧要"了。因此在我们日常生活中，常常还会经历一个三级评估的过程，即运用新的信息或根据已做出的应对努力的反馈，重新核查初级与次级评价的准确性。

我们对特定事件所做的认知评估显然会受到事件本身（或环境）特点和评估者本人的特点的影响。一个人的能力、动机、人格特征、信仰系统和文化背景都会影响他对特定事件的评估。不善言辞的人可能会把课堂发言看成是"千斤重担"，但在校园演讲大赛冠军看来，那就成了"小菜一碟"；不过，三个月后当从"口才培训班"顺利结业时，或许"不善言辞的人"就会把三个月前的"千斤重担"重新评估为"普通的沙场练兵"了。就其事件（环境）本身的特点而言，模糊程度、是否可控也会影响我们对事件（环境）的评估。需要提醒的是，我们对事件（环境）的认知评估并非都是准确的，压力是可以被"虚构"出来的。假设你正走在校园里，忽然看到一个酷似你女（男）朋友的人正和另一名异性亲密地手挽手走在一起，你会有什么反应呢？或许你会突然心跳加快，血往脑门上冲，然后赶紧跟上去看个究竟，并最终发现：你认错人了。于是，你长舒一口气——警报解除。不过，在某些情况下，也许你根本就不会上前去确认，而是默认女（男）友自此移情别恋；也可能在某些情况下，根本很少能给你这种"确认"的机会。那时候，你会有怎么样的认知评估，又会采取什么样的行动呢？

（三）压力与应对方式

在本章第一节对压力的概述中，我们便提到应对是一个十分重要的概念，并把它定义为机体为处理和面对压力（应激源）所做出的努力。

首先要指出的是，应对并不是一个单一的事件，它其实是一个不断重复地评估人和环境之间关系的动态过程。在面对压力时，用"八仙过海，各显神通"来形容应对方式的多样可谓再恰当不过了。根据应对的功能可将应对方式分为两大类。应对被认为具有两大功能，其一是改变产生压力的事件，其二是调整压力所引起的情绪反应，因而应对方式被分为以情绪为中心的应对和以问题为中心的应对。前者的重点在于控制压力所引发的情绪反应，这可以通过改变一个人对事件的认知或改变一个人的行为来达到目的。分散注意力是最常见的通过改变行为来达成的以情绪为中心的应对方式，暴饮暴食、酗酒打架，或是找朋友倾诉，到KTV唱歌也都是这类应对方式的例子。而所谓的"酸葡萄"心理（吃不到葡萄说葡萄酸）则是通过认知途径来改变事件对自己的意义从而控制情绪的例子。以问题为中心的应对则是以减少压力所引发的需求，或是增加应对压力的资源为目的所做的应对。估计考试会挂科，主动先向老师求情；发现课程压力太大，坚决退掉几门"锦上添花"的课程都是这类应对方式的例子。心理学研究发现，当我们认为自己无法改变压力事件或压力情境时（比如遇到铁面无私的老师，考试失败已成定局），我们更倾向于用以情绪为中心的应对方式（比如通宵玩网络游戏发泄郁闷心情）；而当我们相信自己具备足够的资源去应对压力时，则倾向于使用以问题为中心的应对方式。当然，在日常生活中，很多情况下可能会同时使用两种应对方式。

我们在面对压力时会有许多不同的应对策略，表10.1中就摘录了一些最常见的应对策略。或许你可以思考一下，这些策略分别属于哪类应对方式？你是否会用它们？它们会带来什么积极的结果？又会带来什么消极的结果？需要提醒的是，有些策略虽然在短期内能缓解压力带来的糟糕体验，但从长远的角度来看不但于事无补，还可能会带来更多的压力。逃避和退缩，盲目的否认或压抑，滥用酒精、药物甚至毒品，一味寻求刺激甚至对他人或自己施加暴力，上述这些的确都是应对策略，也常常出现在日常生活中，但请记住，它们都是消极的应对策略，请尽量把它们从你的应对资源中清除出去。

表 10.1　应对策略举例

• 直接面对压力	• 远离压力情境
• 努力控制自己	• 使用放松技术
• 酗酒或使用镇静剂	• 约朋友出去吃饭
• 在头脑中想象最坏的后果	• 努力将这种处境看成是积极的
• 责备甚至辱骂他人	• 过度工作
• 承担起恰当的责任	• 从事业余爱好

在这一节的最后，讲一个外乡人和羊的故事。在一个阳光明媚的下午，一个外乡人沿着一条河的上游往下游走，走着走着，发现河里漂来一头羊的尸体。这个外乡人顿时感到有些难过，他想起不久前刚下了一场暴雨，把架在上游的桥冲毁了，想必这头羊便是从那里失足掉入河中淹死的。过了一会儿，他又看到河里漂过一头羊的尸体，之后又有几具羊的尸体漂过。当这个外乡人终于走到位于河下游的村庄时，他发现一群村民正聚在一起，一边从河里捞起淹死了的羊，一边摇头叹气。外乡人上前问到底是出了什么事，村民说暴雨把上游架的土桥冲毁了，那些在山坡上吃草的羊想必是过桥时失足掉入了河中，就这样淹死了，这一次还不知道要损失多少只羊呢！外乡人听了这样的回答，又是好气又是好笑，他于是问这些村民，那为什么不到上游把桥修好，反而在下游等着捞死羊呢？

这个故事其实告诉我们的便是防患于未然这个道理，这个道理对于压力的应对也同样适用。在应对策略中有一些可以被称为预防策略，即减少压力源出现的可能性。为自己建立良好的社会支持系统，进行有效的时间管理，提前为可预计的压力源做准备，积极锻炼身体都可以被列入这类预防策略。其实，做故事里的外乡人并不是件难事，但在现实生活中，我们常常会不知不觉变成了那群等在下游的村民。或许不妨让我们停下来回顾一下自己的生活，看看上游的那座桥是否到了该加固的时候。

三、从"量变"到"质变"：压力与健康

如果压力持续时间过长，或是强度过大，超过了我们有效应对的范围，那么就像上文提到的那样，"稳态"被打破了，生理和心理上的失调与紊乱就会接踵而来。多年的研究发现，压力不仅会直接导致机体生理上的变化从而影响健康，也会通过影响个人的行为而间接地影响健康。近年来，由于对压力之下个体的生理心理互动以及这一互动对个体健康的影响的关注，一个新的研究领域——心理神经免疫学正迅速发展起来，重点研究心理社会过程和神经内分泌系统及免疫系统之间的关系，并发现情绪、生活方式和社会支持这类心理社会因素等都会影响我们的免疫系统，从而影响我们的健康（Sarafino，2006）。在这一节中，我们将介绍由于持续的压力或强度很大的压力所带来的两类生理和心理疾病：以躯体症状为主要表现的心身疾病，和以心理症状为主要表现的应激

障碍与适应障碍。

（一）压力与心身疾病

压力会引起生理反应，压力较大时我们会感受到身体的不适。有些是感觉身体疲劳，浑身无力，四肢沉重；有些是全身感到不适，经常感到头晕、头痛、眼睛易疲劳，腰酸背痛、食欲不振，感到困倦，但躺在床上又不易入睡；有些会有胃部不适感、肚子痛、心跳加速、血压升高、失眠、哮喘、溃疡等症状。不同的人由于生理特点的差异会有不同的身体反应。我们需要了解自己在压力较大的情况下容易出现的身体反应，这是压力过大的身体警报信号。这时我们需要考虑积极地调节压力。

压力过度对身体的进一步影响可能会引起所谓的心身疾病。我们知道心理因素会引起或加剧躯体症状和疾病。心身疾病（psychosomatic disorder）又称之为心理生理疾病（psychophysiological disorder），指的是心理社会因素和生理过程相互作用而产生的躯体症状或疾病。

心身疾病的涵盖范围非常广，按照日本心身医学会所制定的一种分类标准（钱铭怡，2006），心身疾病可包括以下这些疾病：（1）皮肤系统：神经性皮炎、瘙痒症、牛皮癣、湿疹等；（2）肌肉骨骼系统：腰背疼痛、肌肉疼痛、书写痉挛等；（3）呼吸系统：支气管哮喘、过度换气综合征、神经性哮喘等；（4）心血管系统：心律不齐、偏头痛、低血压、高血压等；（5）消化系统：胃溃疡、神经性呕吐、过敏性肠炎等；（6）泌尿生殖系统：月经失调、经前紧张、功能性子宫出血、性功能障碍等；（7）内分泌系统：甲亢、糖尿病等；（8）神经系统：紧张性头痛、睡眠障碍、植物神经功能失调症等。另外，口腔溃疡、癌症和肥胖症等疾病也被认为和心理因素有密切的关系。在大学生群体中，常见的心身疾病有原发性高血压、偏头痛、胃和十二指肠溃疡、心动过速、月经失调、睡眠障碍等。

心身疾病是生理因素、心理因素和社会文化因素长期交互作用下的产物。大量研究发现，情绪、人格特征、特定的生活事件以及个体的遗传素质（易感性）都会影响我们是否会患上心身疾病，以及会患上哪一种特定的心身疾病。或许你听到过"A型人格"和"B型人格"的说法。这两种人格特质是由两位美国的心脏病专家发现并总结出来的。所谓的A型人格是指那些喜好竞争，努力向目标奋斗但在努力中或实现目标后却少有喜悦感的人，他们有着强烈的时间紧迫感，常常争分夺秒，手头常常同时做许多件事情，他们还往往容易体验到强烈的愤怒或敌意，尽管不一定会表现出来。许多事业成功人士都有这种倾向。B型人格则正好相反，他们的竞争倾向、时间紧迫感和敌意都较低。有研究发现，有A型人格特质的人更容易患上多种心身疾病，尤其是冠心病和高血压这类心血管疾病，但也有研究发现了不同的结果。不过我们至少可以说，有A型人格特质的人的确会体验到更多的压力，甚至会主动制造或寻找更多的压力，因此他们也不得不承受压力给他们的身心所带来的损耗。

对于心身疾病的干预，除了针对躯体症状的药物治疗之外，自我压力管理和各种不同流派的心理治疗也是重要的干预手段。我们将在本章的最后一节中详细介绍压力的自我管理和一些常见的技术,而如果想更多了解有关心理治疗的内容,可以参见本书的第12章。

(二) 压力与心理障碍

压力会引起心理反应。压力过大时我们的情绪和心理会有所反应。有些人总感到自己活得很累,感觉很郁闷;有些人会感觉焦虑、紧张、急躁、易怒;有些人可能易感觉厌烦,情绪过敏;有些人可能感觉自信心不足。这些情绪和心理反应提示我们压力可能达到一定程度,需要特别关注自己的压力问题,及时进行调节。如果社会功能进一步受损,就可能引起心理障碍。与压力直接有关的心理障碍主要有适应障碍和创伤后应激障碍。

当面对某些生活事件时,一些人会在遭遇这一事件后的3个月内出现一些适应不良的反应,没有办法行使正常的社会功能。此时,他可能会被诊断为适应障碍(adjustment disorder)。适应障碍是指在明显的生活改变或环境变化时产生的、短期的和轻度的烦恼状态和情绪失调,常有一定程度的行为变化,但并不出现精神病性症状。失业(失学)、丧失亲人、离婚或失恋等都是容易导致适应障碍的压力源。症状多在应激性生活事件发生后的1—3个月内出现,临床表现多种多样,包括抑郁心境、焦虑或烦恼,感到不能应对当前的生活或无从计划未来、失眠、应激相关的躯体功能障碍(头痛、腹部不适、胸闷、心慌),社会功能或工作受到损害。从某种程度上来说,适应障碍是所有心理障碍诊断中程度最轻,恐怕也是最不会引发歧视的诊断标签。一般而言,当一个人所面临的压力源不再存在,或是学会了恰当地应对这一压力源,那么适应障碍便会有所减轻或消失。随着时间的推移,适应障碍大多数能够自行缓解,但也可能转化为更为特定的、更为严重的其他精神障碍。因此,对于适应障碍要进行积极的治疗。

还有些时候,我们会遇到一些更为严重的突发事件,这些事件很可能会危及我们的安全甚至生命,例如自然灾害(如地震)、车祸、瘟疫流行、恐怖袭击、抢劫等。在心理学研究中,把这类事件称为危机事件。危机可以被看成是一种意外的且强度很高的压力,由于它的突发性和冲击强度,机体的"稳态"立即被打破,从而迅速进入了身心失衡的状态。需要注意的是,危机反应通常会维持4—8周,危机对我们的影响在生理上、情绪上、认知上和行为上都会有所反映。因此,如果自己或周围的人在重大的危机之后暂时出现混乱、不安、恐惧、紧张、惊慌这些负性的情绪反应,或者产生退缩和逃避等行为,不必惊慌。我们要知道,危机是具有自限性的,也就是说危机所带来的影响是会随着时间慢慢消退的,大部分人都可以顺利渡过危机。不过,因为危机的性质,每个人的个性特点、应对方式和支持资源有所差异,所以也有人会出现适应不良,甚至严重的心理症状。创伤后应激障碍(posttraumatic stress disorder,PTSD)便是这样一种在突发性、威胁性或灾难性的生活事件发生之后发生的心理障碍,简而言之,它是一种创伤后心理失去平衡的状态。鉴于它是一种较为严重的心理障碍,因此需要专业人士的帮助。

最后,要指出的是,并不是只有亲身经历危机的人才会有严重的反应或严重的心理创伤。其实,当一次重大的危机发生之后,更多的人会成为"隐形"的受害者。在心理学中,分出了三个等级的受害者:一级受害者指的是危机的直接受害者;次级受害者是和一级受害者有着密切关系的人,比如家人、师生、朋友等;三级受害者是在危机之后和创伤受害者有接触的人,比如学校处理危机事件的行政人员、救援人员、警察等。因此,要注意的是,即便你或你周围的人没有直接经历危机,你也可能会成为"受害者"。所以,我们一定要有自我保护意识,例如,不要出于猎奇的心理去围观某个事故现场,在从事志愿服务的时候也不要过度卷入,尤其不要在没有受过专业训练的情况下去充当某种类似危机干预人员的角色。

四、与压力握手——压力的自我管理和调适

在介绍了诸多概念和理论之后,想必你对于压力、压力的反应和它与健康的关系都有了一定的了解。事实上,所有这些之前的"知识储备"都是为了一个目的:如何才能更好地应对压力?

专栏1:中国大学校园压力知多少:来自心理学实证研究的报告

你知道生活在21世纪的中国大学校园里究竟会给人带来哪些压力?这些压力到底有多大?男生是否比女生更"耐压"?大一新生到底是不是大学校园里最有压力的群体?一些国内的心理学家和心理健康工作者们试图用心理学的研究方法来解答上面这些问题。在本章的专栏中,我们将介绍国内学者李虹(2004)所编制的《中国大学生压力量表》以及使用这一心理测量工具对788名中国大学生进行调查的结果。

校园压力的类型:李虹首先使用了开放问卷来考察我国大学校园的压力,发现存在15种主要压力源,包括学习、就业、人际关系、生活、恋爱、经济、社会、考试、家庭、生活与学习环境、未来、能力、个人(成长、外表、自信)、健康和竞争。在此后的深度访谈中,她又发现某些消极的生活事件,如当众被人指责,也被大学生认为是重要的压力源。在此基础上,她编制了由三个因子共34条条目组成的《中国大学生压力量表》,并认为学习烦扰、个人烦扰和消极生活事件这三个因子分别代表了中国大学校园压力的三种主要类型。

校园压力的程度:在对788名在校大学生的调查中发现,大学生报告的压力平均值远远低于理论的中值,这说明所调查的大学生群体整体而言所体验到的压力其实并不

大。就学习烦扰、个人烦扰和消极生活事件这三种压力类型来看,报告了高压力的人群占所调查人群比例分别为20%、7%和10%,这说明在所调查的这个人群中,所体验到的学业压力程度更高一些。

压力体验的性别差异:在李虹的调查中发现,总体而言,虽然男、女生报告的压力程度都不高,但男生在所有压力测量中的分数都显著高于女生。这个调查结果和西方所发现的女生压力大于男生的结果有所不同,李虹认为,或许这是因为男生不善通过表达来释放压力,从而导致压力越积越深的结果,但这一中西差异的真正原因则仍有待后续研究的探索。

年级与压力体验:多数西方研究认为,鉴于存在"新生神话"的破灭、与家人分离所带来的焦虑和应对新环境的需求,大学一年级学生所面对的压力是最大的。但在对788名中国大学生的调查中却没有发现上述结果。李虹发现,不同年级的大学生在消极生活事件所报告的压力上没有差异,而在另两个类型上,报告压力最多的是二年级的学生,最低的则是一年级的学生,三年级则居中。李虹认为,或许这是因为所谓"新生神话",即理想与现实碰撞的后果真正浮出水面是在二年级;或许和家人的分离焦虑敌不过压力的累积;或许在对大学生活有了相当的了解之后,二年级的大学生才开始真正体验到更多失控的感觉,而三年级则已经学会如何真正适应大学生活了。

(一) 压力的评估:压力源的鉴别和应对方式的评估

知己知彼,百战不殆。如果我们想要更好地应对压力,我们首先要做的是更好地识别它,同时还需要清点一下自己手边的资源,以便及时替换或补充它们,从而提升我们的"耐压度"。

表10.2是我国学者李虹编制的中国大学生压力量表。我们可以根据自己这一年的状况来评估一下自己所感受到的压力程度。在特定的条目上,如果感到没有任何压力,则计"0"分,有轻度压力计"1"分,有中度压力计"2"分,有重度压力则计"3"分。这一量表可以累积计总分,也可以把三个分量表的得分相加,得到各自的压力总分。

我们也可以进一步利用这个量表,不仅去评估自己的压力源,也同时评估一下应对方式。

• 你可以把你感受到中度以上压力的条目圈划出来,把它们作为重点"监控"和"干预"的对象,并考虑一下你现在是如何应对这些压力的,怎么做能进一步减低这些压力。

• 你可以预测一下在未来的一年或数年中,这些量表中的哪些条目可能会成为你潜在的重要压力源,把它们也圈划出来,并本着预防的思想,考虑一下怎么去应对这些压力。

表 10.2　中国大学生压力量表

题目	题目
一、个人烦扰	二、学习烦扰
1. 渴望真（爱）情却得不到	17. 对有些科目怎么努力成绩也不好
2. 青春期成长	18. 学习成绩总体不理想
3. 同学关系紧张	19. 讨论问题时常反应不过来
4. 体型不佳	20. 考试压力
5. 身体不好	21. 同学间的竞争
6. 同学间互相攀比	22. 学习效率低
7. 居住条件差	23. 每学期期末考试成绩排名
8. 遭受冷遇	24. 完成课业有困难
9. 社会上的各种诱惑	25. 有些课程作业太多
10. 晚上宿舍太吵	26. 各种测验繁多
11. 没有人追或找不到男/女朋友	
12. 没有人说知心话	三、消极生活事件
13. 没有学到多少真本领	27. 累积两门以上功课考试不及格
14. 独立生活能力差	28. 一门功课考试不及格
15. 各种应酬有困难	29. 当众出丑
16. 家庭经济条件差	30. 被人当众指责

- 你也可以本着"以史为鉴"的态度，回忆一下在过去的生活中，哪些条目曾经成为重要的压力源，你是如何应对的，应对是否成功，怎么应对会更好一些。
- 你还可以补充在量表中没有提到，但对自己来说是很重要的压力源，并且顺带考察一下你现在的应对方式。

如果认为这种对压力源和应对方式的评估很有必要，也愿意在这上面花更多的时间的话，或许你可以把上面这几项工作都写下来，然后看看能否从中找到些规律，比如：

- 我比较容易受哪些压力的影响？
- 为什么它们那么容易让我感到压力？
- 在别人眼里它们会成为重要的压力源吗？
- 我比较倾向于使用什么样的应对方式？
- 我的应对方式是否有漏洞？
- 我还可以发展出什么其他的应对方式？

希望你至少能花几分钟思考并回答一下上面这些问题，或许还会因此对自己有新的了解。

（二）压力的自我管理

"在世界上，你唯一能够确定可以改善的就是你自己"英国著名作家阿尔道斯·赫胥黎曾经这么说过。我们在此借用这句话来指出这样一个事实：当面对日常生活中的需求和挑战时，我们的确可以采用一种系统的自我管理方式来改善自己的处境。自我管理也是一种技能，它可以通过学习知识和不断练习来掌握。任何自我管理都可以理解为这样一个过程，它是由目标选择、收集信息、加工和评估信息、做出决策、采取行动和自我反馈这几个互相影响的部分组成的动态过程（Creer，2004）。

压力是可以进行自我管理的，这是本节希望传达的一个重要信念。要管理压力，首要的是尽早识别压力，并及时进行调节。要识别压力，需要学会洞察自己受到压力后的警报信号，这包括压力引起的生理反应和心理反应，而每个人对压力的反应有自己的特点。

压力的自我管理可以包括处理压力的症状，改变压力的因素，培养有助于缓冲或调解压力的能力，减少带来压力的个人行为、改变对压力源的认知评估等等一系列方式，具体的措施也十分多样，但都离不开两个方面的管理：一是直接处理压力源所造成的问题；二是处理压力所造成的反应，如情绪、行为和生理反应。另外，从预防的角度看，减少压力源是最基本的管理压力的方式。

专栏2介绍了一套压力自我管理策略，或许对这些策略并不陌生，或许还尝试过其中的一些。在这里，我们要再次提醒的是，任何技能都符合"用进废退"的规律，重要的不仅是知道了什么，还在于是否去亲身尝试和体验；不光在于体验，还在于及时总结和自我反馈。

专栏2：压力自我管理策略

步骤1 承认你所体验到的压力：
压力是不可避免的，只有接受了它的存在，才能更好地准备应对它

步骤2 评价你的环境：
- 你是否熟悉产生压力的环境
- 你能在多大程度上控制它
- 它是否可以被预测
- 压力已经迫在眉睫了吗

步骤3 考虑可能的应对策略：
- 不要让你自己不堪重负
- 立刻处理有压力的事件
- 发展你的灵活性，从给自己留下四分之一的"变动空间"开始
- 知道并常常告诉自己："人非圣贤，孰能无过"
- 自信，包括知道你能做的和你不能做的

- 学会诚恳地拒绝别人的要求
- 不要一次让你的生活产生太多的变化
- 记住预防的重要性,学着去预测压力,这样才能占到先机
- 适当地表达你自己的感受,不要把负面的情绪积攒在心里

步骤4 发展管理时间和资源的方法：
- 设置切合实际的目标和重点
- 根据事情的轻重缓急来安排时间
- 不要企图"一口吃出个胖子",要将复杂的任务分解成数个子任务
- 一次完成一件事情
- 劳逸结合,为自己留出放松和娱乐的时间
- 要"舍"才能"得",当你感到压力太大时,请放弃那些当前并不重要的事情
- 当你感到厌倦时,请你停下手头的事情,因为再做也是浪费时间

步骤5 关注你的健康：
- 根据你的实际需要保证自己有充足的休息时间
- 保证正常的饮食
- 尝试天天锻炼
- 避免物质滥用(包括酒精、药物、毒品)

步骤6 发展你的人际关系：
与人分享快乐,快乐加倍;与人分享忧愁,忧愁减半

步骤7 乐于帮助他人：
赠人玫瑰,手留余香

步骤8 接受你自己：
不要总是清算你的缺点和不如意之处,也要盘点你的优势和福气

(摘自 Thomas L. Creer(2004),有改动)

(三) 几种常用的放松技术

在介绍压力概念时我们曾经提到过,任何压力体验的都是一种"紧张状态",而放松技术就是通过一定的练习程序,有意识地控制或调节自身的心理生理活动,从而达到降低机体紧张水平,调整那些因为"紧张状态"而紊乱的功能。其实放松技术古已有之,"吐纳导引"用现代眼光来看便是一种主要通过调节呼吸来达到放松效果,进而提高机体功能,避免疾病的功能。在这一节中,我们将介绍三种常用的放松技术,分别是腹式呼吸训练、渐进式肌肉放松和冥想。一般来说,在进行任何种类的放松技术练习时,最好寻找一个安静且不受打扰的地方,尽量穿着宽松舒适的衣服,并且选择一个舒服的身体姿势(一般为坐姿)。另外,虽然放松训练技术已经被证明是很有效的技术,而且世界

各地都有许多不同的人因为不同的目的来使用它,找到合适你自己的放松技术,并且真正让它走入你的生活,成为你应对资源的一部分并不是那么容易的事情。不断地练习仍然是有效掌握并使用放松技术的关键。对于熟练的放松技术使用者而言,10秒钟的练习便能让他进入放松的状态,但在能自如地使用任何一种放松技术之前,你的确需要专门花时间不断地练习它。即使在掌握它之后,也不要忘记去使用它,毕竟学习放松技术的最终目的仍是在日常生活中有效地使用它。

1. 腹式呼吸训练

呼吸是维持生命的一种最基本的生理现象。呼吸紊乱会影响情绪,并会导致心理和生理功能的失调,而呼吸训练则是通过有意识地调整呼吸的方式来达到放松效果。呼吸训练的种类很多,也是许多放松计划的入门练习。

表10.3列出的是其中的一种腹式呼吸训练方法。腹式呼吸又称为膈膜式呼吸。横膈膜位于肺的下部,是一块扇形的肌肉,会随着吸气和呼气收缩和放松。通常我们的呼吸都是胸式呼吸,吸气时腹部向内收紧,胸部扩张,吐气时相反;而腹式呼吸和胸式呼吸正好相反,吸气时腹部向外鼓,吐气时腹部向内收紧。腹式呼吸会激活支配内脏和血管活动的副交感神经系统,从而产生松弛的反应;同时,横膈膜在吸气时会下降,压迫胃和肝脏,从而起到类似轻微按摩的作用。在一开始练习时,每天应至少能练习两次。请记住,横膈膜是一块肌肉,可以像其他肌肉一样得到锻炼和强化。不过,如果你在练习时感到疼痛或不舒适的感觉,请你立刻停止练习。刚做完外科手术,肌肉或其他器官受创,严重低血压或低血糖及怀孕期间也不适合练习这一技术。

表10.3 腹式呼吸训练方法

- 请保持一个舒适的姿势,并通过鼻孔呼吸。双腿舒适地分开,双足放松平放在地面上
- 当你吸气时,把你的腹部向外鼓,呼气时,让你的腹部向内收,让腹部往脊柱方向靠拢。
- 你可以想象横膈膜在每次吸气和呼气间对负责消化和排泄的内脏器官做按摩,使血液流入内脏,然后再挤出。
- 请你始终保持一种平稳的方式通过鼻孔呼吸,并体验腹部如潮水般起落的感觉。

引自:Sherry Cormier,Paula S. Nurius(2004)。

2. 渐进式肌肉放松

肌肉放松训练是通过有意识地感觉主要肌肉群的紧张和放松,从而达到放松的目的的放松方法。肌肉放松训练可以包括不同的肌肉群,但其主要操作过程都是一样的。要求绷紧肌肉或肌肉群,持续5秒钟左右,然后放松刚才绷紧的肌肉或肌肉群,保持放松的状态10秒钟左右,然后再重复一次。需要提醒的是,肌肉放松训练也有禁忌症,对于肌肉或肌腱受到损伤,或是慢性肌无力症的患者而言,肌肉放松并不是一个好的选择。表10.4列出的是7组肌肉群的渐进式肌肉放松训练方法。

表 10.4　7 组肌肉群的渐进式肌肉放松训练方法

- 首先关注你的右手,将右手手臂伸出,前臂弯曲 45 度,同时攥紧拳头(手、前臂和二头肌),保持这种紧张状态一会儿,然后放松,并仔细体会一下紧张和放松感受之间的区别。
- 下面换你的左手,重复刚才右手手臂做的动作
- 下面关注你脸部的肌肉群,请你皱起前额,紧闭眼睛,皱起鼻子,咬紧牙齿,并将嘴角往后拉,然后放松,并仔细体会一下紧张和放松感受之间的区别。
- 下面将下巴压向胸前,保持这种紧张状态一会儿,然后放松,并仔细体会一下紧张和放松感受之间的区别。
- 下面关注你胸、肩、上背部、腹部肌肉。请深吸一口气,然后屏住,将两肩同时往后拉,同时收紧腹部肌肉,保持这种紧张状态一会儿,然后放松,并仔细体会一下紧张和放松感受之间的区别。
- 下面关注你的右腿,请将你的右脚轻轻抬起,同时勾起脚趾,并向内翻,让整个右腿肌肉绷紧,保持这种紧张状态一会儿,然后放松,并仔细体会一下紧张和放松感受之间的区别。
- 最后关注你的左腿,将你的左脚轻轻抬起,同时勾起脚趾,并向内翻,让左腿的整个肌肉绷紧,保持这种紧张状态一会儿,然后放松,并仔细体会一下紧张和放松感受之间的区别。
- 如果你仍然感到有紧张感,可以重复一次上述的过程。

引自:Sherry Cormier,Paula S. Nurius(2004)。

3. 冥想

也许"冥想"这个词听起来有些神秘,但其实在日常生活中,我们也会进入某种冥想的状态,那时候我们的注意力虽然高度集中,但并没有想什么具体的事情。

冥想现在已经成为了一种全世界都流行的放松技术,它被发现可以有效预防某些心血管疾病,减低焦虑和抑郁情绪。通俗来讲,它是将精神集中在某个物体或活动上,从而引导出放松反应的一个过程。通过冥想,你将自己的注意力指向内部,聚焦在一个重复的单词、短句、声音或是呼吸上,从而让你的身心开始平静下来。表 10.5 列出了冥想的七个基本步骤。

表 10.5　冥想的七个基本步骤

- 当你准备开始冥想练习时,请找一个避开噪声、运动、刺眼亮光和其他人活动的地方。
- 确保你自己感到舒适:房间温暖,穿着宽松的衣服,排空膀胱和肠胃,餐后或睡前两小时内不宜做这项练习。
- 挺直后背,放松身体,半闭或全闭眼睛。
- 用鼻子有规律地、缓慢地、均匀地呼吸。
- 将你的注意力集中在一个物体上(如墙上的一个小点),一个单词、短语(如平静、勇气等)或你自己的呼吸上。
- 对外界引起分心的事物养成被动、放松的态度,当出现无关的想法时,把注意力重新拉回之前所注意的物体、单词、短语或自己的呼吸上。
- 有规律地练习,理想情况下每天练习一至两次,一次 10 分钟到 20 分钟。当时间到时,保持之前的坐姿,闭着眼睛片刻,慢慢从冥想状态中出来,然后伸展一下身体,再慢慢睁开眼睛。

引自:Sherry Cormier,Paula S. Nurius(2004)。

小结

在这一章节中,我们从压力的概念和分类说起,介绍了在遭遇压力后的生理、心理

反应,以及应对方式的概念和种类;随后,谈到了压力与健康的关系,尤其是持续存在的慢性压力或是严重的急性压力(危机)给我们的身体和心理造成的影响;最后,谈到了如何与压力和平共处,请你为自己的压力源和压力应对方式做评估,并介绍了压力的自我管理理念和策略以及几种常见的放松技术。我们衷心希望,在阅读完本章之后,你能记住三条重要的信念:首先,压力是一把双刃剑,适当的压力让你的人生更为精彩,过度的压力可能会压断你的脊梁。其次,事先有效的预防总是比事后的有效干预更为经济有效,事后的有效干预总是比逃避或不作为强。第三,压力是可以进行自我管理的,但自我管理和你的横膈肌一样,练习才是硬道理。我们同样也希望,在人生旅途上,你能够更好地认识并接受自己,能够更好地识别压力和风险,能够更灵活地转换角色和策略。无论是做一艘悠游的小渔船,一艘巨型航母,还是一座海上灯塔,每一种人生都有自己的难题,也有着自己独有的精彩!

本章要点

(1) 压力这一概念有多重含义。压力是使人感到紧张的事件或环境刺激;压力是内部主观的情绪紧张;压力是需求与处理需求的能力之间的关系,需求超过处理能力就导致压力。

(2) 某一事件是否被知觉为压力取决于对该压力性事件的认知评估,而人们对事件的评估不仅受事件本身特点的影响,还受个人的能力和经验、人格特征、信仰系统和文化背景等因素的影响。即使面对同样的压力事件,不同的人对压力的感受是不一样的。

(3) 压力的应对方式可以分为两类,以问题为中心的应对和以情绪为中心的应对。我们要回避一些消极的应对策略,比如逃避和退缩,否认和压抑,滥用酒精和药物等。

(4) 压力会影响我们的生理、心理和行为。压力过大或持续时间过长,会影响我们的健康,可能引起心身疾病或心理障碍(如适应障碍和创伤后应激障碍)。

(5) 对压力进行自我管理需要学会洞察自己受到压力后的警报信号,这包括压力引起的生理反应和心理反应,尽早识别压力,并及时进行调节。

小练习

为自己建立一张"放松资源存单"

这个活动既可以自己单独完成,也可以在单独完成的基础上进行小组/课堂分享。

如何建立"放松资源存单"

Step1:请拿出一张白纸,在白纸的最上面写上自己的名字。

Step2:在纸上写下"放松"让你联想到的10个词。

Step3:请留出四五行的空白位置,然后分别写下"放松"让你联想到的三个画面。描述得越详细越好。每个画面之间请留下两三行的空白。

如何使用"放松资源存单"

所有的内容都是你可以利用的让自己放松下来的资源。或许你会写下"冰淇淋"、"热水澡"之类的词语,"和好朋友一起坐在火锅店里聊天"这样的画面,那么当你感到有压力的时候,不妨吃个冰淇淋,洗个热水澡,或者是邀好友去附近的火锅店"腐败"一次。你可以在空白处写下新想到的词语和画面。如果还有小组/课堂分享环节的话,也可以把在分享过程中所听到的好点子写在空白处。建议用不同的颜色的笔记录别人的"资源",并且比较一下你和其他人的差异在哪里,或许这种比较还会带来新的启发。

关于小组/课堂分享

如果将这个活动用于小组活动或课堂活动,可以在大家写完存单后,做一个集体的分享和讨论。如果有时间限制的话,也可以缩减联想的词语和画面的数量。

思考题

压力会"遗传"吗?你觉得在家庭中是否尤其容易受到某类压力的困扰?是否也存在"遗传"的应对方式?

资源推荐

(1)〔美〕Thomas L. Creer 著,张清芳等译.《心理调适实用途径》,北京:北京大学出版社,2004

(2)〔美〕拉金著,刘祥亚译.《如何掌控自己的时间和生活》,北京:金城出版社,2005

11

心理障碍与防治

> 大才子是疯子的邻居，他们只隔着一道薄墙。
> ——英国诗人约翰·德莱顿

王明不知道室友周浩算不算是"心理障碍"。周浩几乎不跟任何人交流，每天只跟父母打电话，用的是方言，谁也听不懂他在说什么。除此之外他就坐在自己的床上，放下厚厚的床帐，也没人知道他在做什么。大家不敢招呼他，不敢跟他说话。以前不是没有人试过这样做，可这样的后果是会被他冷冷地回应，他会很不耐烦，眼神变得很凶。每天睡在这样一个人下铺，王明觉得很是提心吊胆。这个人肯定是有问题的。可麻烦在于，王明不知道该怎么办。周浩没有打他、骂他，或者做出其他不合规矩的事，他仅仅是把自己藏在帐子里，不说话，不理人。你总不能因为同学"不说话"就找老师告他的状吧？或者说，你不能因为自己爱说爱笑，爱跟人打交道，就认为不这样做的同学有问题吧，那未免太不合理了。该怎么理解周浩的状况呢？该如何与他相处呢？

关于大学生的心理健康主要涉及两个方面,一是学会恰当应对大学生所要面对的学习和生活方面的各种适应问题,这样可以维护自己的心理健康,另外一个方面就是了解心理障碍的有关知识,及早预防和治疗心理障碍。青年早期是心理障碍发病的高峰期,大学生正处于这样的时期,因而更需要对心理障碍有一定的认识,进行自我保健。这一章主要介绍关于心理障碍的一般常识,对常见的心理障碍进行描述,并探讨心理障碍的防治原则。

一、心理障碍概述

(一) 什么是心理障碍

广义的心理障碍是许多不同种类的心理、情绪、行为失常的统称。根据严重程度不同,可以分为心理问题、心理疾病、精神疾病几个层次,这是非严谨的学术分类,只是为了便于大家对心理障碍有更好的理解。事实上,心理障碍是一个连续体的概念,正常的心理困扰和异常的心理疾病之间没有截然的分界线。

心理问题严格说来不是心理障碍,是暂时的心理困惑或心理困扰。心理疾病则是心理功能紊乱导致对个人的学习、工作、社交等方面的社会功能产生了明显的不利影响。精神疾病特指由生物因素引起的严重心理功能受损。

例如,一位同学因为某些生活事件的影响,造成连续几天至几周心情低落,无精打采,对学习提不起兴趣,这是心理问题的层次,既可以通过与亲朋好友交流获得支持,或随时间慢慢好转,也可以通过心理辅导老师来进行开导。然而,如果他的状况好几个月都没有好转,甚至还有新的症状出现,比如饮食睡眠不好,不愿与人来往,学习成绩明显下降等,那么就可能发展到心理疾病的层次(比如适应障碍),这时候就需要通过专业的心理治疗师来对他进行帮助。至于精神疾病,则是一种非常严重的心理障碍,可以出现幻觉、妄想,丧失自知力等,遇到这种程度的问题,就不再是单纯的心理治疗可以解决的了,必须送到医院的精神科接受药物治疗,甚至可能要住院治疗。

"这个人是不是有精神病?"生活中我们有时听到别人这么说,用来描述一个人性格古怪,做事不合情理。"精神病"是一个我们非常熟悉的词,很多时候我们把它当作"心理障碍"的代称,而事实上它只是广义的心理障碍中的一个类别,在狭义的心理障碍中,可能并不包括精神病,因为它主要属于医学中的精神病学的研究范畴。下面简要地澄清一些与心理障碍有关的术语。

除了"精神病"以外,谈到心理障碍时,老百姓还习惯用一些其他说法,比如"神经病",很多人分不清它和"精神病"的区别。而与此看起来很接近的另一个词是"神经症"。神经病是指中枢神经系统和周围神经的器质性病变,并可以通过医疗仪器找到病变的位置。神经病与心理障碍其实完全没有关系,而属于生理障碍的一个门类。患者应去神经科寻求诊治。不过,生活中,老百姓常用神经病一词来表示心理行为的异常。神经症是心理障碍的一类,泛指由心理因素引起的,无器质性病变为基础的,轻度的心理功能障碍,常表现为焦虑、抑郁、强迫、恐惧等,有时伴明显的躯体症状,存在持久性的心理冲突,个体有较强的心理痛苦,一般社会功能尚可,也可能受到较大的影响。

心理障碍或心理疾病,与精神障碍或精神疾病,在广义上的概念是相似的。心理障碍属于心理学的研究范畴,更多地涉及从心理学角度对异常现象的研究、理解和治疗,因而更偏重于那些重性精神病(比如,精神分裂症、躁郁症)、器质性精神障碍(其他躯体疾病相关的精神障碍)以外的更多地由心理因素所致的心理行为障碍。而精神障碍属于医学范畴,更偏重于从生物医学或精神病学的视角来研究和理解有关的心理行为问题,采用医学手段为主的治疗方法,比如药物治疗,更多地关注有一定生理基础的重性精神病和器质性精神障碍。

(二)心理障碍的诊断

人们在遇到挫折和打击,或遇到一些不良的生活事件时,常会出现一些心理症状和躯体症状。那么这些反应是心理障碍的表现吗?

在评估一个人是否有心理障碍时可以考虑三个方面。一是看是否有明显的行为或心理症状,有了明显的症状,还要观察这些症状是否持续了一定的时间,常用的标准有一个月,三个月或六个月。其次,看这个人是否有强烈的主观感觉的心理痛苦。如果长期受不良情绪的困扰,可能有心理障碍。一个人也许行为古怪或不同寻常,但是,如果自我感觉快乐,不是心理障碍。重性精神病患者因为自知力受损,而可能不感觉痛苦,某些人格障碍的患者也可能不感觉痛苦。第三,看这个人是否心理功能或社会功能严重受损,或有适应不良的行为。也就是,他的心理状况是否影响到正常的学习、工作和人际交往等功能。就大学生而言,有心理障碍的人,学习能力会受到严重影响,可能不能很好地完成学习任务,学习不合格,或者与其能力相比,有明显下降。有些在人际交往方面有严重影响,不能与他人恰当相处,与他人的冲突增多或回避交往。在日常生活方面,不能很好地照顾自己,比如饮食睡眠不当,不注意基本的个人卫生等。简单地说,粗略判断是否有心理障碍要看是否有行为或心理的症状表现且持续了一定的时间,是否有痛苦感,是否社会功能受损。

由于正常心理与心理障碍之间没有明确的界限,而且大多数心理障碍的病因与发病机制不明,诊断心理障碍不是简单的事。此外,心理障碍的症状表现多种多样,而且心理障碍表现出的异常行为或症状有些没有特异性,比如,一般心理障碍都会有或多或少的焦虑和抑郁症状(焦虑指的是对未来的担忧,抑郁指心情低落,对各种活动的兴趣下降),注意力不能集中,失眠等。因此,判断是否有心理障碍,需要专业人员,如精神科医生、临床心理师等,运用心理学和精神病学的理论、技术和方法,根据一定的诊断标准,进行心理评估与诊断。这一诊断过程是专业性较强的工作,个人不能简单地仅仅根据一些心理症状就轻易做出判断。如果盲目地给自己"诊断"为某种心理障碍,如焦虑症、抑郁症等,反而会加重自己的心理负担,不利于缓解自己的心理痛苦。

目前常用的心理障碍诊断标准包括美国的《精神障碍诊断与统计手册》(DSM-IV)、《中国精神障碍分类与诊断标准》(CCMD-3)和《国际疾病及相关问题的统计分类标准》(ICD-10)。进行诊断时,专业人员需要首先分析心理活动是否异常,是否可以用正常范围的变异来解释。如果确定心理有异常,先要排除心理症状是否由躯体因素引起,即器质性心理障碍,这需要治疗躯体疾病为主。然后再判断是精神病性障碍还是非精神病性障碍(狭义的心理障碍)。这一区分非常重要,因为这涉及治疗的原则问题。精神病性障碍需要药物治疗,心理治疗是辅助治疗。而其他的心理障碍,以心理治疗为主,必要时辅以药物治疗。最后,才根据症状表现,参考心理障碍的诊断标准,并综合病因病理的理解,做出某一具体障碍的诊断(钱铭怡,2006)。

关于心理障碍的诊断有两点要提醒大家注意。一是心理诊断一定要在专业人员的帮助下进行。现在网络信息发达,网上关于各种心理障碍的信息都有,但是,很多是非专业人员根据有关资料的汇总,或是个人的观点,信息可能是过时的,观点可能是有偏差的。所以查阅资料尽量要看正规的书籍或学术期刊,对网络上的信息要进行恰当的判断,以保证对心理障碍有科学的理解和认识。二是在进行心理诊断时有时会用到心理测验,一定不能把心理测量的结果直接作为心理障碍的诊断。目前在专业领域进行心理障碍的诊断是以专业人员的观察和访谈为主,有时加上与当事人有密切关系的他人的观察,必要时做心理测验作为诊断的辅助手段。心理测验结果只能是做心理诊断时的参考信息。

二、心理障碍分类描述

下面我们将介绍不同类别的心理障碍,简要学习这些心理障碍的症状或表现,不是为了使你成为诊断专家或心理治疗师,而仅仅是掌握一些基本的常识,知道自己和周围的人哪些表现是正常的,哪些又是异常的,哪些则需要专业人员的帮助。这样,我们不会因自己睡眠偶尔失调就以为得了"焦虑症",从而忧心忡忡,也不会将某些异常的表现放任不管,而错过求治的时机。

为了方便起见,我们在这里把常见的心理障碍分成七大类别,不是标准的学术分类。这些障碍类别包括焦虑障碍、心身障碍、成瘾障碍、心境障碍、精神病性障碍、人格障碍、性心理障碍。在每类障碍中将选择一种具体的障碍进行重点讨论,其他为简要描述。性心理障碍在第6章里进行了描述,本章不再重复。

(一)焦虑障碍

焦虑是一种情绪,它包括紧张、不安、焦急、忧虑、担心、恐惧等感受。比如,一个人功课没复习好,他很担心第二天要到来的考试,这场考试对他来说又是如此重要,以致整个晚上都难以入眠,第二天到了考场之后,心慌气浮,拿笔的手都在发抖。这种感受,我们就可以称之为焦虑。通常来说,当我们面临威胁时,每个正常人都会产生焦虑的感受。

然而,有的时候,我们并没有面临实际的威胁,却仍然产生了焦虑的反应,或者我们虽然面临的是实际威胁,但我们体验到的焦虑却远远超出了合理的程度。例如,一个女生怕蛇,这是合理的焦虑,但是她不仅怕蛇,也怕一切长条状的东西,甚至不能听到与"蛇"同音的字,一听就会大声尖叫。这时,这个女生的焦虑便会被看做不正常的反应,应该考虑"焦虑障碍"的可能。"焦虑障碍"中所说的焦虑一定不是正常的焦虑,而是"不合理"的焦虑,并且,虽然个体很清楚地认识到这种焦虑是不合理的,但他却没办法进行有效的控制。例如,失眠的人明知道自己这时候担心是没用的,而且还会进一步妨碍自己进入睡眠,但就是没办法控制自己消除对失眠的担心。

总的来说,焦虑障碍的三个特征就是:焦虑来源指向未来实际并不存在的某种威胁或危险;个体的紧张程度与现实事件的严重程度极其不相称;个体认识到这种焦虑是不必要的,但不能控制。

适度的焦虑对人是有好处的,例如,考场上保持一定的紧张,答题效率和正确率通常都会比完全不紧张的平时要好。但是,过度的焦虑却会反过来阻碍人的发挥,甚至带来很多负面的情感和身心体验。比如,易激惹,注意力不集中,记忆力不好以及紧张不安,躯体姿势僵化,如肌肉紧张;还有一些其他的生理反应:比如出汗,呼吸心跳加快等。焦虑障碍主要包括强迫症、恐怖症、惊恐障碍、创伤后应激障碍、广泛性焦虑障碍等。本节重点介绍强迫症。

1. 强迫症

强迫症(obsessive-compulsive disorder,OCD)在今天已经不是一个陌生的名词,属于最为常见的焦虑障碍之一。它以反复出现的强迫观念和强迫行为为主要临床特征。强迫观念是以刻板形式反复进入患者意识领域的思想、表象或冲动意向,尽管患者认识到这些观念是没有现实意义、不必要或多余的,虽极力摆脱和排斥,但又无能为力,因而感到十分苦恼和焦虑。强迫动作是为阻止或降低焦虑和痛苦而反复出现的刻板动作或行为。

案例 1

小刘是名牌大学大二的学生。认识他的人都说他是个完美的人,而小刘总是苦笑着摆摆手,只有他知道自己最大的问题。说来可笑,这个问题就只是平常的锁门。

小刘听人说,有一种病叫"强迫症",得这种病的人出门后都会忍不住折回来,看看房门有没有锁好,久而久之,会给生活造成很多痛苦。第一次听说的时候小刘大吃一惊,因为他自己偶尔就有这样的情况。

第二天小刘出门的时候刻意留意了一下,把门锁好,他长出了一口气,认为自己已经确认了。可是下了楼,小刘忽然想到一个问题:"自己当时把钥匙反拧了一圈,之后好像又正拧了一圈?"

他向前走的脚步越来越慢,越想越觉得有这个可能。他分明记得自己当时有留意的,可偏偏就是这个细节没注意到。有没有?到底有没有回带那一圈?他开始擦额头上的汗,怎么办?要返回去检查吗?——要回去的话,时间恐怕来不及,并且证实了"强迫症"的毛病。可是不回去的话,万一真的门锁是被自己重新打开了怎么办?万一有盗贼趁这时候进去,自己那台笔记本电脑就完了……学校前段时间刚发生过这样的案子,有一个宿舍没锁门,被小偷闯了空门……可是自己不会这么倒霉的吧?可是自己凭什么这么确定?万一呢?万一呢?

他脑海中开始想象自己丢失了笔记本电脑的倒霉样子,那时再想到自己这时的犹豫,该不知有多么恨自己吧!小刘再也走不动了。他急匆匆地跑了回去。门确实是反锁的,很安全。可是这并没有让小刘的心情好起来,反而变得更糟糕。

我有强迫症了,他想,心情变得无比沉重,天啊,我做了多么愚蠢的事——我真的跑回来检查自己有没有锁门,在我已经确认锁了的情况下!

说来也奇怪,自此之后,小刘每天出门时都要提醒自己,一步到位,不要再折回来检查了!可是走到半路,总有一些念头促使他不由自主地走回来。仿佛只是一些莫名的担心,只要他不回来,担心就会变得越来越重,压得他浑身不适,然而只要他回来检查一遍,这部分担心就会消失无踪,取而代之的是另一种担心:我有强迫症,我有强迫症!小刘在心里一遍遍地想,他不敢对人说,可是又忍不住在没人的地方大声吼出来。我真的染上这种疾病了,我该怎么办?

强迫症最主要的特征是:同时存在有意识的"强迫"和有意识的"抗拒强迫",即明知某些观念和动作的持续存在毫无意义且不合理,非常强烈地希望对这些观念和动作进行克制,却克制不住,越是希望克制,越是感到紧张和痛苦。就像案例中的小刘,其实他本来并没有什么症状,后来正是因为他想抗拒"检查锁门",反而导致自己一遍一遍思考,疑神疑鬼,最后不得不返回检查。

强迫观念又可以进一步分为:强迫思维、强迫性回忆、对立性思维、强迫表象、强迫意向等。强迫行为则包括:强迫检查、强迫洗涤、强迫计数、强迫仪式行为等等。例如,很多人都有一种习惯,出门以后有时会忍不住回头看看门有没有锁好,正如案例中的人物一样,其实原本只是一种谨慎的表现,这种行为本身还远远达不到"强迫症"的程度。但如果每次出门后,必定要反复返回检查多次,以至于严重影响了自己的正常生活,而且自己也很想控制这种行为却实在无能为力,就应当考虑强迫症的可能了。

强迫倾向高的人常常有一些完美主义的特质,他们希望把每一件事情都思考清楚,并纳入自己的掌控之下,由此才产生了强迫的观念和行为。而这样的特质,又往往会使他们把事情做得比别人更完美。因此,具有强迫倾向的人常常可能在竞争中处于优势,所以强迫症又被一些人称为"精英病"。大学本是精英云集的地方,大学生普遍的强迫倾向可能会高于其他人。因此,认识自己和周围人的心理和行为状态,分辨什么是正常的强迫倾向,什么是需要寻求医生帮助的强迫症,对大学生来说具有特别重要的意义。

2. 恐怖症

恐怖症(phobia),是指对某种客观事物或特定情境产生异乎寻常的恐惧和紧张;虽知道这种恐惧反应是不合理的,但在相同的场合仍反复出现,并导致患者采取回避反应,严重影响了正常的社会功能。恐怖症一般分为广场恐怖症、社交恐怖症、特殊恐怖症。

广场恐怖症(agoraphobia)并不单指对"广场"或"空旷场所"的恐怖,也包括害怕置身于人群拥挤场合以及难以逃回安全处所的地方,如置身于超市、剧院、电梯间、车厢或机舱等。社交恐怖症(social phobias)也被称作社交焦虑障碍,是指对一种或多种人际处境存在持久的强烈恐惧和回避行为。恐惧的对象可以是某个人或某些人,患者会害怕与他们面对面谈话,或相处在一起,会想尽各种办法回避这样的情境。因此,社交恐怖症对正常学习生活的影响相当严重。特殊恐怖症(specific phobias),又称单纯恐怖症,是指对存在或预期的某种物体或情境的不合理焦虑。常见的恐惧对象包括:某些动物(如狗、猫、蛇等)、昆虫(如蜜蜂、蜘蛛)、登高、坐飞机以及特定的疾病,等等。需要强调的是,这种焦虑一定是"不合情理"的,比如一般的怕狗怕猫并不能算作恐怖症,因为它具有"合理"的成分,然而,如果连狗和猫的图片也要回避,一只玩具狗也会引起极度的惊恐,并且自己明知不合理却无法控制,才需要考虑恐怖症的可能。

3. 惊恐障碍

惊恐障碍(panic disorder)是一种特殊的焦虑障碍,它是指以复发性的惊恐发作为原发的和主要临床特征,并伴有持续性担心再次发作或发生严重后果的一种焦虑障碍。惊恐发作是一种突然到来的极度焦虑状态,到来之前常常并无任何征兆,在 10 分钟左右达到高峰,通常持续 20 到 30 分钟。这个时候患者会体验到极度的恐惧,极其痛苦的濒死感、末日感,常常会以为"我活不过去了","世界马上就要毁灭了",通常还伴有一些躯体症状,包括心跳加速,出汗,颤抖,气短或感到窒息,胸部疼痛或不适,恶心或腹部难受,感到头晕、站立不稳或晕倒,等等。同时害怕失去控制或将要发疯,害怕即将死去,有时还会有一些异常的感知觉,例如躯体麻木或有刺痛感,极冷或极热,会表现出寒战或潮热。

4. 创伤后应激障碍

创伤后应激障碍是指个体经历异乎寻常的威胁性或灾难性应激事件后,引起精神障碍的延迟出现或长期持续存在。其引发原因可以包括自然灾害、事故、刑事暴力、身体侵害、虐待、疾病、战争,等等。例如,发生于 2008 年 5 月 12 日的汶川大地震,就有可能引发很多人的创伤后应激障碍,在其他遭遇重大创伤的人身上(例如亲密的人去世,遭遇车祸,遭遇劫匪),也需要识别罹患这种疾病的可能。

创伤后应激障碍的识别要点如下:(1) 首先是遭受了异乎寻常的创伤性事件或处境;(2) 出现了三组核心症状,包括侵袭性症状(如不由自主地回想起创伤经历,反复做噩梦等)、警觉性增高症状(如入睡困难或者容易惊醒,过分地担心和害怕等)和回避症状(如避免参加引起痛苦回忆的活动,不愿意与人交往,对亲人变得冷漠等)。(3) 还需评估创伤反应造成的社会功能损害程度。主要看这些症状是否明显干扰了个体的正常生活方式,包括工作、学习、家庭生活、娱乐,等等。

5. 广泛性焦虑

广泛性焦虑障碍(generalized anxiety disorder,GAD)的特点是,焦虑既无确定对象又无具体内容。个体对多种事件或活动(例如工作或学习)呈现出过分的焦虑和担心(提心吊胆地等待和期待),并感到难以控制自己不去担心。这种担心好像是弥漫性的,并不指向任何一个具体的事件,如果问他(她)在担心什么,往往得不到明确的回答。他(她)不知道自己在担心什么,可就是在不由自主地担心。处于广泛性焦虑障碍中的个体,常常会有如下一些表现和症状:坐立不安,感到紧张;容易疲劳;注意力难以集中,或头脑有时会一下子变得空白;难做决定;记忆力减退;容易激惹;肌肉紧张;常伴有震颤、运动性不安、睡眠障碍;交感神经功能亢进,例如心悸、胸闷、尿频、多汗等。

(二) 心身障碍

心身障碍常指的是躯体疾病的一种分类,或称为心身疾病,指心理因素在其中起重要作用的生理功能障碍或疾病。我们这里使用这个词更多的是指以躯体症状为主要表现的心理障碍。类似的术语有躯体形式障碍、躯体化障碍等。心身障碍是介于心理障碍和躯体障碍之间的一种疾病。它在本质上属于心理障碍的一种,但会同时表现出躯体症状,因此常常会被误认为是躯体疾病,而传统的医学又会按躯体疾病的方法来治疗,结果往往疗效不佳。对于心身障碍,正确的处理方法应该是心理治疗和药物治疗并重(许又新,1993)。

常识告诉我们,很多时候心理因素会造成身体上的反应。例如,人在情绪紧张的时候会出现一系列的躯体表现,如心跳加快、呼吸急促、发热、出汗、脸红、头晕、肌肉发抖、胃痉挛、腹泻、多尿等;心情不好的时候也会出现全身不适、四肢无力、腰酸背痛、食欲减退等躯体症状,这些都属于心身反应,由心理因素引起,随着心理因素的消除而缓解。通常心理障碍都会伴有或多或少的躯体症状,心身障碍就是以躯体症状为主要表现的一类心理障碍。

在这一节里,主要介绍神经衰弱、疑病症、癔症、睡眠障碍、进食障碍等几种较为常见的心身障碍,重点介绍进食障碍,因为进食障碍是大学女生常见的心理障碍之一,而且近年发病率有上升的趋势。

1. 神经衰弱

神经衰弱,是指在持久的情绪紧张或精神压力情况下,产生精神容易兴奋,脑力容易疲劳的状况,常常还伴有头痛、睡眠问题、植物神经功能紊乱等症状。脑功能衰弱是它的主要临床特点,包括患者脑力易疲劳,感到没有精神,自感脑子迟钝,注意力不集中或不能持久,记忆差,做事丢三落四,效率显著下降,体力亦容易疲劳。情绪方面,可能会有烦恼,心情紧张而不能放松,易激怒等,可能伴有轻度焦虑或抑郁。生理方面,可能会有头部发胀或紧缩感,头昏、头痛、肢体肌肉酸痛等。睡眠问题表现为入睡困难,醒后感到不解乏,睡眠感丧失,(实际已睡,自感未睡),睡眠—觉醒节律紊乱(夜间不眠,白天无精打采和打瞌睡)。此外还可以有心悸、气短、多汗、肢冷、腹胀、尿频等植物神经功能紊乱症状。

神经衰弱通常是由于某些精神因素使得大脑神经活动长期持续性过度紧张,导致大脑兴奋和抑制功能失调而产生的。大学生常见的学习问题、人际关系问题、恋爱问题,如果不能及时调节,而使大脑神经活动过程处于长期过度的紧张状态,就有可能导致神经衰弱。有许多国家不再使用神经衰弱的诊断,但在我国,神经衰弱还是较为常见的诊断,通常由内科医生诊断。

有些同学会因为几个晚上没有睡好觉,便怀疑自己可能患上神经衰弱,其实这种担心是不必要的。神经衰弱有严格的诊断标准,并非偶然几天的疲劳感或者睡眠失调。有时候,对神经衰弱的疑虑和担心,反而会导致一些心理和躯体的症状出现。神经衰弱的一个常见继发性反应就是疑病。

2. 疑病症

疑病症的核心表现是焦虑或恐惧——担心或相信自己患有某些严重的躯体疾病。因此也有学者认为,疑病症本质上是一种焦虑障碍。疑病症病人对自己的身体状况过分关注,对偶发的躯体不适过分敏感。出于对自己身体状况的担忧,疑病症病人坚持反复就医,要求医生给自己做各种身体检查,尽管检查正常,医生的详细解释也不能消除其疑病的信念,仍认为检查可能有失误。有些病人会不断更换求治的医院和医生,他们相信是医生的疏忽或经验不足而忽略了自己"真正的"疾病。这类病人通常还是保健、医疗类书籍和文章的热心读者,而且他们很容易感到自己正是在忍受着刚刚读到的某种疾病的折磨。他们常常在就诊之前,就已经根据所谓"自己掌握的医学知识",为自己做出了诊断。

3. 癔症

癔症是一种躯体转换障碍,通常是指身体机能发生障碍,如瘫痪、麻痹、抽搐、失明、失音、失聪等,但经过细致而认真的检查,这些机能障碍却没有任何生理性或器质性病变,相反,起病常与心理社会因素有关。从某种意义上说,癔症就是某些心理上的问题转化为生理疾病(许又新,1993)。癔症患者常在某些心理社会因素的刺激下或暗示下,突然出现短暂性精神异常,或运动、感觉、植物神经、内脏方面的紊乱。癔症的表现可以模仿临床各科的任何疾病的表现,因此极易误诊。但是,癔症的这些病变表现常不符合人的解剖生理上的特点或疾病的固有规律。癔症的症状可由暗示而产生,也可通过暗示而使之消失。

4. 睡眠障碍

作为一种心理障碍的睡眠障碍主要是指由心理因素引起的睡眠量不正常以及在睡眠中出现异常的行为。睡眠量的不正常包括失眠,嗜睡,睡眠—觉醒节律障碍。睡眠中的发作性异常主要包括夜游症、夜惊、梦魇等表现。睡眠障碍也可以是由生理因素引起,这需要专业人员进行鉴别诊断。

失眠症是最为常见的。失眠症患者常常会在晚上难以入睡,或者不能有效保证睡眠的时间和质量,他们对此深感焦虑和恐惧。有人将失眠症当作一种生理疾病,反复去医院进行身体检查,或是以为可以靠药物来克服或者缓解。然而,这样做的效果往往并不尽如人意,有些药物虽然可以帮助睡眠,但同时也会给身体造成副作用,并且一旦脱离药物,失眠的苦恼又会重新纠缠。一些患者为失眠感到极度的焦虑,殊不知,正是这种焦虑加重了失眠的困扰。每天晚上睡觉时,都会因为焦虑"今天如何早一点入睡"而导致大脑的兴奋水平很高,从而更难入睡。

事实上,失眠很多时候不是一种生理问题,而是由于心理原因造成。睡眠紊乱是很多心理问题的临床表现,例如焦虑障碍或抑郁发作,都可能伴随失眠。所以,在诊断失眠为睡眠障碍时,通常先要排除其他障碍的诊断,有时可以是共病。失眠是大学生常见的症状之一,对于身边有深受失眠困扰的朋友,可以建议他们去做心理治疗。

专栏1:如何保证良好的睡眠

1. 不要对睡眠有苛刻的要求。有些同学会因为一两次睡眠不好或失眠,就对此非常焦虑,担心自己会因为睡不好觉而影响第二天的学习,甚至损害身体健康,以致每晚睡觉都如临大敌。其实,一两晚的睡眠不足或者失眠,根本不会严重影响一般人日常的生活功能。相反,越是紧张在意,越是去想自己应该如何来快速入睡,神经系统就越兴奋,也就越难入睡。因此,每晚睡觉前,要怀着一种放松的心情,不刻意规定自己要几点以前睡着,要睡多长时间,既不过分控制,也不过分担心,始终保持心态的放松。

2. 专物专用。很多同学常养成一种习惯,入睡前躺在床上看书,希望以此来促进自己的睡意。这其实并不是一种能有效帮助入睡的方法。这样做相当于建立了"床"和"看书"之间的联结,而"看书"必然会导致某种程度的大脑兴奋。因此,建议只把床当作休息和放松的工具。如果能坚持做到这一点,就会重新在"床"与"睡眠"之间建立一种条件反射,每次躺上床,大脑就会习惯性地放松并感到倦意。

3. 掌握入睡最佳时机。不要提早上床睡觉,提前躺在床上等着入睡,会让人在等待入睡的过程中产生烦躁紧张的心情,更加不利于良好的睡眠。因此,建议只在感到困倦的时候再去睡觉。

4. 调整睡眠环境。由于生活习惯、性格、喜好等方面所存在的客观差异,不同人群对环境的要求并不完全一致。但是对大多数人来说,做到以下几点将会帮助有效地改善睡眠。(1)保持环境安静;(2)保证空气流通;(3)温度、湿度适宜;(4)保持床具的舒适和清洁。

5. 调节睡前饮食。一般来说,丰富的蛋白质往往有提神醒脑,刺激神经兴奋的作用,而大量的淀粉,则可以促进个体产生睡意。从这个方面考虑,建议睡眠不太好的同学适当调整自己的晚餐,增加淀粉类食物,例如米饭、土豆、全麦面包的摄取,减少像鸡蛋、豆制品等富含蛋白质的食物摄入。另外,像咖啡、绿茶、可乐、巧克力一类的刺激性食物,虽然可以帮助集中注意力,但是过量服用会让神经太过兴奋,导致睡眠质量的下降,应该在晚间尽量杜绝这一类食品。

5. 进食障碍

进食障碍包括两种:神经性厌食症和神经性贪食症。

(1) 神经性厌食症。

神经性厌食症的患者,最引人注目的特征就是"瘦",这种瘦并不是通常意义上的苗条,而是带有危险性的严重低于正常标准的体重。神经性厌食症的核心症状是严格的限制热量摄入(通过节食或过度运动)。患者对肥胖有强烈恐惧并对苗条抱有的狂热追求,以及对自己身体形象的歪曲知觉。神经性厌食症患者看到的自己和别人眼中的他们是不一样的,一个患有神经性厌食症状的女孩,在别人眼中是一个憔悴、病态、极度瘦弱的女孩;而她自己却自视为一个身体的某些部位仍需要继续减肥的女孩,并且否认自己有任何问题。美国著名歌星凯伦·卡朋特曾患有神经性厌食症。

追求苗条已经成了这个时代年轻女孩的一个风尚,因此,限制饮食的情况在大学校园里非常之多,甚至自我导泻的情况也并不少见。但这并不意味着她们都患有神经性厌食症。对女生而言,诊断这一障碍的一个客观标准是闭经,这是用以衡量限制热量摄入达到何种程度的一个客观生理指标。对于男性患者而言,与此对应的诊断标准则是性欲和雄性激素水平降低。神经性厌食症的体重标准是,低于标准体重15%。因此,如果你或者你周围的人节食到这种程度,要考虑罹患这一障碍的可能。

(2) 神经性贪食症。

案例 2

在上大学以前,小陈从来没想过自己是个"胖"女孩,她顶多觉得自己有一点肉嘟嘟的,很可爱的那种,一笑脸上就有两个小酒窝。

然而,住进大学宿舍里,和女生们相互一交流,她才意识到身材的重要性。同时她第一次知道,女生们每天吃多少食物都是要经过计算的。完了,她心想,自己是个超级爱吃零食的人。

意识到这点之后,她觉得更加抑制不住自己的食欲了。一方面想减肥(她对着镜子看来看去,最后不得不承认自己确实很胖),所以她决定不去食堂吃饭,只吃水果和零食。可是另一方面,她总是发现自己的零食吃得太多了。有一天她给自己记了食谱,发现自己一天之内吃了超过500克的零食,外加一个300克的面包,一瓶1升的酸奶,甚至就在计算食谱的同时,她还在嘴里干啃着麦片——不是为了解饿,解馋,而是单纯的控制不住!

负罪感让小陈没办法控制自己，于是她想出了一个办法，去洗手间催吐，吐出来之后她的心情放松多了。她本来打算从今以后再也不暴食了，可是这样的情况却接二连三地出现……每次吃的时候，总是安慰自己，没事，再多吃这一次吧，等会吐出来就行……然后等到下次，又重复这个过程。

结果大一一年下来，一称体重，发现自己反而胖了十几斤。小陈开始意识到问题的严重性了，她看了网上的一些东西，发现自己可能是暴食症，再加上催吐对身体的种种后果……她真的很担心将来会怎么样。

她想控制自己的食欲，可就是控制不住，想吃的时候如果不去吃，一点做别的事情的心思都没有，而只要一开始吃，就非把手边的东西吃完才罢休。

神经性贪食症的某些特征与厌食症相似，如对于肥胖的恐惧和自我评价过分受到体形、体重的影响等。但是，神经性贪食症患者有暴食（binge-eating）现象，对暴食的定义是：在一段固定的时间里"比其他绝大部分人在同样条件下吃更多的东西"。除此之外，神经性贪食症的进食行为是不能控制的，即当病人想停止暴食时却没有办法停下来。已故的英国黛安娜王妃就曾患有神经性贪食症。

神经性贪食症病人会采取一些补偿性的行为以防止暴食引起的体重增加。最常用的还是泻出行为，包括进食后立即进行呕吐或使用利尿剂或其他类似药物。还有一些人会采用其他补偿行为，比如过度运动；还有些人会服用甲状腺药物，以提高自身的新陈代谢率。

（三）成瘾障碍

"成瘾"的概念大家都不陌生，是指过度依赖某一种能够获得乐趣的东西，在长期缺乏这种东西的时候，会有一些紧张和难受的感觉，在重新获得这种东西以后，这些感觉会得到缓解和消除。当然，我们在这里所要讨论的成瘾不同于一般的"书瘾"、"棋瘾"，而是特指那些会导致个体产生心理及身体依赖的精神活性物质，包括酒精、尼古丁、安非他明及大麻等。这些物质对人类的身心健康造成了不可估量的损害，包括大量的死亡、疾病、犯罪以及伤残。除了物质依赖以外，近年来出现的"网络成瘾"也越来越成为大学校园中的"流行病"，对某些同学造成了一定的身心损害，在这一节中也会进行讨论。

1. 物质依赖

这里的"物质"就是以上提到的，包括酒精、可卡因、海洛因等在内的能够改变人们思考、感受和行为方式的物质。物质依赖的诊断标准主要有耐受性增加、戒断症状和冲动性使用行为。耐受性增加是指需要明显增大剂量才能达到原先所需效应，或者继续使用同一剂量，效应会明显降低。比如，一个酒精依赖的人，一年前喝二两白酒就已经醉了，一年后可能要喝半斤才醉。戒断症状是指当一段时间不使用该物质时，会出现一些难受的反应，例如心境恶劣、恶心、呕吐、肌肉酸痛、流泪流鼻涕、出冷汗、腹泻、发热、失眠等。戒断症状越痛苦，说明物质依赖的程度越严重。这种痛苦的戒断体验会促使患者产生冲动性使用行为，即不顾一切后果地想要获得并使用该物质，为此甚至不惜损害与亲人朋友的关系，甚至做出犯罪行为。

停止使用成瘾性物质时，除了产生躯体依赖，也会同时产生心理依赖。躯体依赖就是上面所说的戒断症状，而心理依赖则是与生理反应无关的，单纯的渴求一种体验的心理。例如，酒精的心理依赖性是非常高的。很多酒精成瘾者并不是因为"躯体的痛苦体验"而喝酒，而是因为"想"喝酒而喝酒。

在常见的成瘾和依赖物质中，尼古丁、酒精和大麻被认为是青少年通向物质成瘾和依赖的"敲门砖"。埃尔维斯·普雷斯利（俗称"猫王"），著名的摇滚歌手，就是死于过量使用多种成瘾性药物。酗酒和吸毒已经成为了当今的一大社会问题。一定要记住，成瘾物质一旦开始接触就很难摆脱，不断升高的耐受性和强烈的戒断反应会让人欲罢不能，你会在这条危险的道路上越走越远，越陷越深，最终被拖入沉沦的深渊，对身心健康、人际关系、社会功能，都可能带来毁灭性的打击。远离成瘾物质，珍爱生命，珍爱健康！

2. 网络成瘾

随着互联网在生活中的日益普及，"网络成瘾"作为一种新型的成瘾障碍，逐渐走进了人们的视野。美国研究者金伯利·杨（Kimberly Young）认为，网络成瘾与沉溺于赌博（病理性赌博）、酗酒、吸毒（物质依赖）等上瘾者无异，他们对上网形成了一种心理上的依赖感，无节制地花费大量时间和精力在互联网上，一旦脱离网络就会感到难受，烦躁不安（戒断症状）（Young,1996）。

沉湎网络使得这部分人的性格变得更为孤僻，感情淡漠，情绪低落，对社会形成隔离感、悲观、沮丧，对正常的工作、学习和娱乐活动无兴趣，消极地逃避现实，把对现实的感觉和喜怒哀乐寄托在虚拟的网络世界中，只有在网上才会精神焕发。

案例 3

大四的小张已经下过不止十次决心，明天再也不打网络游戏了。每次下决心的时候，都是在入睡前。然而醒来以后，他又重新打开了电脑。

当然，打开电脑应该是用来写论文的。还有两个月就面临着毕业，可是毕业论文却一个字还没有动，虽然已经选好了课题，也和导师讨论过几次，可落实到纸面上的东西——查资料，读文献，写设计，做实验，算数据，写文章，简直是一样都没开始！

他不知道自己是怎么了。打开电脑之后，竟然习惯性地就要点开网络游戏的图标。

尽管有意识地告诫自己,不能再浪费时间了,强迫自己把注意力放在要读的文献上,然而读着读着,却觉得脑袋里一片空白,不知道读进去了什么。心里总是痒痒得难受,恨不得赶紧把当前窗口最小化,重新回到那五光十色的游戏世界中去。

"再忍一会,再忍一会。"他努力说服自己。他烦躁不安,春天的天气并不热,他却觉得浑身都像是渗出了汗。屏幕上的文献变成了一个一个无意义的音节,说不出的面目可憎。小张觉得脑袋越来越沉,忍不住便想爬回床上打个盹。再这么读下去肯定是没有效率啦,他想,可是要睡一觉的话……睡觉太浪费时间了,有这个时间的话,还不如打一小会游戏,玩一个小时,不,半个小时就好……

玩到半个小时的时候,他并没有想到退出,因为他想再多玩十分钟并没什么问题,玩到四十分钟的时候,他想干脆玩一个小时凑个整好了……"再做完这个任务","等我把这一仗打完就退出"……不断有这样的念头冒出来,鼓动他继续玩下去,他渐渐不去看时间了,"反正,今天就这么荒废了……"

结束游戏的时候已经是下午两点,甚至错过了吃饭的时间,小张并不觉得饿。食堂已经没有饭了,他拿出一盒方便面,泡着吃,吃面的时候,小张的手又开始痒了:"反正在食堂吃饭也是什么都干不了,现在不如边玩边吃……"这一盒面足足吃了一个半钟头。看到时针已经指向了快四点,小张索性决定,把剩下的时间都玩过算了!

"反正,还有明天吧……"就这样,小张一直玩到了晚上熄灯。到上床的时候,他忽然感到后悔:今天又什么都没做,今天又什么都没做!他恨不得扇自己两耳光。毕业论文的任务像一座大山一样压在那里,一点都没少,而时间又流逝了整整一天。

杨把网络成瘾分成了五个类型:(1)网络性成瘾:为了性满足而难以控制对成人网站的访问;(2)网络关系成瘾:过于卷入在线人际关系,例如网聊、网恋;(3)上网冲动:过于关注在线购物、交易及赌博;(4)信息超载:冲动性地浏览网页及搜索信息;(5)网络游戏成瘾:过于迷恋计算机游戏。

对大学生来说,网络成瘾的风险比其他人群更高,因为他们是互联网的一个主要使用群体,并且他们相对年轻,更难以抵御网络的诱惑。有的大学生明知沉湎网络会影响学业,多次告诫自己不能再把时间花费在网上,可一旦连续几天脱离网络,又会因戒断反应感到痛苦难忍,最终重新回到网络,这和物质依赖的过程非常相似。很多大学生因长时间上网,减少了在现实生活中的人际交往和正常的文娱活动,日常的生活规律被打破,饮食不正常,体能下降,睡眠不足,生物钟失调,身体虚弱,甚至可能导致猝死。更不用说成绩下降,学业荒废者,有多少是因为沉溺网络所致。随着互联网的发展和普及,网络在现代大学教育中的作用和地位越发突出,我国大学生网络成瘾而难以自拔的人数也将会逐年增多。因此,预防和戒除网络成瘾,将是当代大学心理教育的一个重大课题。

（四）心境障碍

心境障碍，也叫情感障碍，主要包括抑郁和躁狂两种心境状态。许多在哲学、诗歌或艺术方面有天赋的杰出艺术家，可能有心境障碍，比如，海明威、雪莱、拜伦等。心境障碍是一个比较广的概念，同时跨越了精神病范畴和心理疾病范畴。例如躁狂症、重症抑郁症、躁狂抑郁症（双相心境障碍）都属于精神病范畴，由精神科医生对这些患者进行治疗，治疗的手段主要是药物治疗，可以同时辅以心理治疗。而一些由适应问题引发的抑郁反应，恶劣心境障碍等则属于心理疾病范畴，以心理治疗为主，必要时辅以药物治疗。下面介绍精神病性范畴的重症抑郁症和躁狂抑郁症。

1. 重症抑郁症

抑郁症是很常见的一种心理障碍，大家常常谈郁色变，因为抑郁有时会引发自杀。我们一般所称的抑郁症实际上包括了两类不同性质的抑郁：一类是由负性生活事件等适应性问题引发的抑郁反应，有时称为反应性抑郁症，根据美国的诊断手册，可以称为适应障碍，以抑郁情绪为主。这一类抑郁症是最为常见的，抑郁程度较轻，所以也有人称为"心理感冒"。另一类是由生物因素引起的严重的抑郁，有时称为精神病性抑郁症或内源性抑郁症，通常称为重症抑郁症（major depressive disorder）。这类抑郁对日常生活和社会功能有严重的影响，可转化为慢性的抑郁症。很多时候用抑郁症直接指代重症抑郁症。因为使用术语的混乱，造成大家对抑郁的理解不够清晰。

虽然适应障碍的抑郁与精神病性的抑郁有性质上的不同，但这两者之间并没有绝对的界限,有些时候的抑郁表现是介于两者之间的。例如,刚来到大学的新生,由于环境的转变,与父母分离,同时还伴随着地位上的落差(由尖子生变成了普通人),可能会经历一段时间的抑郁时期,心境比较低落。如果这种状况对学习和生活产生了一定的影响,可以诊断为以抑郁情绪为主的适应障碍。然而,如果有些人有精神病性抑郁的易感素质,这一适应性问题也可能诱发重症抑郁症的发作,这时的抑郁症状就要严重许多,社会功能也会严重受损。这两种抑郁给人的感觉是不一样的,有些时候也不太容易区分,通常专业人员会对此进行一定的鉴别,因为这涉及治疗的原则问题。

下面我们重点描述重症抑郁症的表现与诊断问题。

抑郁最常见的症状是忧愁、寡欢、焦虑、缺乏精力、丧失兴趣、缺陷观念和无用观念,等等。在一些病例中,一个心理创伤(例如丧亲、失恋、丢失工作)可能使一个人一夜间陷入抑郁状态,但更多的情况下抑郁是逐渐发生的,在经历了几个月甚至几年后才明显表现出来。抑郁发作的特征性表现包括:

(1) 抑郁心境。即某种程度上的心情不快,根据症状的严重程度不同而不同,从轻度的抑郁到极度的无助感,有人会以泪洗面,更严重的甚至连哭都哭不出来,有的人描述这种感觉为完全的绝望和孤独感。

(2) 在平常的活动中丧失兴趣和乐趣。以前喜欢做的事情、参与的活动,现在觉得没意思了,感觉不到原有的乐趣。严重的患者可能什么都不想做,甚至早上不能起床。

(3) 食欲紊乱。有的患者食欲变差,体重减轻;另一些则可能食欲增加。

(4) 睡眠紊乱。可表现为失眠,早醒后无法再重新入睡,入睡困难,整个夜晚中不断醒来,还有人表现为睡眠增多,甚至每天睡15个小时以上。

(5) 精神运动性改变。一部分人行动变得迟缓,看起来非常疲乏,运动缓慢而审慎,说话声音低沉,犹豫不决;而另一部分人则变得激越,他们不断地活动,走来走去,不断呻吟等。

(6) 精力减退。尽管什么事都没有干,病人还是整天感到十分疲倦。

(7) 无价值感和内疚感。患者常把自己看做一无是处,这种无价值感还会伴有深刻的内疚感和自责,病人往往会拼命地寻找自己做错事的证据。

(8) 思维困难。患者常常报告说思考困难,不能集中注意力,记忆力减退。越是困难的,需要全神贯注的心理操作,他们越难完成。

(9) 反复的自杀念头。抑郁症患者总是会反复想到自杀,认为死了就解脱了,对大家都好。

(10) 可能出现妄想和幻觉等精神病性症状,往往与其心境相协调,例如自罪妄想等。

在诊断重症抑郁症时,主要标准是至少连续两周有持续性的心境抑郁,丧失兴趣或乐趣,精力减退或易疲劳,再加上其他的一些抑郁症状(钱铭怡,2006)。

一般认为生物因素对重症抑郁症有重要的作用,因此治疗时以药物治疗为主,其他有较好治疗效果的心理治疗是认知行为治疗。目前抗抑郁药的种类很多,有不少人只要有抑郁情绪的时候就倾向于用药物来调节自己的情绪,这是不恰当的,除了药物副作用之外,还可能形成对药物的依赖。非精神病性的抑郁许多时候不需用药物,心理治疗是更合适的治疗手段。

2. 躁狂抑郁症

躁狂抑郁症(躁郁症),也称为双相障碍、双相情感障碍、双相心境障碍,是一种既有躁狂发作,又有抑郁发作的心境障碍,是常见的一种精神病。典型的临床表现是在躁狂发作后,有一个间歇期,然后是一次抑郁发作,再有一个间歇期,如此循环出现躁狂与抑郁。有些是在一次躁狂发作后立即接着一次抑郁发作,其后有一个间歇期。多数患者在间歇期基本正常。抑郁的表现上面已有描述,这里主要描述躁狂的表现。躁狂是一种心境状态,是情感高涨达到病态的水平。躁狂发作时患者情绪高涨,思维奔逸,活动增多,具体表现为过度亢奋,自我感觉良好,自我评价过高,想象力丰富,言语增加,精力旺盛,休息和睡眠的需要减少,注意力易分散,焦躁不安,行为轻率而可能导致痛苦的结果(比如:乱花钱,高风险的性行为,莽撞驾车,草率的辞职,愚蠢的商业投资等)。此外,躁狂发作时也可以出现幻觉和夸大妄想等精神病性症状。躁狂看上去似乎情绪欣快,但由于其病理状况,他人会感到患者的行为与情境是不太相称的,而且对工作、生活等方面会产生一定的不良影响。

(五)精神病性障碍

常见的精神病性障碍包括精神分裂症、精神分裂情感障碍、妄想障碍、暂时性精神失常等几种疾病,以及上面讨论的重症抑郁症和躁郁症。精神病性障碍可以说是所有精神疾病中最严重的一种,通常称为精神病。因为精神病人与现实接触的能力,即对环境刺激进行感知、体验并做出适当反应的能力,受到了损害,导致社会功能严重受损。精神分裂症是慢性的,最能使人丧失能力的一种心理障碍。其他心理障碍的患者,如焦虑障碍、物质依赖,在大多数情况下都能照顾自己,能自己谋生、完成工作,即他们的社会功能基本还是完整的,而精神病患者在其疾病发作期却通常会失去这些能力,精神病一般都需要在精神科接受住院治疗,甚至是长期住院。本小节以精神分裂症为例来说明精神病的表现。

1. 精神分裂症

精神分裂症是精神病中最常见的一种。一般把它定义为一种病因未明的精神疾病,多起病于青壮年,常有感知、思维、情感、行为等方面的障碍和精神活动的不协调,病程多迁延(沈渔邨,2002)。精神分裂症的症状多种多样,每个病人的症状表现也各不相同,但这些症状主要包括下面这几类:

(1)思维障碍。思维障碍包括思维内容障碍与思维形式障碍。思维内容障碍主要指妄想,思维形式障碍则包括逻辑障碍、联想障碍等。

妄想，即严重不符合事实的想法、信念。妄想是一种坚信，它不接受事实和理性的纠正，是不能被说服的。常见的妄想包括：被害妄想，比如认为家人在自己的饭菜中下了毒，而不肯吃饭；影响妄想，比如认为外星人控制了自己的思维；夸大妄想，比如认为自己是伟大的人物，或者具有非凡的才智。

逻辑障碍指患者不按正常的思维逻辑规律来分析问题，表现出概念混乱和奇怪的逻辑推理。比如，问病人："你叫什么名字？"病人回答说："今天天气很好，早上的豆浆不好喝……"

联想障碍包括象征性思维和语词新作等。象征性思维就是把抽象概念具体形象化，通常指代的意义只有他自己能理解。比如一个病人不肯换掉红色的毛衣，因为红毛衣代表中国共产党，她要和党在一起。语词新作就是发明新的字词，比如，把"日"和"夕"上下排列成一个字，指一昼夜。

（2）感知觉障碍。最典型的感知觉障碍就是幻觉，包括幻听、幻视、幻嗅、幻触等，其中最为常见的是幻听。病人行为常受幻听支配。如沉醉于幻听中，自笑、自言自语、作窃窃私语状。

（3）情感障碍。情感淡漠，情感反应与思维内容以及外界刺激不配合。病人表现冷漠无情，无动于衷，丧失了对周围环境的情感联系。如亲人不远千里来探视，病人视若路人。此外，还可能出现情感倒错，比如，病人流着眼泪唱愉快的歌。

（4）紧张症。紧张症包括运动、姿势和行为等症状，其共同特征是其自身的不自主性，如木僵、违拗症、刻板症等。木僵是指患者常常会连续保持同一种姿势，甚至是一些非常痛苦和耗体力的姿势。违拗症是指患者对所有外来要求的一种不自主的拒抗，但并非有意的不合作。刻板症即病人无意识地、重复地做一些简单的动作，这些动作不具任何目的性，也无现实意义。如有节奏地将头转向一方等。

（5）精神活动衰退。精神分裂症患者通常会伴随有社会性退缩，意志减退，个人生活料理变差等状况。病人对学习、工作和社交缺乏应有的要求，行为懒散，无故不上课，不上班，不主动与人来往，忽视个人卫生，严重时甚至可能终日卧床或呆坐，无所事事。随着意志活动愈来愈低，病人日益孤僻，脱离现实。

另外，各种精神病患者通常都具有不同程度的自知力缺陷，即病人对其本身精神状态的认识能力受限，尽管他们在常人眼中已经是明显异常了，但他们自己体会不到。自知力的完整程度及其变化是精神病病情恶化、好转或痊愈的重要指标之一。

精神分裂症最初通常发生在青春期或成年早期，可突然发病，行为发生明显变化，出现古怪的行为和精神错乱的症状，也可能缓慢起病，此时病程进展缓慢，早期症状以性格改变为常见，如变得敏感多疑，无故发脾气，与人疏远，寡言少语，好独自呆坐或无目的漫游，生活懒散，不遵守纪律，对周围人的劝告不加理睬。

精神分裂症在社会中有过度诊断的情况，有些时候是心理功能暂时性的全面崩溃，导致精神混乱，表现怪异，不容易被他人理解，就可能被诊断为精神分裂症。一般诊断为精神分裂症,就会被当作一种慢性的精神病来对待,患者本人也可能以病人自居,而不再以常人的努力去应对生活中不可避免的艰辛,因而加重其功能衰退。一般而言,精神分裂症每复发一次会加重病情,治疗会更困难,反复发作可导致患者社会功能逐步衰退。慢性精神分裂症到晚期的表现以精神生活衰退为主要表现。如果被确诊为精神分裂症,对于年轻的患者而言,需要尽早接受治疗,迅速控制症状,尽快地恢复其学习、工作和生活能力,这样可以避免心理功能的衰退,减少对其以后生活的影响。

精神分裂症主要受生物因素影响较大,急性期治疗以药物为主,在恢复期,心理治疗对于帮助患者恢复并维持社会适应功能,以及预防复发有很重要的作用。对于精神分裂症的预后,一般的看法是大约三分之一的患者经过积极治疗,恢复得较好,可以维持一个正常人的工作和生活;另有约三分之一的患者是部分恢复,在一定的诱因下还会复发;另外的三分之一的患者可能反复发作,维持着慢性的功能受损状态。总之,精神分裂症患者还是有一定的康复的希望,而且在疾病间歇期,可以维持一定的社会功能,甚至可以根据其天赋做出一定的成就。例如,美国获诺贝尔奖的数学家约翰·纳什(John Nash)就是一名精神分裂症患者,他的故事改编成了电影《美丽心灵》(获奥斯卡奖)。

(六) 人格障碍

人格是个体稳定的感觉、知觉、思维等对外部世界做反应的行为方式。人格障碍是指在没有认知过程障碍或智力缺陷的情况下一个人的人格特征显著偏离正常。他们的内在体验和行为(认知,情感,人际功能,冲动控制)持续地明显偏离文化的期望范围。他们这种行为模式会造成对周围环境适应不良,社会功能与职业功能受到重大影响。患者可能对此感到痛苦,同时还可能影响他人的正常社会生活。

人格障碍患者具有特殊的人格,但是没有明显的精神症状,不能归于精神病范畴之内,他们没有发病、病理过程和转归等疾病共有的特征,因此很难说是一种"病"。人格障碍是介于正常人和精神病或神经症之间的一种心理状态,但是,人格障碍的存在可能易于使一些人发展出其他形式的心理障碍,比如回避型人格障碍患者可能易患社交恐怖症。所以其他心理障碍与人格障碍的诊断可能同时存在。

人格障碍的基本表现是这些人常常很难与周围的人相处,通常会被认为是"怪人",或者常和周围的人发生冲突。他们较少对自己的人格特点感觉冲突,对自己的不良行为无自知之明,通常要通过别人的告发或埋怨而获知自己的"古怪"。他们把遇到的任何困难都归咎于外界或别人的过错,常常不能认识到自己的缺点,也不去积极改进,不主动地适应环境。因而,人格障碍患者较少主动求治,对人格障碍的治疗也较为困难。人格障碍通常始于青少年期或成年早期,并持续发展到成年或终生。一般在青春期以前出现的特殊反应,不轻易诊断为人格障碍,因为年幼者人格的可塑性较大。另外,人格障碍的行为表现受文化和性别的影响很大,比如,现代社会自恋型人格障碍的案例可能会比以前增多,边缘型人格障碍以女性为多见。

人格正常与异常间的尺度是相对的,只能在一定的社会文化条件下,与社会常模比较而言。因此,诊断人格障碍是不容易的,通常需要与患者有一定的接触和深入了解,才能判断其不良行为表现是否是一贯的行为风格,而且还要看其社会适应功能受影响的程度。

根据 DSM-IV 分类,把人格障碍大致分为三个类群。A 类群:以行为古怪、奇异为特点,包括偏执型、分裂样、分裂型人格障碍;B 类群:以戏剧化、情感强烈、不稳定为特点,包括表演型、自恋型、反社会型、边缘型人格障碍。C 类群:以紧张、焦虑行为为特点,包括回避型、依赖型、强迫型人格障碍。下面将简单介绍几种常见人格障碍的特点。需要注意的是,不要随便将这些诊断标准用来评价自己或他人,因为我们很容易在自己或他人身上发现个别符合人格障碍所描述的特征。由于正常人格与异常人格没有截然的分界线,一个人可以有某种人格特点的倾向,或某几种人格特点的综合,但是达到人格障碍标准的只有极少数的人。

1. 偏执型人格障碍

偏执型人格障碍以猜疑和不信任为主要特征。病人通常敏感多疑,常将他人无意的或友好的行为误解为敌意或轻蔑;过分警惕与防卫,不信任别人的动机,认为别人存心不良;从常见的事件中理解出隐含的贬低或威胁性的含义;总认为自己是正确的,往往将自己的挫折或失败归咎于他人。临床发现这一类病人中男性居多。

2. 分裂样人格障碍

分裂样人格障碍的特征是社会隔绝,情感疏远,表现为对社会生活和亲密关系淡漠,情感表达受限,他们缺乏亲密的人际关系,缺乏性兴趣,体验不到愉快,对人冷淡,很少对娱乐活动感到乐趣,情感平淡、淡漠。这一类病人中也是男性居多。

3. 反社会型人格障碍

反社会型人格障碍又称精神病态/社会病态,是人格障碍中比较常见的一类,也是对社会危害最大的一类。在早期研究中,人格障碍甚至就专门指这一类型。这类人最突出的特征是经常发生违反社会法律和规范的行为,表现为工作不良,婚姻不良,情感肤浅,无情,自我中心,无内疚感,不能共情,不诚实,欺骗、捉弄他人,冲动性、攻击性及法律问题等。

正如其他的人格障碍一样,他们"变坏"往往不是在成年期形成的,而是在青少年期就有品行障碍。他们的性格当中有很多方面都与此有关。比如,难以控制住自己的情绪、冲动或暴怒以及缺乏同情心等。

4. 边缘型人格障碍

边缘型人格障碍的突出特点是人际关系、自我形象和情感的不稳定性。他们通常人际关系不良,情绪不稳定,行为具有明显的冲动性,甚至有自伤和自杀行为,存在自我认同障碍,同时也易于出现抑郁、酒精与药物滥用等方面的问题。病人在人际关系方面容易走极端，对亲密的人忽好忽坏，好时认为对方完美无缺，坏时恨不得将对方整个人毁掉。情绪暴躁，常常会做出伤害自己的行为来缓解情绪，例如喝酒、自伤、与人打架。有时行为表现像精神病急性发作状态。边缘型人格障碍的人对于被遗弃有强烈的恐惧，他们之所以在人际关系方面存在这么多不稳定的特点，根本原因在于他们害怕被抛弃。边缘型人格障碍的患者以女性居多。

5. 表演型人格障碍

表演型人格障碍又称癔症型人格障碍，突出特征是过分情绪化，同时需要寻求他人的关注。他们往往因其过分招摇和轻浮的表现成为人们注意的中心，而这正是他们所需要的。然而，他们虽然需要情爱和注意，但因为本身人格不成熟、情绪不稳定，对他人一方面具有依赖性，另一方面又常有玩弄他人的倾向；他们对人情感肤浅，说话做事装腔作势（戏剧化特征），同时充满了诱惑或挑逗行为，因此很难维持稳定可靠的人际关系。表演型人格障碍以女性居多。

6. 自恋型人格障碍

自恋型人格障碍的突出特点就是妄自尊大。他们过分需要成就和赞赏，常常全神贯注于自己的智慧和成功的幻想；过分自我关注，自我中心，不能接受批评意见，嫉妒心强，或者相信自己在被别人嫉妒；他们缺乏共情能力，不能理解他人的情感和需要，这不仅令他人无法忍受，也给病人自己带来适应不良的痛苦。例如，他们期望自己能获得特权、优待、格外的赞赏，当这些需求在现实生活中无法满足时，他们就会体验到失望。自恋的人往往内在是自卑的，因此，他们表现出的自恋只是为了掩盖这一点，他们需要格外多的赞赏以维护自己脆弱的自信。

7. 回避型人格障碍

回避型人格障碍以长期和全面地脱离社会关系为特征。此类病人在生活中表现退缩，心理自卑，对负性评价过分敏感，易于焦虑，对自我价值感缺乏信心。他们回避社交，特别是涉及较多人际交往的职业活动，害怕被取笑、嘲弄和羞辱，自感无能，过分焦虑和担心，怕在社交场合被批评或拒绝。

8. 强迫型人格障碍

强迫型人格障碍患者过分关注秩序，他们通常有完美主义倾向，强烈的自制心。在平时的生活中，他们表现为刻板固执，墨守成规，过多清规戒律，异常节俭，要求别人按自己的方式行事。他们的心理过程受思想和行动的理性所驱使，而非感觉感受。需要注意的是，这是他们的一种人格特点，与"强迫症"存在一些区别，尽管两者会有共病的情况，但强迫型人格障碍者并不一定有强迫症的症状，例如强迫观念和强迫行为。

三、心理障碍的防治

正如每个身体健康的人都有可能生病（或大或小的病），每个心理健康的人也都有可能患心理疾病。大多数的时候是如果生病了，经过积极治疗，疾病可以好转或治愈。心理疾病也是类似的情况。因此，我们要注意维护自己的心理健康，积极防治各种心理障碍，以减少对我们生活质量的影响。下面我们会讨论心理障碍的预防和心理障碍的矫正的一般原则，并探讨如何恰当地看待心理障碍。

（一）心理障碍的预防

如何防治心理障碍，这是一个仍然在不断研究的课题。防治的关键在于掌握病因，只要病因明确，我们就可以有针对性地开展预防工作。例如汶川大地震之后，心理专业工作者在灾区重点开展了创伤后应激障碍的预防，因为创伤事件是这种障碍的重要病因。然而，心理障碍种类很多，致病因素也不一而足，甚至有的心理障碍现在仍然病因不明，或仅仅停留在猜想、假设阶段。概括地说，预防心理障碍主要可以从这三方面着手，一是遗传素质，二是成长环境与生活环境，三是心理锻炼。

1. 遗传素质

遗传素质会影响一个人是否容易患某种心理障碍。目前在心理学界，普遍的看法是先天的遗传和后天的教养环境都会影响人的心理和行为，例如，遗传决定了一个人智力的可能发展范围，而环境则影响了这个人智力的实际发展的可能性。从遗传的角度来看不同的心理障碍临床征候，会得到很多相应的证据。比如对精神分裂症的研究表明，对于直系亲属患有精神分裂症的个体，其精神分裂的患病危险是正常群体的10倍。而且，同卵双生子共同患有精神分裂症的可能性显著高于异卵双生子。当然，遗传并不具有决定性影响，如果父母患有精神分裂症，子女患病的可能性虽然提高，但有很多子女终生没有患上精神分裂。所以遗传带来的是"易感性"。如果自己有家族病史，例如直系或旁系亲属患有心理障碍，则需要注意预防。

2. 成长环境

成长与生活环境是影响心理健康很重要的一个因素。心理学有大量研究证实了环境因素和心理障碍的关系。儿童早期与父母的关系，父母对儿童的态度和教养方式，早期生活经历、曾经遭遇的重大生活事件和创伤等都会对一个人的心理状态和素质造成不可磨灭的影响。一般来说，不良环境的影响在个人成长的越早期遇到，对一个人的影响就越大。例如，儿童在早期如果没有形成信任感与安全感，就可能逐渐形成孤独、无助的心理特点，难以与人相处，因而容易产生心理障碍。

3. 心理锻炼

从预防的角度看，对于遗传和成长环境，我们自己的选择和控制能力是有限的，那么我们自己可以做些什么来预防心理障碍呢？不论遗传倾向，或生活环境对心理发展产生了什么影响，你可以做的是加强心理锻炼，提高自己的心理素质。心理锻炼的目的是增强心理免疫力，增强对心理障碍的抵抗力。良好的心理素质可以帮助一个人很好地克服困难，应对压力，度过逆境和低潮期。其实，汉语的"危机"一词，本身就包含了

"危险"和"机遇"两方面的意思,是否能将危机顺利过渡为成长的契机,就取决于一个人的心理素质。为此,就像要有意识地锻炼自己的身体素质一样,也要有意识地锻炼自己的心理素质。这包括多思考,多内省,学习从积极的角度来看待问题,培养正性思维,多与身边的人分享自己的感受,多交朋友,多增长自己的见识和阅历,从而锻炼自己的心理应对能力,还要有意识地多经历一些磨难,锻炼自己的心理承受能力。简言之,心理锻炼就是通过各种途径增强自己的心理应对能力和心理承受能力。

(二)心理障碍的矫正

如果感觉自己有心理障碍,或者存在发展成心理障碍的倾向,需要及时进行矫正。心理障碍的矫正主要包括两方面,一是自我调节,一是寻求专业帮助。

1. 自我调节

遇到心理困扰时,大多数人都会自觉或不自觉地进行自我帮助,即所谓的自我调节。进行自我调节需要注意几个方面的问题。首先需要了解自己,要知道自己的情况是什么,自己需要什么样的改变,要学会观察自己的内心,学会表达自己的感觉。自我了解和自我认识是维护心理健康的重要基础。

自我调节,最重要的是落实在行动上。一个建设性的行为比做多少思想工作都来得有效。一个因为焦虑而一直在回避期末复习的学生,无论怎样对他进行开导、安抚,或者制订计划,立下决心,其实都未必见得有用。真正对他有用的不是做这些脑子里的功课,而是迈出第一步——坐到书桌前,打开书!另外,解决问题有许多种方法,没有哪一种是百分之百有效,这也需要积极去尝试,从行动中看到效果。

自我调节还要注意采用小步策略,持之以恒。在自我调节的时候,不要着急,不要期待在极短的时间内就发生显著改变,因为问题往往不是在一两天内形成的,问题的解决也就不可能只用一两天时间。例如,一个由于心境抑郁而起不来床的学生,尽管愿意改变,也不可能要求自己第二天就像其他同学一样从早上八点学到夜里十二点,事实上,如果他有决心的话,只要第二天能自己下床,就已经是一个值得鼓励的进步了。通常来说,目标定得越小,就越容易实现,改变的动力也会越足。而持之以恒地定下目标,每一天都比前一天更好一点,如此坚持下去,那么任何改变都是有可能的。努力一次是容易的,难得的是坚持努力一段时间。

2. 寻求专业帮助

通常来说,自我调节只适用于程度并不严重的心理问题,而如果到了心理疾病的层次,则一定要寻求专业人员的帮助。如果个人经验有限,也可以就一般的心理问题寻求专业帮助。提供心理服务的专业人员也有几类,包括学校的心理辅导老师、心理咨询师、心理治疗师、精神科医生等。专业帮助的好处在于专业人员会施行保密措施,来访者可以敞开心扉,有利于更好地解决问题。专业人员还受过专业的训练,会运用心理学的理论和方法来帮助你。把你的烦恼告诉他们,有一个人和你一起分担,一起度过,一起改变和成长,会对你的心理产生意想不到的裨益。

(三) 如何看待心理障碍

在本节的最后,我们再来谈一谈如何看待心理障碍。有时,一些不正确的看法不仅会造成误解,也会造成对自己和他人的伤害。

事实上,对心理障碍这个名词,普遍的看法有两种趋势。一种是将其看为"肮脏的"、"不光彩的"。如果取向这样的看法,那么对自己就可能是一味地讳疾忌医,以为自己"心理有问题"是一件极为羞耻的事情,不能正视自身的心理特点,不敢告诉周围的人,也不敢走进咨询室的大门,于是也就无法寻求帮助,断绝了一切改变的机会和可能。对他人则可能存有歧视的态度,例如在心里戴上有色眼镜,看待和议论"某人接受过(正在)接受心理咨询"(有时,尽管我们试图隐藏这一点,但在日常的交往中还是会隐约透露这些印象),给他人带来不必要的伤害。

另一种看法,则是无限拔高"心理健康"的重要性,从而对"心理障碍"极其敏感。情绪上的一点小小改变,或一些无伤大雅的生活癖习,都会引起精神上的高度紧张,以为都是病入膏肓的心理征兆。有些人则将"心理障碍"视为难以治愈的顽疾,一旦感到自己有心理障碍的可能,则在原先的异常之外,又加上一层难以自拔的沮丧低沉,以为自己一辈子都将难以摆脱"心理障碍"的阴影。有的人极为焦虑地泡在书店和图书馆,或互联网上,查阅各种讲述"心理障碍"的书籍和资料,就为在各章节中寻找到和自己情况有些符合的只言片语,然后对号入座,或者印证自己先前的猜测,或者提供了新的诊断可能,总之为自己平添上无穷的烦恼。

实际上,对心理障碍的看法,我们既不必看做隐疾,也无须视为顽症。它就像感冒发烧这些病痛一样,是我们每个人在生命中某个阶段都可能遭遇的困扰。同时,既然能遭遇,也就能度过。《美丽心灵》中的纳什尽管有精神分裂的症状,可谁也无法因此抹杀他人生中的光辉,而他也最终获得了应有的幸福。何况绝大多数心理障碍,还根本到不了精神分裂的严重程度。

对那些正在与心理障碍斗争的人,我们要给予尊重,以及祝福,为他们每个人身上的勇气。有勇气正视,也有勇气与之斗争。要相信痛苦终究可以过去,而宁静和幸福的生活,每个人都有权利追求,也有希望拥有。请记住,没有人能全然对心理障碍免疫,请不要歧视那些罹患心理障碍的人。

小结

为了更好地维护自己的心理健康,需要对心理障碍有一定的认识和了解。本章介绍了心理障碍的有关概念。心理障碍与正常心理是一个连续体,正常的心理困扰和异常的心理疾病之间没有截然的分界线。判断是否有心理障碍,需要专业人员运用心理学和精神病学的理论、技术和方法,进行心理评估与诊断,个人不能仅仅根据一些心理症状就轻易做出判断。本章还具体讨论了常见的几类心理障碍,包括焦虑障碍、心身障碍、成瘾障碍、心境障碍、精神病性障碍和人格障碍。没有人能对心理障碍完全免疫,对于心理障碍要有恰当的认识,积极预防、积极治疗,要努力进行自我调节,在必要的时候要勇于向专业人士求助。

本章要点

(1) 心理障碍是许多不同种类的心理、情绪、行为失常的统称,根据严重程度,可以分为心理问题、心理疾病、精神疾病等几个层次。

(2) 粗略判断一个人是否有心理障碍的标准是看是否有持续了一段时间的行为或心理的症状表现,是否有痛苦感,是否社会功能受损。

(3) 每个人都可能患心理障碍,对于心理障碍,既不必小题大做,也不用讳疾忌医,更不要歧视那些罹患心理障碍的人。

小练习

假如你患了某种心理障碍(例如,社交恐怖),运用你的想像,说说你的生活可能与现在有什么不同?如果你想改变,你会通过什么样的方式?两人或三人一组,讨论交流自己的看法。并拟出一个自我调节的计划,要求计划分成小步,每一步都应该可操作并易于完成。

思考题

(1) 在重大挫折、创伤或压力之下,如果超出了自己的心理承受范围,你觉得自己可能会有哪种心理障碍的倾向?为什么?

(2) 你身边是否有人有文中所提及的心理障碍的倾向?如果有,在学习了本章知识之后,你会怎样帮助他/她?

推荐阅读

(1) 钱铭怡.《变态心理学》,北京:北京大学出版社,2006

(2) Helen Kennerley 著,施承孙译.《战胜焦虑》,北京:中国轻工业出版社,2000

(3) Paul Gilbert 著,宫宇轩译.《走出抑郁》,北京:中国轻工业出版社,2000

(4) 许又新.《神经症》,北京:人民卫生出版社,1993

12

走出困境——求助与心理咨询

> 一个人的力量是很难应付生活中无边的苦难的。所以,自己需要别人帮助,自己也要帮助别人。
>
> ——斯蒂芬·茨威格

曾有媒体进行过一项高校流行语调查,"郁闷"一词高居榜首。大学生因心理问题而休学退学的人数有逐年上升的趋势。北京高校近年来发生多起大学生自杀死亡事件,虽然自杀在高校中只占极小比例,但它给家庭、学校、社会以及个人带来的后果却十分惨痛。北京市心理危机研究与干预中心研究结果显示,70%左右的自杀死亡或自杀未遂者从来没有因为其问题寻求过任何形式的帮助。一个人在生活中总是会遇到自己不期望的结果,遇到挫折,对生活、生命的理解可能发生偏差;一个人可能面临困难情境,却发现自己无法应对眼前的处境。你是否思考过,你将如何帮助自己摆脱心理的困扰?

大学生处于最美好的青春年华,有着得天独厚的优越条件,大学生活应该是人生中最绚丽的一章。然而,大学时代也是多事之秋。大学生处于青年早期,是各种心理疾病和精神病发病的高峰期。大学校园不是世外桃源,大学校园的生活一样紧张忙碌。大学生要面对来自学习、社交、情感、就业等各个方面的压力,这些压力可能会成为一些大学生生命中不能承受之重。由于大学生的心理发育还不够成熟,生活经验还非常有限,处理各种事务的能力还有待提高,大学生如何应对生活中的各种困难和困惑,这就涉及求助心理。有了困难并不可怕,可怕的是不知道如何去求助。本章将讨论大学生的求助心理,以及专业的心理帮助——心理咨询和心理治疗。

一、大学生的求助心理

(一)人生无坦途——为什么要求助?

大学的求学之路并非是一条铺满了鲜花的平坦大道,它也有荆棘和坎坷。在大学,可能会为如何适应大学生活而苦恼,会为学习而着急,会为人际交往而费神,还可能会遇到感情的困扰……对于大多数人来说,可以通过自我调节改善自己的心理状态,但是也有少部分学生在遇到心理问题时自我调节的能力有限,致使不良的情绪和心理状态影响到自己的学习和生活,这时候就需要寻求帮助了。我们这里谈的求助主要指心理求助。心理求助是指个体在遇到心理和情绪等方面的困难时,向他人寻求帮助以达到解决困惑的过程。

人们生活在这个世界上是需要彼此支持,互相帮助的。每个人都有自己的局限性,没有一个人能独自解决自己所有的麻烦,没有谁是永远的"孤胆英雄"。大学生追求独立自主,这似乎与求助是矛盾的。有些人可能误以为独立就是不要他人的帮助,求助是依赖的表现。其实,求助是寻求支持,在自己能力有限时寻求他人帮助是能否维持独立的很重要的一个方面。求助不表示依赖,依赖是指自己能做的事也让别人为自己做。从广义上讲,独立与依赖也不是互相排斥的。成熟的人既是独立的,又是依赖的,他们知道什么时候需要他人的支持,即能够依赖他人,没有他人支持的独立是一种孤独而已。

西方有句谚语:"自助者,天助之"。一个人在遇到困难时,最终还是要靠自己来解决问题,这是对的,你自己的事总要自己去面对。但有些人可能误读了这句话的含义,认为求人不如求己,而不去求助。求助在广义上说也是自我帮助的一种形式。自我帮助更多的途径是通过自我学习,包括参加各种技能技巧培训,听讲座,看书,网上和图书馆查阅资料等,自我分析、判断和解决问题。求助则意味着他人的参与,通过他人的帮助来解决自己的问题。他人的帮助相当于书籍、资讯等的作用,但是,他人可能提供更为有针对性的帮助,更能根据你的个人特点和具体情况而进行帮助,因而更为有效。常言道:当局者迷,旁观者清,"不识庐山真面目,只缘身在此山中"。他人的帮助可以让你对自己的问题有更清楚的认识,也可以提供一些解决问题的方法,当然,最后要付诸行动去解决问题的还是你自己。

有些学生遇到心理问题时自己没有足够的内在资源去应对问题,而又不知道向谁求助,这种情况致使他们没有寻求心理帮助,以至于不少学生最后出现心理崩溃而造成了严重的后果。在上大学之前你也许习惯的是他人的主动帮助,从现在开始,你要学习积极主动地寻求帮助,尤其是寻求心理上的帮助。

(二)援助之手——向谁求助

一般而言,人们在向他人求助时有两种途径:其一是包括家人、朋友、师长等在内的非正式途径;其二是包括心理咨询师和精神科医生等在内的专业途径。社会支持系统是个体的非专业帮助的来源,而心理咨询则是帮助个体解决心理问题的一种专业途径。

所谓个人的社会支持系统指的是个人在自己的社会关系网络中所获得的,来自他人的物质和精神上的帮助和支援。一个完备的社会支持系统包括家人、亲戚、朋友、同学、老师、同事、上下级、合作伙伴、邻里等。对于陷入困境的人而言,社会支持犹如雪中送炭,带给我们持久的温暖、安全以及重振生活的信心、勇气和力量。

从表面上看,每个人的社会关系网都差不多,无非是父母手足、老师同学等,但深入观察发现,每个人从中获得的支持却有很大的差异。有些人在遇到困难时总能获得及时而又有力的帮助,而有些人则不然,在陷入困境的同时,也迅速陷入孤立无援的状态。为什么拥有同样的社会关系网,人们所得到的支持却有这么大的差异?这是因为,尽管社会支持系统是在现有的社会关系网络中产生的,但是社会关系网并不等于社会支持系统。社会支持系统是需要人去努力建立并维护的。否则,即使在"亲人"这种天生最为密切的血缘关系中,也有可能得不到支持,甚至,还有可能受到伤害。社会支持系统需要平时细心的呵护。如果我们平时不懂得体贴、关心并帮助他人,不懂得与他人分享生活,那么,我们就很难构建自己的社会支持系统。尽管人离不开社会支持,但是在遇到困难时,我们还是要尽可能依靠自己,或者是社会服务机构,不要事事求助于个人。这样,在遇到难以处理的大问题时,你就有可能从亲友、熟人等关系中获得最广泛而又有效的支持。

那么怎么评估自己的社会支持系统状况呢?问自己两个问题:① 如果陷入困境,有多大把握能得到他人及时而又有效的帮助?② 这些"他人"都包括谁?将这些人列出来。通过这两个问题,我们能较清楚地看到,遇到困难时,可能获得谁的帮助。

若一个人的社会支持很丰富很健全,即使遇到挫折,也能够很好地恢复过来。一个人有多少社会支持,在很大程度上决定着内心深处的安全感。你的社会支持系统就像是一根安全带,在最艰难的时候给你最大的支持。鉴于我们一生中会有多种场合需要不同的安全带,请尽量"制造"数量多、种类全的安全带,并好好"保养"它们。

在面对心理困难时,除了社会支持系统以外,很重要的心理帮助来自于心理咨询这一专业求助途径。专业帮助的优势在于提供帮助的专业人士受过专业培训,使用一定的理论和方法来帮助求助者,而且具有保密性,通常能够更有效率地帮助当事人解决心理问题。在本章的后半部分会具体论述心理咨询的有关问题。

(三) 大学生的求助特点

大学生的社会支持主要来源于家人、朋友、恋人、亲戚、同学、老师等。有研究表明,在遇到问题和困难时,大学生倾向于首先向亲人和朋友寻求精神上的理解和安慰,然后才是向关系密切且经验较多者寻求有效的解决问题的方法。中国青少年研究中心的调查报告显示,当大学生有了心理问题的时候,首先选择的是向朋友倾诉(79.8%),其次是向母亲(45.5%)、同学(38.6%)、恋人(30.9%)、父亲(22.5%)、同龄亲属(15.8%)倾诉,选择向心理咨询师倾诉的仅占3.2%(刘立新,杨小燕,2006)。

大学生在试图解决心理问题时倾向于先求诸己,后求诸人。就求助对象来说,如果要寻求帮助,大多数人愿意从家人和朋友那里获得帮助,而不愿意到专业的心理咨询机构寻求帮助。从对待求助的态度来看,女性比男性对心理咨询持更肯定的态度,而且在遇到心理问题时,她们更愿意接受专业人员的帮助;而男性较女性更倾向于自己解决问题,对求助于人更为消极。另外,来自农村的大学生较之来自城市的大学生更不愿意向他人求助(江光荣,王铭,2003)。

从求助的倾向看,先靠自己努力解决问题,再向家人朋友等社会支持系统求助,最后再求助于专业人员,这是合理合适的。一般性的心理困惑和心理困扰,比如恋爱交友中常见的一些问题,家人朋友等非专业人员可以根据自己的经验和认识,答疑解惑。然而,当不能独立地应对心理困扰,而且不能从非专业人员处获得有效的帮助的时候,可以尝试寻求专业的心理帮助。当自己的心理问题对学习和生活的影响较严重时,及时求助于专业人员可能会更有效地解决问题。

虽然大学生越来越重视自己的心理健康问题,对心理咨询之类的专业帮助有一定的了解,许多高校也都设有为大学生服务的心理咨询中心,但是在实际工作中发现,多数大学生在遇到心理困扰时并不愿意向专业人员求助。有些学生可能是从不向他人求助,总是尝试自己独立解决问题,即使自己不能解决也不向他人求助;有些学生尝试过向身边的非专业人员(如家人、朋友等)求助,但效果不理想,由于对心理咨询的误解或在乎他人的看法,而不向专业人员求助;还有些学生曾经尝试向专业人员求助,但没有得到有效的帮助,因而不再信任专业帮助。所以,本章在心理咨询一节会探讨寻求专业心理帮助的一些具体问题。

(四) 独自心痛——心理求助的障碍

大学生正处于极具变动的成长发展时期,总要遇到或大或小的心理困扰,如果不能及时解决,有可能发展为心理危机,严重影响心理健康。当个体遭遇个人的心理困扰和问题时,求助行为被视为是一种具有适应性意义的应付方式。研究表明,更愿意求助的个体有更高的适应水平,其情感和行为问题也更少。然而,有些人对求助持怀疑的态度:"我应该自己设法解决我自己的问题……如果我告诉别人我感到压力很大,或者我感到抑郁,别人一定会觉得我很无能,而且我也会觉得自己很软弱……对于我的家里人来说,这可不是件好事。"在大学生中,有哪些原因让他们宁愿独自忍受痛苦也不向他人求助呢?

1. 担心给别人添麻烦

有些大学生在遇到困难时,担心求助他人会给别人添麻烦,让他人担心,或是造成他人的困扰。也许你一直是父母眼中完美的孩子,从不用父母操心,或者你很懂事,觉得父母把你供上大学已很不容易了,你不能再让他们担心。或者你以为朋友们各人都有各人的事,也不容易,向他们求助会给他们带来麻烦。你也许没想过,当你向别人寻求支持和帮助的时候,也给了别人同样的机会在下次需要的时候向你求助,人们是需要互相帮助的。另外,适时适度地向人求助,还会提升人们之间的亲密程度,因为这表明你对求助者的信赖。当然,求助的前提是你拥有良好的社会支持系统。

2. 求人不如求己

有些大学生觉得自己的问题当然要自己解决,求人不如求己,"君子当自强不息"。你或许认为求助是弱小的表现,是无能的象征。我们有弱小的时候,但不说明我们是弱小的。如果能够真正去面对自己的弱小,你就变得有力量了。求人不如求己,有些时候这可能是害怕求助,不愿求助的一种托词。求助意味着自己有心理困扰,而且自己不能解决自己的问题,这可能让人感到自己很失败。承认自己有心理困扰是需要勇气的,承认自己需要别人的帮助同样是需要勇气的。能够主动求助表明你在勇敢地面对自己,主动地解决问题。每个人在成长的道路上总会遇到各种困难,大多数时候不是什么大的问题,只是我们的经验和认识有限。你不必一个人自己扛着。有时候找个合适的人谈谈,可能会让你如释重负。

3. 担心不能得到想要的帮助

有些大学生担心不能得到自己想要的帮助。在这里,要分清楚的是想要的帮助是什么。一般的帮助有两类,一类是具体指导,即问题解决式的帮助,也就是具体的建议和主意,另一类帮助是心理支持。比如,失恋了,他人的帮助恐怕不是帮你再找到一个恋人,或挽回失去的恋人,而是帮助你调整情绪和心态,继续你的生活,这样才有机会找到新的恋人。他人也许不能对你的具体问题给予直接的帮助,但是他也许能够给你提供其他的解决问题的途径和思路。无论如何,试试看又何妨?实际上,多数时候我们需要得更多的是心理支持。有关心理方面的困难,很多时候,不是出出主意就能解决问题的,而在于心理上想不通,不能接受,这时需要的是他人的理解和心理上的陪伴,当有人在旁边支持的时候,我们更有力量去面对自己的困难。心理支持也包括帮助发现或认清存在的问题,帮助探求自我帮助的方法,帮助加深对自己的认识和了解,从而有利于更好地解决问题。

4. 担心有失脸面

"痛苦"事小,"面子"事大,这是我们传统文化中特有的现象。有些大学生认为心理求助代表着自己心理方面有问题,而有心理问题在我们的传统文化中是很羞耻、丢脸的事。这不仅仅是你一个人的事,也是你一家人的事。因此,对于心理问题我们有很大的压力,不愿向他人表露。顾忌"脸面"、"隐私"让我们把痛苦深深地埋在心里。其实有心理问题并不是羞耻的事,正如我们感冒发烧一样,是生活中常见的事。然而,只要你的心理困惑一天没有解决,它就会以这样或那样的方式影响你的生活,而且心理问题累积下来可能造成更严重的问题。因此,我们不能讳疾忌医。我们顾及个人的形象是必要的,所以我们选择自己信赖的关系密切的人求助。如果要保护你的隐私,还可以选择寻求专业帮助。

总之,我们要在需要求助的时候能够坦然地求助,无论是家人朋友还是专业的心理咨询人员,进行心理求助比否认心理困扰、搁置心理困扰,或让自己陷入深深的痛苦挣扎中的结果更好,更有利于维护个人的心理健康。

(五) 如何求助

大学生在学习和生活中遇到心理困难和困惑是不可避免的,那么怎样才能有效地获得帮助呢?前面已经讨论了求助的必要性、求助的对象、求助的困难,这里再简要地谈谈关于如何求助的几个原则。

1. 自我帮助

在遇到心理困难时,第一个求助对象永远是自己,自我调节是基本的。大学生要增强解决问题的能力和心理承受力。这需要大学生通过多种途径学习有关为人处世的技巧,还要勇于去尝试体验生活,不断地积累经验和教训,不要怕犯错和失败。我们还可以阅读各类心理学书籍,查阅有关资讯以丰富自己的认识。在看书学习时,要注意避免对号入座的倾向。有些人可能根据书中的描述,找出自己曾经有过或现在正有的一些心理困扰,认定自己患有某种心理障碍而忧心忡忡;或者认定他人患有某种心理疾病而对其持有偏见。

2. 必要时主动求助

我们要学习积极主动地求助。有些大学生由于名誉、自尊、面子问题,隐私问题,或种种的顾虑而不去求助,结果很可能把一个简单的问题复杂化,或者问题越积越多而增加了解决问题的困难程度。当我们自己不能很好地解决自己的问题的时候,要及时地求助。求助不等于懦弱,也不等于终生的救济。另外,要相信会有人愿意帮助你。有时为了找到一个真正能帮助你的人需要求助几个不同的人或不同的心理服务机构。

3. 知道选择恰当的求助对象

求助对象范围其实是很广的。大学生求助最多的是父母、朋友（包括恋人）。很多时候，值得信赖的老师和长辈也是很好的生活导师，大学生可能不善于利用这些资源。这些老师和长辈有着丰富的生活经验和阅历，可能更为中立，时空上更为便利。我们要注意培养自己的社会支持系统，知道遇到哪类问题可以找什么人求助。无论如何，向专业人员求助可以是你的备选方案。这里顺便谈谈关于网络求助的问题。现代社会，不少学生还会利用互联网进行求助。你的问题能得到一些人的理解和支持，也可能会有些人不理解不支持，因此，要根据自己的判断选择性地接受他人的建议。

4. 周围的人给予主动的关心，协助需要得到帮助的人获得恰当帮助

有些时候，当一个人处于某种情绪状态时，其思维和行为会受到一定的影响。比如，情绪低落时看问题会很悲观，会以为自己无法走出困境，其他人也帮不上忙，因而不会主动求助。这时周围的同学、朋友可以主动给予关心。作为朋友，也许不能帮助当事人解决他的问题，但是，朋友的陪伴就是最好的帮助。另外，还可以协助当事人获取专业帮助。可以帮着查询专业服务机构，督促他进行求助。

专栏1：何时应该寻求专业帮助、心理咨询？

如果你心理上有痛苦，而自己又觉得无能为力，而且影响了正常的学习和生活，这时就需要寻求专业帮助，进行心理干预了。具体表现如下：

（1）当某个问题开始干扰你的学习、工作或个人生活的时候；
（2）当你目前处理问题的方法不再有效时；
（3）当你的家人或朋友公开对你表示担心时；
（4）你感到不知道怎么做，感到绝望时。

你不必等到问题变得严重时才去求助，更不要等到有心理障碍时才去做心理咨询和心理治疗。现在，越来越多的人把心理咨询和心理治疗当作促进个人成长，提高处理问题的技巧，从生活中获得更多满足的方法。

二、专业帮助——心理咨询与心理治疗

（一）心理咨询的概念

心理咨询是由受过系统训练的专业工作者，运用心理学的理论和方法，与来访者建立良好的关系，帮助来访者更好地认识自我和接纳自我，克服各种心理困扰，促进人格

向健康协调的方向发展,走向和谐与适应。

心理咨询是心理咨询人员协助求助者解决和处理心理问题的过程。心理咨询不同于传统意义上的思想政治工作、说教、劝导、指导等,而是一种专业的、正式的和效果更为良好的助人方式。心理咨询是一项专业性很强的工作,学习了心理学不能从事心理咨询,只有受过心理咨询和心理治疗的专业训练,包括理论和实践两方面的训练,才能从事这项工作。心理咨询工作对专业人员在伦理道德等方面有着严格的要求。

从事心理咨询和心理治疗的专业人员,常称为心理咨询师和心理治疗师,有时俗称心理医生。心理咨询人员必须遵守有关的职业伦理原则。不同专业方向的心理咨询师和治疗师,其理论取向可能不同,擅长处理的问题可能不同,服务的对象也可能不同,但是基本的工作原则是一致的。在下文中,心理咨询师、心理治疗师、心理医生这三个词会交替使用代表从事心理工作的专业人员。

(二) 心理咨询和心理治疗的异同

心理咨询和心理治疗是人们在寻求心理帮助时常用的两个术语。心理咨询师和心理治疗师在培训和工作的侧重点上有所不同,了解心理咨询和心理治疗的关系有助于需要寻求心理帮助的人获得恰当的帮助。

心理咨询在我国公众的观念中是个泛化的概念,是心理帮助的总称。这一概念强调了心理咨询的教育性,淡化了心理疾病这一观念。中国的传统观念中对心理疾病是有一定歧视的,许多人认为有了心理疾患是可耻的。从这个意义上看,心理治疗可以看做是对有心理疾病的人群的心理咨询。

心理咨询与心理治疗在理论与方法上没有太大的差异,进行工作的对象也常常是相似的。两者都强调帮助来访者成长和改变,都注重与来访者建立良好的关系,认为这是帮助来访者改变和成长的必要条件。越来越多的人倾向于认为心理咨询和心理治疗之间没有本质的差别,更多是一种程度上的差异。所以在实践中我们常常把心理咨询和心理治疗这两个术语并列相提。

心理咨询与心理治疗最大的区别在于服务的对象和面对的问题有所不同。心理咨询的对象是普通人群。心理咨询强调的是提供有关心理方面的专业知识和信息,包括指导有关方面的技能和技巧。心理咨询主要涉及日常生活中的适应问题和发展性的问题。比如,大学生常见的学习问题、交友恋爱问题、职业取向问题、自我意识问题等。心理咨询的目的是获取有关的知识,增进相关的为人处世技巧,协助做出有关的个人决策,提高生活质量。在日常生活中,很多知识和信息不一定需要通过与专业人员交流而获得,人们常常通过与家人或朋友之间的交流就能解决问题。但是在某些情况下,比如出于个人隐私的考虑,与专业人员的交流对解决问题也许会更为有效。心理咨询在欧美国家被看做是解决日常生活问题的一种有效的途径和方法,这与他们的文化有关。

心理治疗主要针对的是有心理疾病的人群。心理治疗强调了心理疾病这一概念,其目的是为了减轻或消除精神或情绪障碍的症状,解除精神痛苦,改善工作生活学习等社会功能。心理疾病与身体疾病相似,最主要是有症状,有痛苦,功能受损。抑郁症、焦虑症、强迫症、恐怖症等即是典型的心理疾病。在寻求心理治疗的人群中有一部分是无明显症状或无明显功能受损,但是感觉精神痛苦的人,这与传统的疾病定义是有些差别的。心理治疗的期望是来访者会在认知、情绪或行为方面产生一定的持久的改变,从而对其生活产生积极的促进作用。

心理咨询和心理治疗的专业人员有所不同,所受到的培训也有一定的偏向。进行心理咨询的专业人员多数是学校心理学家、教育学家、社会工作者等;而进行心理治疗的专业人员,多数是临床心理学家和精神科医生。心理咨询和心理治疗的工作范围和场所不尽相同。心理咨询人员多在非医疗的情境中进行,如学校和社会服务机构;而心理治疗人员多在医疗情境中或私人开业的诊所中进行,也有相当数量的心理治疗师在学校和社会服务机构工作。

心理咨询和心理治疗的时间也有所不同。心理咨询一般用时较短,常为一次或几次。心理治疗的目标是使人产生改变和成长,费时较长,治疗由几次至几十次不等,甚至经年累月才能完成。

另外,心理咨询侧重于预防的目的,工作方向偏重提供知识,教导技能,从积极的方向进行引导,类似于中医的"扶正";而心理治疗侧重于矫正的目的,工作方向偏重于帮助来访者改变不适应的认知、情感或行为等心理机能,类似于中医的"祛邪"。在实践中,来访者许多时候呈现的问题是日常生活的适应问题,其来源却是心理疾病造成的心理功能受损,这时候心理咨询可能就不够了,就需要心理治疗。例如,来咨询的问题都是不善与人交往。其中一种情况可能是由于来访者平时与人交往过少,缺乏与人交往的技巧,这时进行几次心理咨询,教导一些交往技能和技巧就可以了。另外一种情况可能是来访者由于社交焦虑,而不敢与人交往,这时就要为其社交焦虑进行心理治疗,重点解决其焦虑问题。

总体说来,心理咨询和心理治疗都是对人们进行心理帮助的专业领域。心理咨询和心理治疗之间的差别主要在于工作对象、工作内容、人员培训、工作范围和场所等方面。其核心区别在于来访者心理问题的性质。简单地说,非病理性的属于心理咨询范畴,有一定病理倾向的,属于心理治疗范畴。

(三) 心理咨询的种类

1. 按形式分类

根据心理咨询的形式可以分为门诊咨询、电话咨询、信件咨询和网络咨询。

(1) 门诊咨询。门诊咨询是指在心理门诊进行的面对面的咨询,也称为面对面咨询或面询。通常在综合性医院、精神病院、学校、心理学相关的科研机构,以及社会上的心理服务机构,会设有心理门诊,或心理咨询和治疗中心,受过专业训练的专业人员也可以开设私人心理门诊。门诊咨询的好处是来访者与咨询师进行面对面的交谈,有利于双方观察言语和非言语的行为,有利于咨询人员掌握来访者的全面情况,是心理咨询中最主要,而且最有效的形式。这里特别要强调评估一个人的心理状况,不能仅仅依赖言语信息或书面信息,还要加上咨询师的观察所知觉到的其他信息进行综合判断,比如一个人的精神面貌,外在的穿着打扮,动作姿势等都提供了很丰富的信息,因而为了提高咨询效果,通常提倡门诊咨询。

(2) 电话咨询。利用电话给求助者进行咨询,不受距离和地理位置的限制,是较为方便而又快捷的心理咨询方式。电话咨询最常见的是咨询热线的形式,主要用于处理心理危机、突发事件等,也用于提供有关心理方面的知识、信息等。也有通过电话进行持续性、规律性的心理咨询和心理治疗,其隐蔽性和保密性强的特点深受求助者的喜爱。但是电话咨询时视觉信息沟通受限,通话质量也会有所干扰,通常不太适用于进行连续的心理治疗。

(3) 信件咨询。信件咨询就是以通信的方式进行咨询。求助者通过书信将问题呈现给咨询师,然后由咨询师根据所描述的情况进行答疑解惑和心理指导。通常这类咨询更多是普及性的知识讲解,泛泛而谈处理问题的原则。由于双方不能直接交流,不利于咨询人员全面深入地了解情况,很难进行具体指导,只能根据一般性原则提出指导性的意见。

(4) 网络咨询。通过互联网为求助者提供有效帮助的一种形式。与电话咨询的效果相似,有较好的保密性和隐蔽性。在网上咨询可以将心理咨询的过程进行全程记录,由于网络的安全性问题,有时候隐私可能不能得到很好的保护。

2. 按人数分类

根据咨询人数的不同,可以将心理咨询分为个别咨询、伴侣咨询、家庭咨询和团体咨询。

(1) 个别咨询。求助者是一个人,咨询师和求助者呈一对一的关系,针对来访者个人的心理问题进行咨询,是心理咨询的基本的和主要的形式。其优点是针对性和保密性好,咨询效果明显,但咨询的成本较高,需要双方投入较多的时间和精力。

(2) 伴侣咨询。求助者为一对配偶、恋人、同居伙伴等处于亲密关系的双方。主要用于解决夫妻或伴侣之间的关系问题。

(3) 家庭咨询。求助者为整个家庭。家庭咨询常用来解决那些与家庭关系有关的心理问题,尤其是青少年的心理问题。

(4) 团体咨询。求助者为一组人,是在团体情境中提供心理帮助的一种咨询形式。通过团体内的人际交互作用,促使个体在交往中观察、体验和学习,认识自我,调整和改善与他人的关系,学习新的行为模式,发展良好的社会适应能力。比较适合大学生的发展性的心理问题的咨询。但是团体咨询常难以兼顾每个个体的特殊性。

（四）心理咨询机构

心理咨询机构主要有以下三类：

1. 高校的心理咨询门诊

目前，大多数的大学都开设了心理咨询中心或心理咨询室，由负责学生工作的部门进行管理。这些咨询中心的老师常会开设大学生心理健康教育类的课程，举办各类心理健康方面的讲座，还会组织各类团体学习小组，促进大学生心理健康发展，提高心理素质。当大学生面临个人发展的各种具体问题，如大学适应问题、学习问题、交友恋爱问题等，可以去高校的心理咨询中心进行咨询。高校的心理咨询门诊多是免费的，次数有限。

2. 医院的心理咨询门诊

国内的较大的综合性医院基本都设有心理科，精神卫生专科医院或精神卫生研究所等也会设心理咨询门诊。在这类医院进行心理咨询的多为精神科医生，他们能够进行精神病的鉴别和诊断，并能进行药物治疗。当有较明显的心理疾病症状或精神病症状时，可以去医院的心理门诊进行鉴别诊断，有时可能还需住院治疗或药物治疗。

3. 社会上的心理咨询机构

社会上也有各种心理咨询机构和私人心理咨询门诊。这类门诊通常工作时间上更灵活，对咨询有一定的便利性，但是这类心理机构收费较高。如果你比较着急解决自己的问题，在学校的咨询中心预约还要等一段时间，或者你对去学校咨询还是有一定的担心，可以考虑校外的心理咨询机构或私人心理门诊。

（五）心理咨询与心理治疗的主要方法

心理咨询和心理治疗的理论和方法有很多种类，不同的理论流派对心理问题的成因以及解决方法有较大的差异。研究表明，各种疗法都是有效的，只是不同疗法的适用范围和适应症会有所不同。现在多数心理咨询师与治疗师都是采取一种折中主义的态度或整合的态度，根据求助者的情况，综合应用各种不同的治疗方法。下面简要介绍几种主要的心理治疗理论流派：心理动力性治疗、认知行为治疗和人本主义治疗。

1. 心理动力性治疗

心理动力性治疗是根据精神分析理论而产生的一类治疗方法，较长程的治疗也称精神分析治疗。心理动力性治疗包含有多种理论和多种方法。这类治疗的核心在于重视无意识的心理动机对心理活动的影响，认为许多情绪困扰或心理障碍来自无意识的心理冲突。心理动力性治疗的前提假设是认为人们越能诚实地面对自己，就越有机会过满意而有成效的生活。治疗目标是把无意识上升到有意识，帮助来访者全面深刻地认识自我，最终达到自我接受、自我改变。心理动力性治疗关注情感和情绪表达，重在识别来访者的行为、思维、情感、体验和关系的模式，强调过去经历的影响，强调治疗关系,探究愿望、梦、幻想等内心的动力学。

2. 认知行为治疗

认知行为治疗是认知疗法和行为疗法的综合,是一组心理治疗方法的总称。认知行为治疗是通过改变思维或信念,同时采用一些行为技术,达到消除不良情绪和行为的一类心理治疗方法。情绪一章中提到的合理情绪行为疗法就是认知行为治疗中的一种方法。认知行为治疗重视人们的认知(如思维方式和信念)对情绪和行为的影响。认知行为治疗注重具体的认知偏差和行为症状,治疗重点是认知重建和行为矫正。认知疗法的治疗目标就是纠正来访者不合理的、歪曲的、适应不良的观念,从而改变行为。也就是让来访者学习认识事物的新视角,形成新的思维方式,同时也会指导来访者学习新的行为应对技巧。在治疗时,可能偏重认知重建,或者行为矫正,更多是问题解决式探讨情绪和行为问题。对于大学生遇到的一般心理问题,认知行为疗法都非常有效。

3. 人本主义治疗

人本主义治疗是帮助来访者改善自我意识,探索内在潜能,充分发挥自我实现的主观能动性,从而改变自身适应不良行为的心理疗法。人本主义疗法重视发展人的潜力,来访者的主动性。人本主义治疗强调对改变负责的是来访者本人,治疗师提供一种氛围或环境(真诚、共情、无条件积极关注),以促进来访者的成长,是非指导性的治疗。治疗目标是帮助来访者坦诚地面对自己的经历,接受自我,减少防御,成为更真实、完整的人。人本主义流派是心理咨询中常用的咨询方法,对于大学生的心理辅导有很好的作用。适用于那些为迎合他人的需求而否定了自己的经验,自我的价值与理想无法得到实现而产生的悲观、消极的想法和不良情绪。

(六) 心理咨询和心理治疗的程序

心理咨询和治疗可以使人们从一个不同的角度去看待自己、他人和社会,用新的方式去体验和表达他们的思想情感,并产生出新的思维方式和行为方式。那么心理咨询和治疗是通过什么过程来达到治疗的目的呢?心理咨询和治疗过程通常可以分为三个阶段。

1. 初始阶段

治疗师提供安全的氛围,与来访者互相熟悉,建立关系。治疗师初步了解来访者的情况,进行评估诊断。来访者也有权利了解治疗师的专业背景与资历,对其进行评估以确定是否继续进行咨询和治疗。

治疗师在了解来访者的问题之后,要与来访者讨论治疗计划。也就是,向来访者解释对其问题的看法,可能采用的帮助方法,对来访者有什么要求,来访者要做何努力,希望最后达到什么样的目标。双方达成一致后,形成治疗协议。

有许多来访者急于解决问题,希望治疗师能够很快给出具体建议,其实这种期望是不现实的。对于任何问题,都有一定的解决方法,来访者可以从朋友或书本得到建议,但是,有很多方法可能不适用于每个人的情况,所以,心理咨询和治疗的专业性在于能够根据个人的具体情况来发展出恰当的治疗方法。而这个前提就是对自己的问题有深入的了解,对个人特点有适当的了解,这就需要对来访者进行评估诊断,需要一定的时间,根据问题的复杂性而定。

2. 中期阶段

治疗师通过讨论、解释、指导等方法,帮助来访者获得解决问题的技能,来访者在生活中努力实践新技能,逐渐改变不适应的行为。

心理咨询和治疗之所以不是一次两次的事,除了诊断评估需要时间,另外一个重要原因是分析澄清了问题,并不表示解决问题,了解了应该怎么做还不够,还需要亲自去实践,把在咨询室内所学到的新理念和新技能转变为自己的东西。正如我们在学习一个理论时,需要做练习,用这个理论去分析问题、解决问题,这样才能真正地掌握一个理论。

3. 结束阶段

当来访者已经掌握了新学到的技能和方法,并且在实际生活中进行了成功的实践,就可以考虑结束心理咨询和治疗。结束时治疗者通常要和来访者一起总结在咨询中获得的东西,鼓励其继续在实际生活中去实践新思维和新行为。

心理咨询和治疗在一定程度上是体验式的学习过程。你在这个过程中将会学到治疗师分析处理心理问题的一种方法,并在实际生活中进行实践,从而你的生活和你个人会有所改变。曾有人这样比喻心理咨询,好像一个人暂时地伤了一条腿,行走不便,感觉不好(心理问题的出现)。他先要寻找一个合适的拐杖(心理咨询师),然后学习带着拐杖行走。当他的腿伤好了,能够重新正常地行走,拐杖就可以扔了。心理咨询能否成功,不但取决于拐杖(心理咨询师),更取决于自己(求助者)。

(七) 心理咨询师和治疗师的伦理

心理咨询和治疗主要是通过治疗关系起作用的,心理咨询师和治疗师在治疗关系中对来访者有潜在的影响力,这就要求他们要遵守临床心理工作的伦理守则,保障来访者的权利,以避免给来访者带来伤害。这里简要谈谈几个重要的原则。

1. 尊重来访者

心理治疗师要尊重来访者的权利,不替来访者做重要决定或强制来访者采纳其主张,尊重来访者不同的价值观,不因性别、年龄、教育、社会经济地位等因素而歧视来访者,也不对来访者进行道德评判。所以,请理解心理治疗师不为你做决定,是对你的尊重。只有尊重来访者,才能得到来访者的信赖。

2. 保密原则

心理治疗师对治疗过程所谈的内容都要保密,这样来访者才能敞开心扉,有助于深入全面地了解问题。但是保密原则也是有例外的。比如,当治疗师得到的信息表明来访者有很大可能性对自己或他人造成伤害时,或者有危及社会安全的尝试和企图的时候,或者有虐待儿童的情况。治疗师对这些情况要采取一定的措施来保护来访者和他人的人身安全。另外,治疗师要注意采取一定措施保护来访者的隐私权。比如,在专业场合谈论有关案例需匿名,并去掉可能暴露来访者身份的信息;不把来访者的情况作为闲谈资料;妥善保管案例记录等。

3. 保持恰当的职业关系

心理治疗师要避免与来访者发生治疗关系之外的其他关系,或利用治疗关系剥削来访者为自己谋利。治疗师不能与来访者像朋友一样地交往,治疗师更不能与来访者约会谈恋爱。来访者与治疗师之间的人际吸引很可能是治疗关系造成的"假象"。治疗师不能让来访者给自己"帮小忙",如修电脑,提供某些资讯等。

4. 保持清醒的自我认识

心理治疗师需要对自己的心理特点和专业能力有恰当的认识,这样可以防止自己因潜在的偏见、能力局限等而导致的不适当行为。治疗师要了解自己的能力范围,对自己不能胜任的案例要及时转介。

专栏 2:如何选择心理治疗师

心理治疗师由于个人的局限性,和所受专业培训的局限性,不可能对本专业内的所有问题都能胜任。通常,接受的培训越系统,工作经验越丰富的专业人员,善于解决的问题的范围可能会更广一些。

在选择心理治疗师的时候,主要考虑的是两个方面:

(1) 心理治疗师是否受过专业培训并有相应的资格。学过心理学不一定就能进行心理咨询,必须要学习心理咨询和心理治疗专业。专业培训有两种,一种是系统教育,通常为研究生教育,比如,拿到临床心理学、咨询心理学硕士或博士文凭,或者是精神科医生再接受心理治疗专业的培训和实践。另一种是资格认证,比如国内的心理咨询师证书的培训,各种短期针对某一具体治疗技术的资格认证培训等。一般认为,系统教育比资格认证更重要。

(2) 你与心理治疗师相处时是否感到舒适。这要通过你的感觉来判断。如果一个心理治疗师持有真诚、温暖和无条件积极关注的治疗态度,那么你一定会感受到的。如果在一开始你就感到不被理解,那么这个治疗师可能不适合你。为了自我保护,你可以结束这个治疗关系,再找其他治疗师试试。当然,有些人的问题正是与他人打交道有困难,很可能与咨询师也难建立关系,这时可以耐心地尝试几次,看看感觉是否有变。另外,一个治疗师的治疗理论取向不是太重要,他的个性特征、职业经历和专业技能是更为重要的。

（八）求助者在心理咨询时需要做什么

心理咨询是发生于咨询师和求助者之间的互动的过程，求助者的积极参与对咨询和治疗有促进作用，求助者要注意以下几个方面以使心理咨询和治疗有一定的效果。

1. 强烈的求助动机

求助者的咨询动机越强烈，越是强烈地希望改变自己，改变现状，咨询效果就越好。有些来咨询的求助者，不一定是自愿来的，咨询动机不强烈，就很难从咨询中受益。当然，咨询师也可以在咨询过程中激发来访者的求助动机。一般来说，心理咨询时需要求助者自愿参加咨询。有些学生有希望改变自己的想法，但是不是很清楚自己的问题，或需要什么改变，这时可以抱着试试看的态度去咨询，心理咨询过程也许会让你有意想不到的收获。

2. 对心理咨询持积极的态度

求助者要相信心理咨询和治疗的有效性，相信这一过程会对自己有所帮助，这对心理咨询有积极的促进作用。心理咨询能够让你宣泄不良情绪，有效缓解心理压力，通常在咨询之后会给你带来轻松的感觉，但是，心理咨询过程很多时候并不是个愉快的过程，因为咨询时会涉及个人的痛苦的经历，会带来强烈的情绪反应，这时可能会对心理咨询产生负面的态度，但这是心理咨询和治疗有效所必须经历的过程。有些时候遇到的咨询师也许不能提供有效的帮助，你可能不再继续咨询，但是不必因为某个特定的咨询师的表现而否定心理咨询的有效性，可以再换一个咨询师试试。有些时候要找到一个合适的心理咨询师还需要费一番周折，正如我们看病的时候，有些时候这个医生的治疗无效，但是换个医生也许就能有效地治疗了疾病。

3. 坦诚地谈论自己的问题

有些求助者由于各种心理上的顾虑，比如，担心被嘲笑，被看不起，或者担心秘密可能被泄露，不愿或不敢说出自己心里的问题。有些认为心理咨询师是心理学专家，应该能看出自己的问题，如果看不出来，就不是好的咨询师。这些想法会阻碍求助者坦率地与咨询师讨论自己的问题。咨询师需要遵守一定的职业伦理原则，比如，保密原则、中立态度等，一般不会对求助者做道德判断，也不会有偏见。因此，求助者可以打消不必要的顾虑。心理咨询和治疗是门科学实践，咨询师需要根据求助者提供的信息来帮着进行分析，这便要求求助者坦诚地谈论自己和自己的问题，这样咨询师才可能全面、准确地了解求助者的心理问题，才有利于咨询取得成效。

4. 积极行动改变自己的行为

在心理咨询过程中，虽然咨询师对咨询效果有重要的影响，但是起决定作用的还是求助者本人。咨询师可以帮助你宣泄消极情绪，帮助你理性地认识和分析问题，教给你处理问题的技能和方法，但是如果求助者本人不能把在咨询中体验和学习到的东西运用于实际生活中，那也无异于纸上谈兵。求助者需要努力地尝试改变自己的思维和行为,积极地在实践中去练习,这样才能真正掌握咨询中所学到的,把咨询师的东西转化为自己的东西,不再需要依赖咨询师。

专栏3:如何恰当看待和使用心理测验

随着心理学日益强调对人的客观评价,各种心理测验开始大量地被用于心理咨询,以便方便快捷地评估来访者的心理状况。心理测验就是通过观察人的少数代表性的行为,对贯穿在人的全部行为活动中的心理特点做出推论和数量化分析的一种科学手段。常用的测验包括能力测验(如智力测验)、人格测验(如艾森克人格问卷)、心理健康测验(如症状自评量表,抑郁量表)等。由于人的心理是很复杂的,难以直接测量而取得结果,心理测验本身有许多不完善的地方,有着不可忽视的局限性。那么如何恰当地使用心理测验呢?

(1)要注意科学选择。心理测验有优劣之分。有些网络或科普刊物上登载的游戏性测验不能正式拿来使用,可以选择按照科学方法编制的,经过标准化程序处理的正式的心理测验。心理测验量表都有其应用的目的,适用的范围,都有一定的信度和效度。根据所要测量的心理特征和测验手册中的有关介绍来选择恰当的心理测验。

(2)要注意测验误差。测验误差有几个方面的来源。测验本身的误差来自测验的编制过程,其中题目的选择影响最大。比如,如果测验的题目较少而缺乏代表性,被测者的反应就很难代表其真实水平。测验过程中也有很多因素会引起误差。比如,测验人员的主观态度、对测验过程的熟悉程度等都会影响测验结果。此外,被测者的测验动机、反应倾向、情绪状态等也会影响测验表现。

(3)要慎重解释和使用测验结果。心理测验人员必须经过专门的心理测验培训,具备相应的资格,才能进行测验的施测、计分和解释。测验人员要与被测者讨论测验的结果,以建设性的方式向其传达真实和准确的信息。解释测验结果时要考虑施测过程中可能带来的误差,要避免对测验结果进行过度推论,要结合受测者的其他信息综合进行解释。注意避免由于滥用测验结果和不恰当的评价导致对来访者的误导。

对待心理测验要避免过于夸大测验分数的意义,认为分数能说明一切,因而单纯依靠心理测验来做决策,而忽略其他信息。正如心理学家潘菽指出的:"心理测验是可信的,但不能全信,心理测验是可用的,但不能完全依靠它。"心理测验在很多情况下无法取代通过会谈所获得的对来访者的经验评估。当根据专业人员的经验对心理状况的评估有困难时,可以考虑增加一些心理测验作为辅助信息来帮助进行诊断评估。

（九）心理治疗与药物治疗

在心理方面的专业帮助中，除了心理咨询和心理治疗之外，还有药物治疗。药物治疗主要是针对心理疾病、障碍和精神病性障碍的生物学病因。这类药物主要是精神药物，即作用于神经系统，影响精神活动的药物，包括抗精神病药、抗抑郁药、抗焦虑药、抗躁狂药。近年来，随着脑神经科学和医学的发展，药物治疗开始较广泛地用于对心理症状和心理疾病的治疗。这里讨论一下心理治疗和药物治疗的关系，以便大家在需要的时候可以做个选择。

药物治疗对于精神病患者有重大意义。恰当的药物治疗可以促进精神病的康复。通常认为精神病性的障碍，如精神分裂症和躁狂抑郁症，生物因素是最主要的病因，因此，药物治疗是最根本的治疗方法。心理治疗，则起辅助作用，其目的是帮助病人恢复社会功能，重返社会，预防精神病的发作。非精神病的心理疾病主要是由社会心理因素引起的，通常首选心理治疗。但是近年来的研究发现，生物学因素对心理疾病，如强迫症的发病也有一定的影响，药物治疗与心理治疗的疗效类似。有时治疗方法是心理治疗与药物治疗联合进行。

下面是关于药物治疗的一些基本原则：

1. 精神病性障碍，一定要用药物治疗

当有明显的精神症状时，要到精神科门诊进行鉴别诊断，确定是否为精神病性障碍。如果是，就需要进行药物治疗。除了药物治疗，心理治疗可以作为辅助治疗，但要等到精神病的恢复期。只用心理治疗，而不用药物治疗，会延误病情，可能造成严重的后果。

2. 对于非精神病类的心理障碍，首选心理治疗

对于一般的心理障碍，心理治疗是比较安全的治疗方法。由于精神药物可以引起许多不良反应，比如嗜睡、乏力、头疼头晕、体重增加等，因此能不用药时尽量不用药。如果症状严重，可以考虑先用药物控制症状，然后再进行心理治疗；或者在心理治疗的同时结合一定的药物治疗。

3. 在医生的监控下用药

如果进行药物治疗，一定要有医生的监控。医生会根据个体差异进行用药，会根据个体服药后对药物的反应而换药或增减剂量。一般用药时要遵医嘱，不随意加量、减量或自行停药，这样可以较好地控制药物的疗效和药物的不良反应。

4. 不能滥用药物

人们都追求快速解决问题，包括心理方面的问题，药物治疗似乎有这个效能。有些人一有什么精神方面的症状，比如抑郁、焦虑症状，就用药，似乎药物能解决所有的烦恼。然而，现实的情况是，虽然暂时没有感到抑郁焦虑的痛苦，你需要去面对的问题却不会消失。仅仅依赖药物治疗是不能完全解决心理问题的。除了长期用药可能产生一定的副作用,随意用药的另一后果是可能产生对药物的依赖。因此,使用精神药物要慎重。

(十) 心理咨询的误区

1. 心理咨询是朋友式的聊天

心理咨询是会谈过程,从形式上看类似聊天。但是,心理医生需要具备专业素养和专业技能,要运用心理学的知识和方法,系统地对病人的问题进行对症分析,并保持中立的态度,与病人探讨解决问题的可能途径和方法。亲朋好友的聊天,往往是根据自己的经验和个人见解来出谋划策,而且可能站在一定的立场上说话,提出的一些建议和看法不一定适用于个人的特殊情况。

2. 心理咨询能够帮助解决实际问题

心理咨询并不能帮助你解决实际的生活问题,不能帮你决定应该怎么办。心理医生只能帮助你更好地认识自己,分析你的问题,引导你找到解决问题的途径,但不能替你下结论、做判断。你自己要为自己的行为和决定负责。心理咨询是"助人自助"的过程。

3. 一两次心理咨询就可以解决问题

许多初次进行心理咨询的人都幻想心理医生能够一次就把自己长期的压抑与痛苦一扫而光,拨开心灵迷雾。但是心理咨询不是灵丹妙药,心理医生也不是救世主。很多问题都不是一两天形成的,怎么可能一两天就消失呢。心理医生也许能很好地帮助你分析认识自己的问题,但真正地解决问题又是另一回事。这需要求助者本人在生活中付诸行动才能解决自己的问题,而心理医生会支持你的努力。总之,心理咨询和治疗是一个过程,心理医生在很多时候是陪伴当事人度过生命中的困难时期。当然,有些人的问题可能是很简单的小问题,只是自己"当局者迷",心理医生的一句话也许能很快点醒"梦中人"。

4. 只有心理不正常的人才去做心理咨询

学校的心理咨询主要是面对青年学生在成长中出现的心理问题,比如学习、恋爱、职业选择等问题,性质上属于发展性咨询。发展性咨询主要是帮助个体更好地认识自己,充分开发心理潜能,增强适应能力,提高自我生活质量。这时来访者是心理正常的,心理咨询是帮助其解决日常生活中遇到的问题,帮助做出更好的选择和决定。在学校的心理咨询门诊中,来访者中大多数都是心理正常的学生,只有少数有心理疾病或精神疾病。这时就需要更进一步的心理治疗或药物治疗。

5. 心理咨询无效

许多人认为心理咨询无效而不去求助。有人也许去做过心理咨询,但是没有获得预期的效果,就认为心理咨询无效。心理咨询作为一门科学和实践,其有效性是不争的事实。某次具体的咨询无效不能否认心理咨询无效,正如你在一个医生那没看好病,并不表示医药无效。你要做的就是去寻找好的心理医生。心理医生和来访者之间有个"最佳匹配"的问题。当然,心理咨询和医药都不是万能的,都有解决不了的问题。

6. 心理问题是由环境因素引起的,脱离这个环境就好了,不需要心理咨询

确实有不少问题在脱离环境之后就获得了解决,但是在很多情况下,心理问题的产生不仅仅是环境的问题,而在于个人的更深层次的心理问题。如果没有解决自己深层次的心理问题,个人应对环境的能力没有得到提高,以后遇到类似的情境,仍可能出现类似的心理问题。比如,有些人在谈恋爱时不善与恋人相处,换了好几个对象,仍没有找到合适的,其问题不在于对象不合适,更多的是来自个人的心理问题影响了处理亲密关系的能力。

小结

每个人都可能有心理困扰,每个人在生命中都会需要别人的帮助。当大学生遭遇心理上的困难的时候,要学会积极主动地寻求帮助。为了维护和促进心理健康,主要依靠自我调节,还可以寻求社会支持,寻求心理咨询和心理治疗。本章讨论了心理咨询的概念,心理咨询的方法,心理咨询的过程等内容,澄清了对心理咨询的误解,分析了阻碍大学生求助的可能原因。希望大学生在需要的时候,知道怎么去求助,能够坦然地进行心理咨询,以帮助自己应对大学生活所带来的困惑和困扰,不断成长和进步。

本章要点

(1) 当遭遇个人的心理困扰和问题时,求助是一种适应性的应对。
(2) 努力建立并维护个人的社会支持系统,这是重要的心理帮助资源。
(3) 当个人心理上感觉痛苦,而自己又无能为力,而且影响了正常的学习和生活,这时可以寻求心理咨询和心理治疗。
(4) 心理咨询是助人自助的过程。进行心理咨询并不意味着你有心理疾病。

小练习

"突破困境"。每人想一想困扰自己的当前的一个问题。如果解决了这个困扰,生活将会变得怎样?互相帮助,交流解决困扰的方法。

思考题

你是如何看待心理咨询与心理治疗的?

推荐阅读

郑日昌,江光荣,伍新春主编.《当代心理咨询与治疗体系》,北京:高等教育出版社,2006

参 考 文 献

〔奥〕阿德勒著.自卑与超越.李心明译.北京:光明日报出版社,2006.
〔美〕Butcher,JN.,Mineka,S. & Hooley JM. Abnormal Psychology. 12th ed. 北京:北京大学出版社,2004.
〔美〕Cormier S. & Nurius,PS.心理咨询师的问诊策略.张建新等译.北京:中国轻工业出版社,2004.
〔美〕Creer,TL.著.心理调适实用途径.张清芳等译.北京:北京大学出版社,2004.
〔美〕Hyde, JS. & Delamater, JD.著.人类的性存在.8版.贺岭峰等译.上海:上海社会科学院出版社,2005.
〔美〕Jacobson,NS. & Gurrman, AS.著,夫妻心理治疗与辅导指南.贾树华等译.北京:中国轻工业出版社,2001.
〔美〕Sarafino,EP.著.健康心理学.4版.胡佩诚等译.北京:中国轻工业出版社,2006.
〔美〕卡伦·达菲,伊斯特伍德·阿特沃夫著.心理学改变生活.8版.张莹,丁云峰,杨洋译.北京:世界图书出版公司,2006.
〔美〕莎伦·布雷姆著.亲密关系.3版.郭辉,肖斌,刘煜译.北京:人民邮电出版社,2005年.
〔英〕Ellis, H.著.性心理学.潘光旦译注.北京:商务印书馆,1997.
白利刚. Holland 职业兴趣理论的简介及评述. 心理学动态,1996,4(2).
陈红,高笑.大学生身体意象障碍及影响因素.高校保健医学研究与实践,2005,2(1),26—29.
陈小华.论大学生心理求助及其培养.成都教育学院学报,2006,20(11),33—34.
陈啸. 论大学生职业生涯规划与就业指导. 教育与职业, 2006, (1).
程社明,卜欣欣,戴洁. 人生发展与职业生涯规划. 北京:团结出版社,2003.
樊富珉,费俊峰编著.青年心理健康十五讲.北京:北京大学出版社,2006.
樊富珉,王建中主编.当代大学生心理健康教程.武汉:武汉大学出版社,2006.
韩延明.大学生心理健康教育,上海:华东师范大学出版社,2007.
侯玉波.社会心理学.北京:北京大学出版社,2002.
胡剑锋,钟志宏,李金萍主编.大学生心理健康教程,武汉:武汉大学出版社,2007.
黄天中.生涯规划:理论与实践.北京:高等教育出版社,2007.
黄希庭,郑涌.大学生心理健康与咨询.2版.北京:高等教育出版社,2007.
贾晓明,陶勑恒主编.大学生心理健康.北京:北京理工大学出版社,2005.
江光荣,王铭.大学生心理求助行为研究.中国临床心理学杂志,2003,11(3),180—184.
江光荣主编.选择与成长.武汉:华中师范大学出版社,2004.

李虹.压力应对与大学生心理健康.北京:北京师范大学出版社,2004.
李同归,加藤和生.成人依恋的测量:亲密关系经历量表(ECR)中文版.心理学报,38(3),2006.
刘立新,杨小燕.大学生心理求助行为研究.教育与职业,2006年18期,140—142.
刘鲁蓉主编.大学生心理卫生.北京:科学出版社,2006.
刘欣.不同宿舍人际关系类型对大学生心理健康的影响.中国行为医学科学,2006,15(6),557.
陆卫明,李红 著.人际关系心理学.西安:西安交通大学出版社,2006.
聂振伟主编.大学生心理健康教程.西安:陕西科学技术出版社,2005.
钱铭怡主编.变态心理学.北京:北京大学出版社,2006.
钱铭怡.心理咨询与心理治疗.北京:北京大学出版社,1994.
桑志芹.大学生心理健康学.北京:科学出版社,2007.
桑作银,汪小容.大学生人际交往心理学.西南财经大学出版社,2007.
申继亮主编.大学生心理健康教育读本.北京:高等教育出版社,2007.
沈渔邨.精神病学.4版.北京:人民卫生出版社,2002.
宋迎秋,曾雅丽,姜峰.大学生恋爱与情感问题应对方式分析与探究.中国健康心理学杂志,15(10),2007.
邰启扬,费坚,吕玉 编著.约会心灵.北京:旅游教育出版社,2008.
王登峰,张伯源主编.大学生心理卫生与咨询.北京:北京大学出版社,1992.
吴继霞,黄辛隐.大学生心理健康学.北京:学林出版社,2007.
肖建中.职业规划与就业指导.北京:北京大学出版社,2006.
肖水源主编.大学生心理健康.北京:人民卫生出版社,2005.
许又新.神经症.北京:人民卫生出版社,1993.
杨燕 主编.社交心理学.天津:天津大学出版社,2007.
余晓敏,江光荣.心理求助行为及其影响因素.中国心理卫生杂志,2004,18(6),426—428.
曾文星著.性心理的分析与治疗.北京:北京医科大学出版社,2002.
翟书涛,杨德森.人格形成与人格障碍.长沙:湖南科学技术出版社,1998.
张伯源,陈仲庚.变态心理学.北京:北京科学技术出版社,1996.
赵丁编著.心态·成功的基石:心态决定你的一生.北京:地震出版社,2003.
赵国秋.心理压力与应对策略.杭州:浙江大学出版社,2006.
郑洪利主编.大学生心理素质训练教程.上海:上海交通大学出版社,2005.
中国人力资源开发网.大学生就业现状及发展2006年度调查报告.http://www.chinahrd.net
朱建军,邓基泽主编.大学生心理健康.北京:中国林业大学出版社,2004.
Calhoun CC. & Finch AV., Vocational education:Concepts and operations. 2nd ed. Belmont, CA:Wadsworth, Inc. 1982.
Cassidy, J. & Shaver, P. R. (ed.) Handbook of Attachment. New York:The Guilford Press, 1999.
Ellis, A. Reason and Emotion in Psychotherapy. Secaucus, NJ:The Citadel Press, 1962.
Myers, D. G.,Social Psychology. 6th ed. McGraw-Hill Companies, Inc. 1999.
Schabracq MJ., Winnubst JAM., Cooper CL. The handbook of work and health psychology.

2nd ed. New York: John Wiley & Sons, 2002.

Young K S. Internet addiction: The emergence of a new clinical disorder. CyberPsychology and Behavior, 1996, 1(3): 237—244.